12個月 新手種菜 大圖解

基本·人氣的 **100** 種 蔬果

王幼正 譯　板木利隆

瑞昇文化

近年來，人們日常生活週遭的蔬果供應狀況出現了大幅變化。現在陳列在店頭販賣的生鮮蔬果，從國內長程運輸或由海外進口而來的蔬菜及冷凍蔬果、截切蔬果、和利用人造光源於植物工廠中生產的各種蔬果都越來越常見了。而日本人平常攝取的蔬果量已有百分之五十以上是經由外食或外帶等形式，在家庭外所攝取的這件事，也令人非常驚訝。

因此在大部份狀況下，我們對日常所吃的蔬果是由什麼樣的田地生產，由什麼人種植，怎麼栽培出來的，從採收到陳列至店面的物流方式，加工及調理場所，以及處理人員等事項，是無法完全瞭解的。也就是說，吃下「來歷」不明蔬果的機會越來越多了。

在這種狀況下，食用自家菜園及市民農場，或在庭院與陽台中栽培的「自種蔬果」的意義也就隨之提升了。最近幾年不只在農村、山村，就算在都市住宅區中，也有許多人以各種形式享受著親手栽培蔬果的樂趣。

能夠吃到自己親手種植，新鮮又安心的蔬果，就是栽培蔬果最大

的魅力。與此同時在自然環境中接觸大地，揮汗工作中得到的快感，及一邊看著蔬果成長，一邊享受培育的喜悅，這就又是另一種魅力所在了。

活用栽培蔬果時得到的技術和知識，可用來增加栽培規模，導入傳統及新品種蔬果種植，提升成為地方特產，也出現了不少在農會直銷站取得地產地銷實績的例子。這些作為不僅能夠為鄰居親友提供能夠安心食用的蔬果，應該也會對有志進行田園生活的新朋友們有所幫助。

本書就是為了那些想由此開始嘗試種植蔬果的朋友們所編撰，幫助各位活用不同季節，在菜園運營過程中得到更多收成，以長年於月刊雜誌『家の光』及『JA 広報通信』上連載專欄為基礎進行大幅改編而成的『第一次種菜 12 個月』，再新加入蔬果的最佳保存、利用方式等資訊後編撰而成的書籍。如果能對喜歡親手種植蔬果的朋友們幸福地展露笑容有所助益，那就是敝人最大的喜悅了。

2018 年 3 月

板木 利隆

第一次種菜12個月

改訂增補 簡易圖解 改訂增補版

目次

第 1 章

配合季節
栽種蔬果

第2章
蔬果種植方法
100種

第**3**章

以蔬菜種類區分

保存・調理訣竅・美味享用的秘訣

第**4**章

培育蔬果的基本知識

蔬果索引

（以 50 音順序排列）

配合季節
栽種蔬果

種植蔬果時有三個重要條件，分別為①「確保（優良品種的優秀）種子」、②「確保適於生育的環境」、③「配合蔬果特性進行適當的栽培管理」。

　在這三者中，將②確保適於生育的環境下進行栽培的相關資訊加以統整，即為此第 1 部份。而為什麼要統整這些資訊，則是因為大部份的家庭菜園不像溫室等人工設施能夠控制環境因素，而在自然露天環境下進行栽培。因此需要熟知季節狀況，配合條件選擇蔬果種類和品種，將適當的栽培管理做為第一順位考量才行。

　對我國來說，氣候受到季節變化極大影響，四季的氣溫、日照時間及風雨等條件多有不同，需以熟知這些變因為前提，建立起全年度的作物種植及栽培計畫。若是不順著季節變化種植作物，那不管有多高超的播種、施肥及農作物管理技術，仍是難以收成心目中理想蔬果的。

　在此依照一年 12 個月份，為各季節適合種植何種蔬果，以及想種好它們又有哪些需要注意的重點，舉出數個例子進行了說明。請先對全年份的家庭菜園運營有大致上的概念後，再實際安排蔬果栽培順序會比較好。

　當然，由於日本國土從南到北範圍極為狹長，各地區的氣候差異很大，不同地區每個月的栽培管理作業也因此而有不小的差異。本書中以關東 · 關西地區平地做為基準。因此在其他地區運用時得依照氣候及草木生長速度不同、各地區的慣行農法、及目前為止所習得的經驗等知識做為參考加以判斷再行利用。

　此外，各蔬果的栽培重點及詳細的栽培管理資訊均記載於第 2 章內。（　）內為相對應頁數。

嘗試挑戰富有魅力的全新蔬果吧

最近在賣場的蔬果區，常可見到以往不曾出現過的新品種蔬果及美味的在地生產蔬果陳列銷售。這種親手嘗試培育珍奇蔬菜品種的成就感，正是家庭菜園的樂趣之一。雖然年初時可能已經訂立了「今年種些什麼好呢」的各種計劃，在此請各位務必挑戰種植新品種蔬果看看。如此一來，一定能為家庭菜園增添全新的魅力。

在底下稍微舉幾個例子。

新品種及外來種蔬菜

義大利香芹、芝麻菜、紅菊苣、苦苣、韓國拔葉萵苣、韭蔥、夏南瓜、大頭菜、青花筍、娃娃菜、菊薯

傳統及地區性蔬菜

萬願寺辣椒、賀茂茄子、水滴茄子、民田茄子、苦瓜、老爹茶豆（註）、下仁田蔥、野良坊菜（註2）、源助白蘿蔔、飛驒紅蕪菁、津田蕪菁、海老芋

山菜

明日葉、莢果蕨、翠雀葉蟹甲草、茖蔥、大葉擬寶珠（圓葉玉簪）

（註1：原文為だだちゃ豆，だだちゃ為山形縣庄內地區的方言，意指大叔或老爹。）

於冬季進行韭菜分株繁殖

韭菜是多年生植物，定植後的數年間每年可採收數次，是很重要的蔬菜。

然而當種植及採收超過兩年後，植株將因生長過密而導致品質及採收量下降。在發生此種狀況前，須趁早為植株進行分株繁殖。葉片枯萎，根部進入休眠狀態的冬季時期是最為適合進行此一步驟的時機。

具體方式為將離地4～5公分高的殘餘枯葉割除後，再從土壤中挖出根部。挖出根部後輕輕將土抖落，先徒手將植株分成幾大團，之後再分割成每小塊約2～3株。將分割完畢的植株定植於已施用基肥的植溝中。

植溝深約8～10公分，覆土時使植株頂部輕微露出地表，待新葉成長後再分別覆土2次左右，直至填滿植溝。如此一來等春季時即可得到令人刮目相看的優質韭菜葉收成了。（第176頁）

冬季期間的草莓植株管理

於10月定植的露天栽培草莓，在這段時期由於氣候寒冷，將進入休眠狀態。休眠期間需注意土壤不可過於乾燥，需要偶爾澆水。若土壤過輕且結霜嚴重，感覺快將植株頂上來時，可在株間薄施細粒堆肥。

渡過嚴寒期，草莓開始長出新葉片時（關東南部以西大約為2月初），需將植株根部附近的枯葉由基部剪除，在畦肩為每一植株各施一小匙的化學肥料和油粕，以通道土壤覆蓋。草莓非常容易受到肥傷，施肥時注意不要離植株過近或直接施布於根部上。

施肥後敷蓋黑色地膜。如此一來不只可以防止土壤沾到果實，還能抑制雜草、提高土溫、預防土壤乾燥，並防止雨水造成肥份流失及土壤硬化，非常推薦大家使用。（第60頁）

利用隧道同時栽種 3 種蔬菜

在隧道棚架上覆蓋農膜進行栽培，可在過年後提早播種，並於春季蔬菜青黃不接的時期享受到新鮮青菜。推薦的蔬菜種類為菠菜、胡蘿蔔、小蕪菁等3種，可同時於同一條隧道內進行栽培。

於 2 月中下旬，為寬 1.2 公尺、任意長度的苗床，每 1 平方公尺施以 4 ～ 5 把腐熟堆肥、5 大匙化學肥料、7 大匙油粕，翻土 15 公分深後挖出 3 條與鋤頭同寬的播種溝。在中間播下胡蘿蔔種子，並將其他兩種種子播在兩側。於覆土、澆水、施用細粒腐熟堆肥後，以農膜覆蓋隧道，並用土壤壓實四週，使隧道完全密閉。

氣候乾燥時每週澆一次水，當小蕪菁長出一片本葉後，打開隧道側邊換氣。於成長速度最慢的胡蘿蔔開始抽高時追肥。從菠菜、小蕪菁先行採收，於 4 月中旬～ 5 月中旬分批收成。

豌豆的嚴寒期管理

晚秋時播種的豌豆，會在藤蔓稍微生長的狀態下跨年並迎接嚴寒期。該時期進行的管理將極大地影響最終成果。

首先，豌豆的枝條細弱但葉片相對大了很多，也容易長出側枝，若使它匍地生長容易受風吹拂而折損，導致成長不良。因此需在植株附近插一些低矮的木棒或竹子，並誘引藤蔓往上生長。

渡過嚴寒期後，植株高度成長至 20 公分左右時，用以攀爬的卷鬚將開始

生長，需趁早架設主支柱（以帶有枝條的木質或竹質支柱為佳），藤蔓會自動攀附上去。若使用沒有枝條的支柱時，可橫向綁 2 ～ 3 條塑膠繩，或將稻草前端綁在水平支柱上任其往下垂掛，使卷鬚攀爬更為順利。當開始出現潛蠅食害時，最好盡快噴灑殺蟲劑防治。（第 70 頁）

栽培大黃，做為果醬材料逸品

在歐洲，特別是瑞士等冷涼地區的家庭菜園中，經常會栽種大黃做為常備蔬菜使用。

它的耐寒性很強，且為多年生植物，種植後可持續數年採收。植株高50 ～ 60公分，葉柄粗 3 ～ 4公分，可長得非常巨大。而它的葉柄部份含有許多草酸，由於酸味充足的關係，做成果醬後可保有清爽的酸味。除此之外，它也被利用於柑橘醬、蜜餞及雪酪的製作上。

最簡單的種植方式，是在 2 ～ 3 月時向其他栽培者索取根株來定植。由於此類植物的植株頗有份量，容易拆分出許多種根。找不到根株的話，也可在這段時期購入種子，於 3 月中旬～ 4 月中旬天氣變暖後播種培育幼苗進行栽培。

需注意選擇排水良好的菜園種植。第一年以充實植株生長為主，第二年後再開始採收。（第 158 頁）

種植馬鈴薯由選擇種薯開始

在陽光普照的春季,當3月上旬土壤開始變暖後,就到了適合定植馬鈴薯的時候了。

過早種植會因為溫度不足而導致種薯不發芽。但若是過晚種植,生育期後半會因為氣溫過高,適溫日數不足而導致收成量低落,且病蟲害也會隨之增加,無法得到滿意的收成。

購買種薯時,需挑選未受到病毒病及其他病蟲害感染(國家檢查合格)的薯塊,最好能夠購入剛從休眠中甦醒,正準備發芽且無缺陷的薯塊使用。

最近不只買得到往年的代表品種「男爵」或「五月皇后」,市面上也出現了很多早生、晚生品種,及適合各種用途的品種,和外皮及肉色、花色多彩多姿的各式新品種可供挑選。

關於新品種種薯,需趁早向農會及種苗專賣店預約^(註),進行栽種準備。(第202頁)

(註:於臺灣另可向各地農改場及農委會下屬種苗改良繁殖場洽詢。)

可於此時播種的蔬菜種類

可露天播種的春播莖葉類蔬菜及根菜類,大約從春分起到3月底為止(以關東南部以西的平地為基準)為最適合進行田間直播的時期。可直播的蔬菜有菠菜、小蕪菁、小松菜、茼蒿、蔥類、櫻桃蘿蔔、白蘿蔔、牛蒡等。

挑選這些蔬菜品種時,得先確認購入的種子播種時間是否正確。例如種植白蘿蔔和菠菜時假如不小心播下了秋播品種,會因為生育初期的低溫及茂盛生長時的長日照、高溫等因素影響,使花芽分化、發育而抽苔,就無法得到良好的收成了。

種植這些蔬菜時均需先施用基肥,挖出與鋤頭同寬,底面平整的播種溝,充份澆水後播種並覆土。以鋤頭背面壓平土表,之後在土表薄覆一層細粒堆肥等資材。

趁早準備夏南瓜種子

雖然夏南瓜為南瓜的其中一種,但它與一般南瓜不同,節間縮短為3～5公分,各節均會著果,且藤蔓較短不易伸長,有個「無蔓南瓜」的別稱。因此它可在較狹小但有足夠日照的空間簡單地種植,是種高人氣的家庭菜園用蔬菜。

它的播種時間一般為4月^(註),但更為推薦在3月左右就準備好種子,進行自家育苗以確保優良種苗。

育苗方式與一般南瓜相同,取3寸盆點播3粒種子,發芽後疏苗並保留1株,長出4～5片本葉後田間定植。畦面需先行施用堆肥及油粕、化學肥料等肥料,取寬度(通道＋畦面)150公分、株距70公分左右定植。

由於植株很容易被風吹動,可在植株根部插1～2根支柱加以固定。(第44頁)

(註:臺灣夏南瓜種植時間是11月～1月)

利用隧道栽培提早採收果菜類

想利用隧道栽培提早採收果菜類，得趁櫻花凋謝，陽光日漸增強時，比一般露天栽培提早一個月進行種植。農民大多會多準備一些預備用的種苗，當農家完成定植作業後，應該能向他們購買一些剩下的種苗使用。

在定植作業的 2～3 天前，於已施用基肥，完成準備的田園作畦，若田土過乾則充足澆水。挖好定植穴後將農膜覆蓋至隧道棚架上，四周用土壓緊，使隧道內部密閉以提高土溫。如此一來，在定植幼苗時只需稍微澆水就能誘使根系生長，使幼苗提早扎根。

白天時需打開隧道側邊換氣，以避免隧道內溫度上升至 30 度以上。當時序進入 5 月，晚霜危險解除後拆除隧道並架設支柱進行誘引，以露天方式進行栽培。

夏季蔬菜的主角需培育成大苗後再行田間定植

在這個時期，可開始進行夏季蔬果主角，也就是蕃茄、茄子等植株的栽培準備了。

季節變換之際，園藝店會事先陳列販賣各式種苗。

但將它們買回家後立即進行田間定植有可能會就此失敗。這是由於將尚不足以做為苗株使用的幼苗，定植於溫度不足的田園後所導致的結果。想要高明地培育果菜，重點在於使用大小足夠的苗株，並於適當的溫度，特別是在土溫達到適合根系發育的情況時再進行定植。

店面販賣的種苗一般都是種在 3 寸盆裡的小苗，這個大小的苗株尚未被培育成大果蕃茄、茄子、青椒大苗。因此需補充適當的介質，將它們換盆進 4 吋或 4.5 寸盆二次育苗。當葉片顏色變淡時補充液肥或一小撮油粕，置於日照充足的場所（天氣較冷時用農膜保溫），等長到開花大小時再進行田間定植。（第245 頁）

可於自家進行的果菜類育苗

想要將蕃茄及茄子等幼苗培育到開花大小，需要花費 70～80 天，而且得從氣溫較冷的時期就開始育苗，實行上有其困難之處。對初學者來說，還是直接購入幼苗較為穩妥。但育苗日數較短的黃瓜、南瓜、越瓜、冬瓜等瓜類較易培育，可說是嘗試進行自家育苗時的最佳選擇。

以櫻花凋謝時期做為播種時間基準。育苗時用市售的播種用培養土裝滿 3 寸盆，點播 3～4 顆種子，覆土約 1 公分左右。它們需要 25 度以上的溫度才能發芽，可在日照良好的地點架設簡單的隧道棚架，覆蓋透明農膜設置簡易苗床後置入苗盆。夜晚保持密閉，白天打開側邊換氣以避免隧道內溫度上升至 30 度以上。育苗期間疏苗並保留 1 株，等長出 4～5 片本葉（葉片顏色變淡時以液肥代替澆水）時即可定植至田間。

需盡早且仔細施用果菜類所需基肥

賞櫻時期結束後，就到了為果菜類施用基肥的適當時間了。為了使植株長得夠大而能結出又多又好的果實，盡早且仔細地施用基肥是非常重要的工作。

施用基肥的重點在於使植株定植後就無法再次施肥的土壤深處能促進根系生長扎實，且盡量保持肥份持久。種植蕃茄及茄子等根系向下生長的茄科植物時，就該在畦面中間挖深溝施用基肥；而種植黃瓜及西瓜等根系較淺，橫向擴展的葫蘆科植物，施用基肥時則要淺而廣，或對整個畦面均勻拌入基肥。（第248頁）

施用肥料以優質半熟堆肥為主，配合緩效性油粕及有機質使用。也可用泥炭土或椰纖代替堆肥使用。挖

溝施用基肥時需回填土壤，而翻土施用基肥時則需在半個月後再次翻土。於定植前充份澆水，並敷蓋地膜以提高土溫。

種植嫁接苗避免連作障礙

茄子、蕃茄、黃瓜、西瓜等果菜類的根系對土壤病害抗性不佳，栽種過這些作物的土地原則上往後3～4年都需避免種植相同種類的農作物。若有廣大空間可以利用自然無需煩惱，但在狹小田園每年都想種植同類農作物，就會碰到難以安排作物輪替的窘境了。

在這種狀況下，種植對土壤病害抗性較佳的嫁接苗是最實際的手段。雖然自古以來於專業栽培早已使用這類手法，但近年來以不依靠農藥進行栽培的方式廣泛運用此一方式，也有不少人將它導入家庭菜園使用。

只不過蔬菜嫁接相當困難，挑選砧木時也得使用專用種類及品種。以個人單位進行育苗時，推薦直接購買市售的嫁接苗來使用。雖然價格是實生苗的兩倍左右，但它們擁有相當對得起售價的效果。定植嫁接苗時避免深植，砧木若長出新芽也要盡早摘除。（第46頁）

種植為夏季帶來絲絲涼意的嫩薑吧

想為菜餚增添香味，或幫魚類去腥時常會使用薑絲提味，而在薑葉茂盛生長時採收的嫩薑，則是夏季搭配啤酒的優良下酒菜。薑類可以密植栽培，在較小的菜園裡也能得到不少收成，非常適合於家庭菜園栽培。

取得優良的薑塊莖，是成功種植生薑的不二法門。種苗專賣店從四月中旬開始販賣種薑塊莖，仔細挑選沒有病害及腐爛

痕跡的塊莖後再購買。先行預訂可確實取得種薑。

定植時期在4月底～5月上旬左右。薑性喜高溫，溫度低於12度時不會抽芽（最適合的生長溫度為25～30度），因此過早種植也沒有用。它不耐乾燥，土乾時請充分澆水。於長出3～4枚完全張開的葉片後，可將嫩薑從種薑塊莖上割下進行採收。由於種薑會不斷長出新芽，請盡可能多加採收。（第200頁）

為直立栽培的果菜類架設支柱

種植蕃茄、黃瓜、香瓜等可利用支柱進行直立栽培的果菜類時，需要及早準備支柱，在定植前就先將支柱穩固地架設好。常常見到有人在定植後，等植株開始生長才架設支柱，如此一來會將好不容易翻鬆的畦面再次踏平。而不踏入畦面架設支柱，則會因為插入土壤的力道不足，使得支柱不夠牢固。

作畦完畢後，請先將支柱穩固地插入土壤深處，在支柱交錯處架設橫支柱，再於各處添加斜向支柱補強結構，用繩子牢固綁緊。最後用鋤頭將踩踏過的畦面再次翻鬆，順便挖好定植穴。

若要敷蓋地膜，請在架設支柱前先行敷設。

雖然在定植後就能進行誘引，但在藤蔓長度或植株高度仍不足時，還是耐心等它長到足夠長度再誘引吧。（第 250 頁）

搭建結構簡單卻很有效的帳蓬吧

5 月前半的天氣狀況非常難以捉摸，偶爾也可能突然吹起寒風。隧道棚架或溫、網室雖仍為從此種異常天候下保護幼苗的最佳方式，但搭建它們太過費工了。在此向各位推薦一種方式，名為簡易帳篷栽培法。它雖然最適合於西瓜、南瓜等株距較大的果菜上使用，但種植株數較少時，也能在蕃茄、茄子、青椒等植株上運用。

第一種方法是做出帳蓬狀的結構，在種好的幼苗上以竹片或鋼線等資材十字交叉後插入土中固定，四邊以農膜包覆成類似飯桌罩的形狀，最後用土壤確實壓緊。可在頂部打開切口方便換氣。

另一種方法是切除肥料袋等盛裝農用資材的袋子底部，將其撐開成筒狀包圍幼苗。在四週插較短的竹製支柱以撐開袋子，維持袋子高度及空間大小。夠寬的袋口足以換氣，且袋子容量夠大，可達到長期保護效果。這兩種方法對病蟲害防治（特別對瓜蠅）也有一定的功效。（第 254 頁）

天氣轉暖後開始栽培秋葵吧

秋葵性喜高溫，於幼苗期極為不耐低溫。過早種植很容易掉葉，植株完全不成長而導致栽培失敗。因此它是一種需等到氣候足夠溫暖後才適合栽培的蔬菜。時序進入 5 月再行播種，在渡過炎熱夏季後，可一直採收至晚秋為止。

培育方式為取 3 寸盆點播 3 〜 4 顆種子，隨成長疏苗並保留 1 株，當長出 5 〜 6 片本葉時以株距約 50 公分左右定植。

秋葵的葉片呈五裂手掌狀不易重疊，且單一植株開花量不高，也可以考慮保留兩棵植株同時生長。

栽培過程中注意葉片顏色和開花狀態，為避免肥份耗盡，每半個月追肥一次。果莢成長速度很快，千萬不可過晚採收，當果莢長到 7 公分左右時就該採收了。它的果柄很硬，但果莢柔軟容易受損，採收時用剪刀剪斷果柄即可。（第 74 頁）

黃瓜栽培重點為摘芯及整枝

黃瓜的成長速度非常快，蔓尖每天都能生長數公分以上。因此需要多加留意，頻繁進行整枝、誘引及摘芯等步驟。

於一般架設支柱進行直立栽培時，需每隔 20～30 公分將母蔓用誘引帶等資材綁在支柱上，長到 150 公分高時對蔓尖摘芯。在這段期間中，母蔓各節位會茂盛地長出子蔓。大部份子蔓的第一節位將著生雌花，並發育成瓜體。倘若放任它們自由生長，瓜藤、瓜葉會與鄰株互相重疊，減少光照量且容易產生病蟲害。因此只需保留兩片本葉，其餘部份摘芯去除。子蔓上會另外長出孫蔓，與子蔓相同，保留兩片本葉，

其餘摘芯。可事先在支柱上橫向綁上 2～3 段塑膠繩，方便藤蔓攀爬。

（第 40 頁）

令人期待秋季到來！種植地瓜吧

秋季挖地瓜，跟採草莓一樣是最受小朋友們喜愛的田園作業。只要有一定面積的田園可以利用，無論如何都要種一些地瓜。五月中旬後，園藝店店頭就會開始販售地瓜種苗了。在各種蔬菜中，地瓜是最喜愛高溫的一種，塊莖肥大，適溫約為 20～30 度，

一般平地的定植適期在 5 月中、下旬左右。

地瓜吸肥力強，在種植過其它蔬果的田園中栽培時幾乎不需施肥。若肥份過多反而容易引起過度茂盛。特別是在只種植 1～2 行地瓜時，藤蔓很容易往外側過度生長造成困擾，可考慮將藤蔓翻藤回畦側，或用鐮刀割除蔓尖。

畦面不可過大，定植前敷蓋地膜以抑制雜草生長及提高土溫。

仔細觀察洋蔥的成熟時期並依次採收

洋蔥的球莖肥大，與日照長度和氣溫有很深的關係。當日照變長且氣溫增高時，球莖會急速肥大。充足肥大後葉片枯萎並開始休眠，直到晚秋後再次發芽，球莖就不好吃了。因此需在球莖開始肥大時依序採收。首先採收的「帶葉洋蔥」，可將蔥葉和球莖用味噌醋涼拌食用，或是用來煮湯也很不錯。而相對肥大的球莖則為「新鮮洋蔥」，可品嚐享受到新鮮的風味。

剩下的大部份洋蔥就等到足夠肥大時再一口氣全部收成，「吊掛洋蔥」以便長期保存利用。當全體植株

約有 80% 的葉片倒伏時，就是進行大規模採收的最佳時機。趁晴天拔出洋蔥，風乾兩三天即可儲藏。若沒有適合吊掛洋蔥的位置，則將根、葉切除後裝在網子或網袋中放在通風良好的地方就可以了。若等到葉片完全枯萎才採收，將無法長期儲藏。（第 162 頁）

進行人工授粉增進著果

雌雄異花的西瓜、香瓜及南瓜等植物，主要依靠昆蟲為媒介進行受粉、著果。而在訪花昆蟲較少出沒的時期，就算開了花多半也只會自然凋謝。在此段時期，有必要進行人工授粉以確保能在目的藤蔓的特定節位上著果。

它的施行方法是趁朝露蒸發後盡早進行，最遲需在早上 8 ～ 9 點前實施。首先找出當天綻開的雌花，之後帶花梗摘下 2 ～ 3 朵開在附近的雄花。然後用手指摘除花瓣，注意不可折損花梗，並使花朵中央的雄蕊外露。用雄蕊磨擦大姆指，確認是否有足夠花粉後再將雄蕊與雌花上的雌蕊均勻仔細地磨擦。當花粉量較少時為以防萬一，可再取另一朵雄花進行相同步驟。

每年都因為雄花較晚開花而困擾的朋友，可考慮挑一成左右的植株提早種植，遮蓋保溫促使植株提早開花。

種出大量顏色漂亮茄子的管理秘訣

進入 6 月後，茄子開始旺盛生長。雖然能夠採收到許多形狀、顏色都很漂亮的茄子果實，但植株生長勢會慢慢降低，著果變差降低收穫量，果實品質也會隨之低落。肥份不足、植株疲憊及害蟲出沒等因素都可能導致此類狀況出現。

茄子性喜重肥，開始採收後每半個月一定要追肥一次。第一次在植株周圍施肥，第二次以後沿畦面挖淺溝，施肥後覆土。另需仔細觀察著果情況（一般有 3 ～ 4 成的花會自然凋謝），開始產生較小且顏色較淡的花朵，及雌蕊比雄蕊還短等情況時，則需趁果實剛發育時採收以減輕植株負擔，或施用較多肥料等方式，盡早恢復植株生長勢。

危害茄子的害蟲主要有下行幾種：蚜蟲會貼在葉尖及葉片內側吸食汁液，茄二十八星瓢蟲喜好啃蝕葉片。天氣炎熱時紅蜘蛛及危害新芽和果實的茶細蟎開始出沒，需盡早進行防治。

混植不同顏色的大頭菜也很有趣

大頭菜是甘藍的變種。其葉柄長直且葉片小，當葉片茂盛生長後莖部開始肥大，最終長成直徑 7 ～ 8 公分的球狀莖部。雖然它在日本知名度還不太高，但此種蔬菜可於沙拉、米糠漬、醃酸菜、濃湯、燉菜、炒食等多種用途上使用，是種值得在家庭菜園中挑戰種植的蔬菜。

此種蔬菜喜歡冷涼氣候（生育適溫為 15 ～ 20 度），比甘藍更能抵抗高溫和低溫環境，非常容易栽培。播種適期為 3 ～ 9 月，時間跨幅很廣，因此容易安排種植順序。

它可於田間直接進行條播栽培，種植數量較少時也可用塑膠盆先行育苗後定植。

想利用長盆或大型淺盆來種植也沒問題。混植白綠色品種和紅紫色品種（另有黃色品種）可得到很有趣的視覺效果。無論種植何種品種，當球莖下半部長出來的葉片長大時，用剪刀從基部剪除。（第 92 頁）

生長期為芋頭追肥及培土

芋頭喜好高溫，一開始成長速度緩慢，在時序進入6月後開始加速成長，土壤中的親芋會從根部朝外側增生出子芋及孫芋。

芋頭數量增加後，於培土時將側面長出的小芽壓倒並埋回土中，以培育出肥大的母芋。放任側芽生長會使芋頭細瘦，長出不夠肥大的芋頭。

長出4～5片本葉後，在通道側邊施用肥料，邊翻土邊往植株根部培土。每一次培土厚度約5～7公分，每2～3週一次，共進行2次左右，使畦面上的土堆高度充足。過度培土會造成芋頭細瘦，減損品質並降低收穫量，而培土不足則會使孫芋數量增加，影響芋頭肥大程度。

若是過晚揭除地膜，則會因高溫乾燥而導致消芽或裂開等狀況發生，因此當氣候足夠溫暖後請記得揭除地膜。（第206頁）

蕃茄的誘引、整枝、摘芯

種植蕃茄時通常會將1條主幹誘引至支柱上，並及早摘除從各葉基部長出來的側芽。將枝條固定在支柱上時，考慮到日後枝條成長，將繩索繞成8字形稍微捆綁固定。而在摘除側芽時，用手指將其拔除即可。由於會使整棵植株矮化的大敵，病毒病（菸草鑲嵌病毒）會經由汁液傳染，處理病株時需注意不要將帶病汁液傳播到鄰株。

一般於主幹上每間隔3片葉片著生花房，從排列順序來看會長出1段、2段、3段等，以房狀著果於枝條上。在適當管理狀態下雖可取得6～7段以上的收成，但氣溫變高後著果率會隨之變差，也較容易發生病害，一般於第5～6段摘芯。當最上段保留的花房開始開花時，將頂端留下兩片葉子並對其餘部份摘芯處理。如此一來可使上段果實長得更加肥大。（第30頁）

可延後播種的黃瓜匍地栽培

最近種植黃瓜幾乎都架設支柱，採用直立栽培法。但還有另一種方式，是使藤蔓緊貼地面種植的「匍地栽培法」。因為栽培時需要彎腰進行作業，瓜體顏色不均勻及容易長出彎果等原因，於營利栽培上幾乎沒有人進行此種栽培法了。但施行此栽培法非常簡單，不需任何資材，且葉片覆蓋地表可降低夏季高溫傷害，並於很長一段時間內持續採收，仍有許多優點。

適合品種為『青長地這』『霜不知地這』等。於6月～7月中旬期間，取寬度（畦溝＋畦面）2公尺，株距50公分左右點播4～5顆種子，隨著發育狀況疏苗並保留1株。基肥用量大約為春播黃瓜的一半，施用時稍微避開植株正下方。當藤蔓開始生長後，將母蔓及生長勢較好的子蔓合計共3～4條往四面配置並加以培育。以化學肥料追肥，往蔓間施用2次。果實會被葉片遮住，採收時注意不要漏摘。

於梅雨季結束前完成胡蘿蔔播種

　　大約在梅雨季結束前，田土濕潤的 7 月上・中旬為最適合為胡蘿蔔播種的時期。錯失這段時機進入盛夏乾燥期後，會使發芽及往後的培育過程受到很大的阻礙。想要使播下的胡蘿蔔種子同時發芽，並使初期生育順利進行有相當的難度，其中一個重點是田土的含水狀態，而另一個重點則與幼苗時期的乾燥程度及強降雨等多種嚴格條件有關。

　　確實平整播種溝，覆土約 4 ～ 5 公釐即可，不可過厚。覆土後以鋤頭背面輕輕壓平土表，使土壤和種子緊密接觸。之後在表面敷上稻穀、碎稻草或泥炭土、椰纖等資材，確實覆蓋播種溝。如此一來可防止夏季乾燥，就算下起豪雨，種子也不會被雨水沖出而浮上土表，亦能防止表土固結。

種植根深蔥的注意事項

　　春播的蔥苗，當時序進入 7 月，生長到直徑 1 公分左右時可進行田間定植。從苗床採苗時，將鋤頭鏟入株底，盡可能帶根掘起，並摘除幼苗下方的枯葉。

將幼苗以大中小分級後再統一定植，方便日後管理並使品質均一。

　　以鋤頭挖出深約 30 公分，不易崩塌的植溝。秘訣是在前一季作物採收完畢後刻意不翻土，於表面固結的狀態下挖溝比較簡單。

　　定植時將幼苗擺放於土溝壁側，盡可能保持直立。之後往溝底填土約 1 ～ 2 公分高，並用腳踏實土壤，使幼苗不致傾倒。最後盡可能往溝中放入乾稻草或乾草等資材避免乾燥。

　　定植時不需施基肥，等天氣轉涼，幼苗開始蓬勃發育後再追肥就可以了。（第 168 頁）

對抵抗夏季強光、
忌避害蟲很有效的「遮蓋」

　　於夏季播種，不耐放的蔬菜（如小松菜、日本水菜、青江菜、菠菜等），在夏季強光下發育困難，且容易遭受蚜蟲、小菜蛾、夜盜蟲等害蟲危害。在此推薦利用「遮蓋用資材」來保護菜苗。

　　此類資材的正確名稱為長纖維不織布或割纖維不織布。將塑膠拉成比毛髮還細的纖維，加熱融化或以高壓固結所製成，厚度很薄且重量極輕（每一公尺約 15 ～ 20 公克）的資材，不僅輕巧且保有一定程度的透光性。由於將它直接蓋在農作物上，重量也不會對植株發育造成影響，因此取了「遮蓋」這樣的名字。

　　雖然它的網目並不規則，但足夠細小所以害蟲無法通過。只要用土壓緊側邊就有很好的防蟲效果了。它的光線穿透率為 75 ～ 90% 左右，能夠緩和強光，就算長期張設也不會使植株成長變差，是為無農藥栽培的良伴，且成本也相對低廉。

大碗滿意的『綜合萵苣種子』

萵苣種類繁多，有結球萵苣、奶油萵苣等半結球萵苣，及不結球的葉萵苣等三大類別，以及拔葉萵苣、嫩莖萵苣等特殊種類，且它們又各自擁有許多品種。

在此想向各位推薦的是從最容易種植的葉萵苣裡，挑選數種好看又美味的品種加以混合販賣的『綜合萵苣種子』。裡面將細葉但裂口很深的橡葉萵苣、葉緣呈皺折狀的皺葉萵苣等各式綠色、紅色、深綠色、長卵形各品種的種子混合包裝於同一袋中。

播種時將各種不同形狀和顏色的種子均勻混合再播下，而疏苗時也請記得施行了混植這件事，並刻意保留不同品種植株。可將它們均勻種在田裡，亦可種植

在花壇邊緣或是搭配種植，也可以利用花盆種植，享受多彩多姿的繽紛樂趣。

抱子甘藍與 Petit vert 的魅力

抱子甘藍會從其高高生長的主莖上長出許多小甘藍葉球，而 Petit vert 則是從主莖上長出小小的萵苣狀側芽。它們可在長達 3～4 個月的時間內持續採收，可說是非常適合於家庭菜園中種植的蔬菜。

在關東南部以西的平地種植時於 7 月上旬播種，培育至長出 5～6 片本葉後，於 8 月下旬將幼苗定植至田間。選擇通風良好的地點，當日照過強時遮光，並注意避免植株遭受雨淋。市面上無法買到 Petit vert 的種子，請直接購買幼苗進行栽培。

想採收到較多大且緊實的高品質葉球，就需以大量優質堆肥及油粕等肥料做為基肥，並於秋冬季期間細心追肥。靠近植株根部附近長出來的側芽緊實度不佳，請趁早摘除。下位葉片需隨著側芽成長依序摘除，而頂部則需時常保留 10 片左右的芯葉。（第 88、90 頁）

遭受大雨、颱風侵襲後的田間管理

夏季至初秋為颱風好發季節。蔬菜的莖葉柔軟，也有不少品種根系較弱，容易因強風豪雨襲擊而受損，於天候回穩後需要及早進行應對。

雨停後馬上下田查看，若地表仍有積水請立即排除。風雨可能使植株莖葉與地面接觸，下位葉若沾到泥水請使用噴霧器噴水，仔細洗淨泥土。植株傾倒時請從根部帶土團加以扶正。病害容易經由眾多傷口入侵，也請立即噴灑殺菌劑加以預防。

此外，由於大部份肥份均已隨雨水流失，需要立即追肥並用鋤頭輕微翻土，使因雨水沖刷而固結的表土恢復鬆軟，以預防植株根系氧氣不足。

剛發芽的蔬菜類特別容易受損，請多仔細觀察。當嚴重受損難以恢復生長時，重新播種方為上策。

溫度管理對萵苣播種非常重要

冬收的結球萵苣及葉萵苣，適合於炎熱的 8 月上中旬播種。過早播種可能會因為高溫而「抽苔」，過晚播種對結球萵苣影響甚巨，無法結出夠大的葉球。

萵苣的發芽適溫為 15 ～ 20 度，適溫相對較低。當氣溫高於 25 ～ 30 度以上難以順利發芽。因此在播種後，請盡可能將育苗盤放在涼爽處（18 ～ 20 度）輔助發芽。

最確實的方式為先將種子泡水一晚吸飽水份，之後靜置於冰箱冷藏庫的較高溫處（5 ～ 8 度）兩天兩夜左右，等開始發芽後再將種子播種至育苗箱中。

萵苣發芽需要光照，覆土只需薄薄一層，勉強蓋住種子就可以了。覆土及澆水完成後蓋上 2 張報紙保濕，將育苗箱或苗盤搬到通風良好的樹蔭底下等遮蔭處，可更好地促進發芽。（第 126 頁）

適合做成沙拉食材的新品種蔬菜：紅菊苣

紅菊苣高度與結球萵苣差不多，但個頭稍微小了點，是種紫紅色的結球蔬菜。常於餐廳裡的西式料理，特別是在沙拉類餐點中能夠見到它的蹤跡。雖然帶點苦味卻很清脆爽口，是種美味的蔬菜。因為顏色的關係很容易將它與紫甘藍混淆，但它是在 30 幾年前導入的新品種蔬菜，跟芽球菊苣有親屬關係。

栽培方式與結球萵苣相同，於 8 月上中旬播種，幼苗長出 5 ～ 6 片本葉後定植至田間。它的成長速度比萵苣還慢，難以培育。因此需要施以充足的堆肥及油粕，以及化學肥料做為基肥，土乾時充足澆水。定植 2 ～ 3 週後和開始結球時再行追肥。

由於此種蔬菜在日本進行品種改良的幅度不大，種子純度較低，無法跟萵苣及甘藍一樣進行大規模採收，不適合商業栽培故難以普及，但在家庭菜園中栽種就沒有這個問題了。從緊實結球的植株開始依次採收利用吧。（第 132 頁）

大白菜的播種及育苗

包心白菜的葉球由 70 ～ 100 片左右的葉片所構成。播種過遲會導致葉片停止增生，當花芽開始分化時（氣溫持續維持 15 度以下，關東南部以西平地約為 10 月中旬左右）無法長出足夠的葉片，使葉數不足，無法形成堅硬緊實的葉球。然而若於炎夏提早播種，會使幼苗發育不良，田間定植後容易罹患軟腐病等嚴重疫病，導致種植失敗。

在關東南部以西平地，大部份品種的播種適期為 8 月 20 ～ 25 日左右。想更晚播種則需挑選葉數較少但仍能結球的早生品種。

使用 128 格穴盤或 3 吋膠盆能方便地育苗。種植幾十棵以上時使用穴盤，數量較少時用膠盆就可以了。使用穴盤時育苗天數大約 18 ～ 20 日，而膠盆則需 25 天左右。

長出 5 ～ 6 片本葉後定植。（第 94 頁）

白蘿蔔播種要領

及早將前一期作物殘留物整理完畢，於白蘿蔔播種前一個月左右，將田土全面施用石灰，並移除會對根莖生長造成障礙的小石頭及草木片等雜物，之後再行翻土。於播種半個月前對整片田園施用油粕、化學肥料、堆肥等資材，並細心翻土 30 ～ 35 公分深。

未腐熟的堆肥將導致根部分岔，因此白蘿蔔用的堆肥需務必使用腐熟堆肥，這點非常重要。

為了避免根部前端有未腐熟的堆肥存在，也可以將堆肥與油粕、魚粉等混合發酵製成「生物性肥料」，於播種後放置於株間也是個不錯的辦法。

在同一位置點播 4 ～ 5 顆種子，發芽後從長出 1 片本葉起，至 6 ～ 7 片本葉為止疏苗三次，最終保留 1 棵幼苗。保留子葉為正心型且直順生長的幼苗即可。葉片過大而太有精力的幼苗很容易長出根莖分岔或頭大屁股小的蘿蔔來。（第 184 頁）

洋蔥播種及育苗

洋蔥播種適期為 9 月上中旬（以關東南部以西平地為準）。在這段時期內仍需根據品種決定播種時間。特殊早生品種等請向店家另行確認。

播種時先打理好苗床，每 1 平方公尺施用化學肥料及石灰各 5 大匙，細心翻土後再用木板等道具平整表面（中央略為隆起方便排水），以 1 公分間隔平均點播種子。

播種完畢後以篩子覆土約 4 ～ 5 公釐，再用木板輕輕壓平，以灑水壺均勻澆水。在上頭撒一層薄薄的草木灰之後，再施用一層細碎的腐熟堆肥蓋住草木灰，最後敷蓋上乾稻草以避免乾燥及阻擋大雨。

等 6 ～ 7 天後就會開始發芽了，及時移除乾稻草，於土乾時充分澆水。（第 162 頁）

秋～冬季的茼蒿培育方式

這段時間，是秋冬鍋物不可欠缺的茼蒿的播種時期。它的生長適溫為 15 ～ 20 度，雖然是一種較為容易種植的蔬菜，但不耐乾燥，於濕潤的田園較能產出優良收成。田土排水不良容易導致根系發育不佳，可考慮進行高畦栽培。

以鋤頭寬度（約 15 公分），每條間隔 60 公分挖出播種溝，於溝中間隔 1.5 ～ 2 公分細心播種。覆土 1 公分即可，不可太厚。用鋤頭底部輕輕壓平，使種子周圍土壤條件相同。

管理作業只有疏苗跟追肥兩件事。隨著植株成長，一邊疏苗一邊採收嫩苗，依序做為沙拉及裝飾葉菜生食使用。

長出 7 ～ 8 片本葉時各株間距大約 10 公分，也有一種在長出 10 片本葉時摘除主莖，保留下部葉片的採收方式。於採收後保留的部份仍會持續長出葉芽，可持續依序採收。（第 138 頁）

高效率的長蔥追肥、培土方式

於炎夏定植的長蔥，會隨著涼風吹拂快速生長，植株高度增加，直徑也長得更粗。今後的管理方式將會決定它的品質。

至生育中期為止，前半的重點在於追肥促進生育，而培土則在植株變粗後的生育後半段進行。若在植株還不夠成熟時過度培土，會對成長時根系需要大量氧氣的長蔥造成阻礙，大雨時導致根系的氧氣吸收不足，請務必避免。

實際施行時，第 1 ～ 2 次追肥將肥料撒在溝側，略為與溝邊土壤混合後填入溝中，從第三次開始再積極以土壤覆蓋長蔥的葉鞘部。而在第 4 ～ 5 次的最終培土時須充足覆土，稍微蓋到綠色葉片部份也沒關係，以促進夠長的蔥白產生。

從覆土到葉鞘部完全轉為肥嫩軟白為止，以冬季時間計算大約需要 30 ～ 40 天。從預定採收日倒數計算以決定最後一次培土的日期。若想在 1 月採收，最晚請在 11 月中旬培土。（第 168 頁）

蜂斗菜的定植及管理重點

蜂斗菜是為數不多的日本原生蔬菜，山林裡雖有廣泛自生種群，若能將它種在庭院裡的樹蔭下或田園角落後每年都能夠持續採收，是非常珍貴的蔬菜。

定植適期為 8 月下旬～ 9 月左右。從原有栽培蜂斗菜的地點或自生地挖出根株，每隔 3 ～ 4 節分割地下莖做為種根使用。園藝店等處也有少數種根裝袋販賣，當季節來臨就能買到。

定植地點需趁早施用石灰，並充足翻土。定植時先以 50 ～ 60 公分間隔挖溝，施用堆肥、油粕做為基肥後回填土壤，取 30 公分間隔橫向擺放種根，最後覆土 3 ～ 4 公分。

它不耐乾燥，隔年夏季需敷蓋稻草，並於土壤乾燥時澆水。春季至秋季期間在通道側邊施用 3 ～ 4 次油粕。細根長在離土表較淺的地方，施肥時不可過量避免對根系造成肥害。（第 152 頁）

栽培可採收無數次的珠蔥

於夏季至初秋時種下小而細長的珠蔥球根後，每一株可長出 10 ～ 20 根細細的蔥葉。先施以一般基肥，球根深度保持在頂端稍微露出地表，淺埋入土內即可。它不需要進行什麼困難的管理，是一種栽培起來非常輕鬆的蔬菜。

連根拔起只能夠進行一次收成有點可惜，在此採用割葉收成方式長期利用吧。採收方式也很簡單。保留 3 ～ 4 公分的地上部，用利器或剪刀割下其餘部份即可。蔥類蔬菜全都可以使用此種方式採收。它們會從切口重新長出葉片，最終生長出與原本狀態相同的葉子。在較為溫暖的地方從 11 月～ 4 月左右為止，可輕鬆採收 4 ～ 5 次。想持續採收優質珠蔥的話，請於採收後立即於株間為每一植株施 2 ～ 3 撮油粕及化學肥料，並利用竹片等道具稍微拌入土中。

5 月休眠後開始結球，可做為下一次種植時的種球使用。（第 172 頁）

於品種改良後變得容易進行的
油菜花栽培

　擁有特殊苦味的油菜花，可將十字花科蔬菜的花蕾做為食材，從秋季到春季之間，常可見到長度切成 10 公分左右的菜束陳列於店頭販售。它原本是千葉縣房州的特產，近年來早生、晚生、多分枝性及耐病性（根瘤病等） 品種改良有所進展，變得更容易在家庭菜園中種植。

　於狹小田園及花盆種植時先遍撒種子，依序疏苗後最終保持 30 公分株距，以提升花蕾生長效率。

　很容易發生蚜蟲及小菜蛾等害蟲危害，需努力進行初期防治。（第 106 頁）

能夠耐受連作障礙的強健蔬菜，
小松菜

　小松菜是由傳統的蕪菁分化而來，具有悠久歷史的醃漬蔬菜的代表性品種。它具有耐寒性，也能夠抵抗酷暑，全年幾乎均可栽培。而它的病蟲害抗性也很強，特別在連作時也幾乎不會發生土壤病害，是種強健蔬菜。在狹窄田園及花盆中都能栽培，管理也很輕鬆，是種非常推薦初學者種植的蔬菜。

　最適合培育的時期為 9 ～ 10 月，播種後 25 ～ 30 天即可收成。想在關東地區最需要此類蔬菜的一月時採收的話，露天栽培情況下以 60 ～ 70 天左右的時間進行栽培就可以了。

　雖然最佳發芽溫度為 25 度，但它發芽適溫幅度很大，在 7 ～ 8 度環境下多放幾天也能夠發芽。因此只要利用塑膠隧道棚架包覆，冬季時亦能於較暖和的地方栽培。害蟲活動期推薦進行「遮蓋栽培」。（第 98 頁）

能以較少株數長期收成提供的
韓國拔葉萵苣

　韓國拔葉萵苣是拔葉萵苣的親戚，在超市的蔬菜賣場常可見到它的身影。在日本別名又被稱為「包菜」，適合用來包裹烤肉及生魚片等肉類食用，擁有不易破裂的獨特菜質。

　種植時可以保留植株，只割取 2 ～ 3 枚葉片使用，適於長期採收的特徵使它很適合做為家庭菜園中栽培蔬菜的一份子，在陽台花盆及庭院裡種上幾棵，隨時都能享受到現採的新鮮滋味，是非常重要的蔬菜。

　栽培方式與萵苣相同，於 8 月中旬後播種，長出 4 ～ 5 片本葉後定植。為使植株能維持長期採收，需要施以充足的堆肥、油粕、化學肥料等不同肥份。採收中每 2 ～ 3 週一次以化學肥料及油粕，或依狀況而定使用液肥為植株追肥，將能夠採收到許多顏色漂亮的葉片為目標銘記在心。（第 130 頁）

洋蔥的定植及施肥方式

9 月播種的洋蔥幼苗，生長至高度 20 ～ 25 公分，直徑 4 ～ 5 公釐時即可定植至田間。若未自行播種，請趁早向園藝店預約以取得優良種苗。

種植洋蔥時，需使幼苗的根系在入冬前充足發育，等春季時才能快速成長。因此需要施用大量磷酸肥份以幫助根部發育。

用化學肥料及過磷酸鈣做為基肥，條植時於植溝中施肥，作畦種植時則需均勻翻入整片土中。它的特性與其他蔬菜極為不同，將堆肥等粗粒有機物放在根系下方反而會影響生長，需要多加留意。

定植後踩踏植株根部附近以平整土壤，進入嚴寒期前實施第一次追肥。等春季開始旺盛成長後再進行第二次追肥。若此次追肥過遲，進入成長旺盛階段後會因為氮素較慢生效，容易對洋蔥儲藏性造成影響，需要特別注意。（第 162 頁）

蠶豆播種適期依地區有所不同

蠶豆播種適期會因為地區而不同，溫暖地區要提早播種，而寒冷的地區則得相對延後播種。大致上來說，溫暖地區於 10 月上旬，而一般地區則於 10 月中下旬播種。高冷地等較為寒冷的地區則需等到 2 月再播種，等渡過寒冷時期之後再行培育會比較好。

無論種子大小，蠶豆種子發芽經常不太統一，其中也會出現完全不發芽的種子。想要順利催芽，就不能將種子埋得太深。過深容易發生氧氣不足狀況。此外，種子擺放方向還會影響到出芽方式。

播種時將蠶豆的「屁股」斜下插入土中，使頭部稍微露出土壤表面。於易乾土質中播種時就得埋得深一點，頭部埋入土中大約 1 公分左右即可。播種完畢後用手輕壓，使種子緊密接觸土壤。（第 72 頁）

人氣高漲！容易種植的日本水菜

日本水菜是京都產蔬菜的其中一種。種植大株（葉片數百枚以上）的方式是在 9 月中旬前後播種、育苗，以畦寬 70 公分、株距 35 ～ 40 公分為原則，於 10 月中旬將長出 4 ～ 5 片本葉的幼苗定植至施用了充足基肥的菜園中。它的風味會隨氣溫降低而變得更美味，適合於冬季的和風料理中使用。

而消費量漸增，適合做成沙拉的小株則全年隨時均可播種，在這個時期種植也來得及。培育方式為取畦寬 40 公分，挖出與鋤頭同寬的播種溝，往溝中撒入種子。發芽後只要出現交雜生長的狀況即可開始疏苗，於長出 2 ～ 3 片本葉時保持 6 ～ 8 公分最終株距。疏苗時拔除的植株當然也是能吃的。雖然它小時候看起來很柔弱，但生長速度很不錯，培育起來較為容易。施以充足堆肥，並追肥確保肥份不斷。（第 122 頁）

芋頭的採收及適當儲藏方式

當時序進入初冬，結過 1～2 回薄霜，芋葉因結霜開始枯萎時，就到了採收芋頭的最佳時機。過遲採收不僅會因寒冷而降低品質，也會影響日後的保存期限。

採收時先用鐮刀將離地 3～4 公分以上的葉柄割除，再以鋤頭鑽入高高隆起的畦面側邊，以盡可能保持子芋、孫芋完整不掉落為前提挖出植株，堆置於特定地點。用啤酒瓶大力敲擊植株根部可高效率地卸除子芋、孫芋。

若想將芋頭保留至春季再使用，可在排水良好的地點挖掘約 50～60 公分深的儲藏穴，堆疊時將切口朝下，保持芋頭不與植株分離。用茅草或麥桿等資材覆蓋洞口，最後再往洞口覆土。在關東南部以西的溫暖地區想儲藏種芋則不需特地挖洞，只要往畦面培土堆起較大的土堆就能順利儲藏了。

蘆筍的冬季期間照護

蘆筍是一種壽命很長的蔬菜，若想要採收更多高品質的嫩芽，需要在冬季期間進行良好管理。

由於蘆筍的莖葉很容易受到莖枯病及褐斑病等病害侵襲，當天氣轉涼，莖葉開始枯黃後，需及早用鐮刀割除地上殘留部，並帶到田園外焚燬。之後在畦面兩側挖溝，撒入堆肥及油粕等有機質後將土壤往畦面堆高做為防寒措施。在越寒冷的地方需隨之增加堆土量。

越冬後於 3 月左右，將先前的土堆「移除」，鏟除土堆至不影響發芽為止。作業中順便在畦間施用緩效性化學肥料及油粕等肥份做為春季追肥。種植年份較久後，當根株生長過於密集，進而往土表浮出時，需趁冬季期間分割整理，或是移植到其他田園去，使植株恢復精力。（第 180 頁）

冬季蔬菜的防寒對策

由於冬季降霜和低溫影響，除了少數冬季蔬菜外，有可能無法種植出優質蔬菜。而從冬季到早春期間溫度不足，幾乎所有蔬菜播種後都不會發芽。想在這種嚴苛的條件下享受培育蔬菜的樂趣時，準備各種防寒資材是不可或缺的。

可做為防寒資材使用的有：①不織布及防蟲網等透氣性資材、②塑膠農膜、③塑膠墊類、④天然竹棒及竹席、竹簾等。①主要用以延長已進入採收期的不耐放蔬菜的採收期限及預防葉枯，②於早春播種時可促進發芽及初期生育，並促進草莓等蔬果生育。③於苗床等設備的夜間保溫上使用，而④則在為成長中蔬菜防霜等用途上運用。它們各自有其使用方式，於冬季特別能夠發揮效能。在此最為推薦的是直接覆蓋也能使用的①。（第 251 頁）

從嚴寒中保護大白菜的方法

　　將未採收完畢，結球緊實正值美味時期的大白菜留在田裡，會因為嚴霜寒風侵襲而使葉球頂部的柔嫩葉片和外葉變得乾燥，最終往內側腐爛而無法食用。若有未採收完畢的大白菜，請為其進行防寒對策。

　　最簡單的方法是在開始降霜時將植株外葉直立起來包裹葉球，再以類似綁帶帶的方式用塑膠繩綁住葉片上緣。大白菜長得太好時外葉可能容易折損而難以綁緊，等外葉稍微凍傷後會比較好綁。如果手邊有不織布等覆蓋用資材，直接罩住頂部保持不被風吹走就可以了。在受到日光照射時，農膜類資材會使頂部造成高溫傷害，因而不適合使用。

　　採收後想先儲存起來的話，可將大白菜頂部朝下堆疊排列，放置於通風良好的農舍屋簷下，或樹林、竹林等不會降霜的場所。（第94頁）

剩餘種子的有效儲存方式

　　購入種子後，於該季用不完而有剩餘的情況時常出現。其中也可能有好不容易才取得的珍貴種子。雖然種子保存期限長短不一，大致上來說擺著不管到隔年後，發芽率將大幅下降。想使種子於保存一年後仍能確實發芽，就得在適當條件下進行儲藏。

　　發芽力低落，大多是因為種子因呼吸作用而消耗養份，以及病原菌侵襲所致。為預防此類狀態出現，要先保持儲存環境乾燥。濕度低於 30% 以下可抑制發芽力，能夠維持低溫會更好。

　　在此向各位推薦一種簡易儲藏法。利用陽光將種子充份曬乾後，與糖果包裝內附帶的乾燥劑（矽膠粒等）一起放入海苔或茶葉空罐中，再用膠帶密封瓶蓋防止外部空氣入侵，置於陰涼處保存。

於冬季期間製作能夠提高地力的堆肥

　　地力指的是土地的生產力。地力會隨不斷的栽培而被消耗，因此需要隨時進行增強補充。最基本的辦法就是施以堆肥了。

　　土壤形成團粒結構後不僅能保持優良的保水及排水性，也便於吸收包括微量元素在內的肥料成份。此外以堆肥為食物的微生物群中，有些能夠分泌激素幫助根系生長及抑制病原菌，對增強病害抵抗力頗為有效。

　　製做堆肥所需材料為稻草、落葉、枯草、家畜糞便等。這些材料含有醣類及蛋白質，被微生物分解後就能成為堆肥了。創造出使這些微生物能夠高效率工作的環境為製作堆肥的重點。

　　將這些材料與水以及氮素來源（油粕、雞糞、硫酸銨等）混合，緊實踩踏壓平以調整適宜的氧氣量。一層層堆積材料直至堆疊高度 30 公分為止，努力製作堆肥吧。

蔬果種植方法
100種

第**2**章

●肥料等資材份量為大致上的標準。
「一大匙」份量為咖哩用湯匙一匙左右，化學肥料＝約 12 公克、油粕＝約 10 公克、石灰＝約 20 公克、磷酸鈣＝ 12 公克。「小匙」代表半大匙左右。「一把」（腐熟）堆肥大約為 100 ～ 130 公克。「一撮」則是大約 3 ～ 4 公克。

●栽培時期均以關東 ・ 關西地區平地為基準。

蕃茄

蕃茄是種營養豐富，用途廣泛的超高人氣蔬菜。然而它喜好強光，又容易染上病蟲害，請在日照及通風充足的地點栽培。此外在施肥和日常管理等蔬菜栽培上也需要相當程度的技術及照護。

品種 大果品系有『桃太郎』、『麗夏』、『サンロード（Sun Road）』，迷你品系則有『サンチェリー（Sun Cherry）』、『ミニキャロル（Mini Carrol）』等。另外還有中果品系，果皮為紅色及黃色等諸多品種。

栽培重點 店頭販賣的幼苗以小苗居多，直接地植會因生長勢過佳，使得第1花房難以著果。若去除第1花房，生長勢將更為紊亂而使其他花房著果隨

之變差。因此需先移植至稍大的盆中，培育成大苗後再行田間定植，從第1朵花起確實結果。但迷你蕃茄就沒有這個問題，可直接定植小苗。當第1顆果實長到直徑4～5公分時實施追肥。需要細心且及早摘除側芽。趁早發現蚜蟲及疫病並努力防治。

栽培月曆

1月	2	3	4	5	6	7	8	9	10	11	12	
												隧道栽培
												露天栽培
												高冷地抑制栽培

● 播種　○ 定植　⌒ 隧道覆蓋　▬ 採收

1 育苗

使用市售幼苗時
購入時常為小苗，因此需換盆再次育苗

補足育苗用土

4～4.5寸盆

自行育苗時
於育苗箱條播。溫度保持25～28度

長出1片本葉後換盆種於4寸盆中

培育完成的苗株。長出8～9片本葉時開出1～2朵花

2 田園準備

〈每株需要〉

堆肥　3～4把	畦高15～17公分
油粕　4大匙	田土排水性較差或土壤較重
化學肥料　2大匙	時盡可能作高畦種植

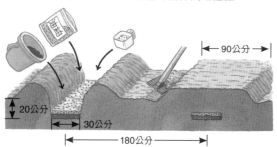

20公分

30公分

90公分

180公分

3 架設支柱及定植

❶架設支柱
為了避免於定植後踩實畦面需先行架設支柱

不需剪斷膠繩，夠長才能綁得更牢固

斜向架設支柱補強結構

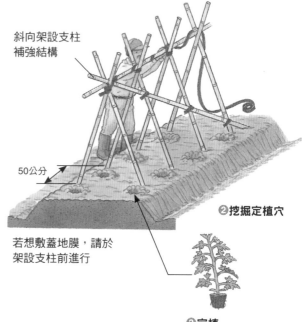

50公分

若想敷蓋地膜，請於架設支柱前進行

❷挖掘定植穴

❸定植
定植時請將花房朝向通道側

4 誘引及疏芽

為避免對枝條發育造成阻礙，以有一定鬆弛度的8字型綁住枝條進行誘引

用手指頭趁早摘除側芽。病毒病可能經過汁液傳播，因此不使用剪刀。

5 著果處理

噴灑激素可使大果蕃茄確實著果。將蕃茄生長素稀釋50～100倍（高溫期較淡）使用。小蕃茄著果性佳，無需處理

於每一花房開1～2朵花時以噴霧方式噴灑1～2回。注意不要噴到尖端的嫩芽

雖然效果比激素差，用棒子敲擊支柱也能使少量花粉有效著果。

6 追肥及噴灑藥劑

第1次追肥
於果實長到高爾夫球大小時進行
第2～3次追肥
第1次追肥後每15天再追肥1次

〈每株需要〉
化學肥料　1大匙
油粕　2大匙

及早噴灑藥劑，以圖早期防治

開淺溝，施肥後往畦面培土

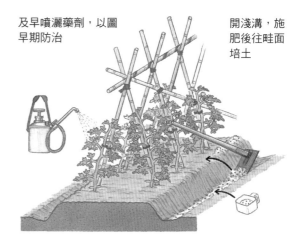

7 摘芯及疏果

花房

保留採收目標段數的上方2片葉子後進行摘芯。當最上段花房開始開花時為適期

目標段數
●**大果蕃茄**
想要的段數
6～7段
●**小蕃茄**
盡可能越多段越好

每一花房保留4～5顆並摘除其餘果實

摘除形狀較差的果實

8 採收

開花後約60天（夏季為35天）即會上色。於完熟後採收，享受天然原味。小蕃茄容易裂果，請趁早採收。
→保存・利用方式請參考第221頁

茄子

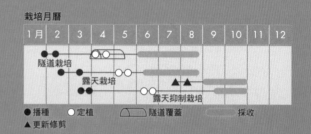

1月	2	3	4	5	6	7	8	9	10	11	12

隧道栽培

露天栽培

露天抑制栽培

●播種　○定植　⬭隧道覆蓋　　　採收
▲更新修剪

茄子可醃、可煎、可燉、可炸甚至還能生吃，是種非常珍貴的蔬菜。在家庭菜園中親手種植，才能品嚐到新鮮現採的茄子果實。管理得當的話，於7月下旬進行更新修剪後，可維持長期大量採收至中秋左右，亦為其魅力所在。

（品種）雖然有長卵型的『千兩二號』、『黑帝』及長條型的『筑陽』等代表性品種，但另有多種如『水茄子』、『小丸茄子』、『庄屋大長』、『仙台長』等推薦栽培的地區性品種。

（栽培重點）它喜好高溫，因此不能過早種植。想提早種植的話需要做好充足的保溫對策，併用地膜及隧道或保溫罩等資材。它喜歡充足肥份，需要施用

充足的基肥和追肥以確保肥份供應不中斷。另需注意整枝並摘除重疊葉片，使果實能於接受充足日照後均勻上色。

隨時觀察葉片顏色、花苞及開花形狀，發現營養不良的徵兆或是生長勢衰退使果型不佳及落果時，需先摘除幼果以圖恢復植株精力，之後再追肥恢復生長勢。

1 育苗

使用市售幼苗時
購入時常為小苗，因此需移植至較大的花盆二次育苗

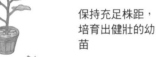

保持充足株距，培育出健壯的幼苗

4～4.5寸盆

定植時幼苗外觀

葉片深色飽滿

枝條深色粗壯

枝條底部著生雙葉

第1朵花開始綻放

自行育苗時
溫度保持28～30度

長出1片本葉時移植至4寸盆

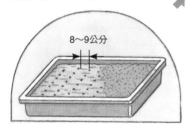

播種行距8～9公分，各種子間距0.5～0.8公分

2 田園準備

〈每株需要〉
堆肥　3～4把
油粕　3大匙
化學肥料　1大匙

於基肥溝上方培土作畦

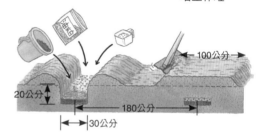

100公分

20公分

180公分

30公分

3 定植

選擇溫暖的晴天進行田間定植

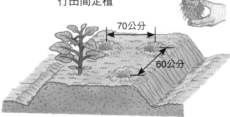

70公分

60公分

敷蓋黑色地膜能使土溫上升，同時有效保濕和抑制雜草，防止肥份流失

4 架設支柱及誘引

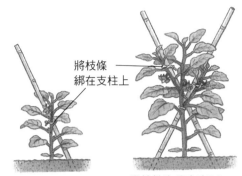

將枝條綁在支柱上

斜向架設支柱

當植株生長高度30～40公分時,交叉架設另一根支柱

5 整枝

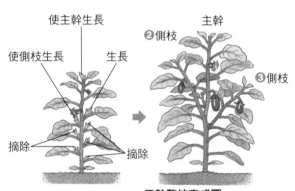

使主幹生長

使側枝生長　生長

摘除　　摘除

主幹

❷側枝

❸側枝

三幹整枝完成圖
葉片重疊時摘除老葉維持通風良好,並使果實都能照到陽光

6 病蟲害防治

茄子容易受到蚜蟲、茄二十八星瓢蟲和葉蟎類害蟲侵襲。注意葉片顏色並於發生初期仔細對葉片表裏兩面仔細噴灑藥劑

7 追肥

第1次追肥
〈每株需要〉
化學肥料　1大匙
於距離植株根部10公分遠的地方點狀施肥。若已敷蓋地膜則以手指戳洞施肥

第2次後的追肥
〈每株需要〉
油粕　2大匙
化學肥料　2大匙

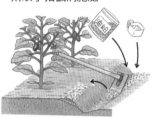

每隔15～20天觀察營養狀態決定追肥與否

〈培養出觀察營養狀態的眼光吧〉

栽培順利時
花朵上方著生數枚葉片

健康花朵（長花柱花）

深色
花藥（雄蕊）

花柱
（雌蕊）

雌蕊比雄蕊長

營養不良時
花朵著生於枝條頂端

不良花朵（短花柱花）

淺色

短花柱被花藥包圍。雌蕊比雄蕊短。

8 採收

開花後15～20天即可採收。
足夠肥大後用剪刀剪下。
如果一次能採收許多果實使用,可摘取幼果以減輕植株負擔。

9 更新修剪

植株疲於結果時可大幅修剪枝條,施肥恢復植株生長勢,挑戰秋季也能採收茄子

〈每株需要〉
腐熟堆肥　3把
化學肥料　2大匙

在植株周圍以鋤頭或鏟子等農具深層翻土後施肥

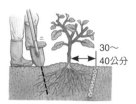

30～40公分

→保存・利用方式請參考第221頁

青椒

青椒雖然是辣椒的親戚，但它不辣且為大型果，富含維他命 C 和胡蘿蔔素。於蔬果中為強健易栽培的種類，能抵抗炎夏，也很適應氣溫逐漸降低的秋日氣候，至降霜為止可長期收成。

品種 綠色種系有『エース（ACE）』、『京ゆたか（京豐）』『にしき（錦）』等。而小果甜椒則有『獅子頭』及『伏見甘長』、『翠臣』等，由外國青椒尚未進入日本前的日本原生品種改良而來的各式品種。雖然使用方式不同，但栽培方式相同。

栽培重點 由於它性喜高溫（夜間適溫 18 ～ 20 度），從育苗到定植・扎根時若處於低溫狀態，

會使生長變差。因此需注意苗床保溫及加溫，俟氣候轉暖後再行定植。

由於它的枝條細弱不耐風吹，卻又容易結果因而折損，需要架設支柱細心誘引。當它生長茂盛，結出許多果實後，請摘除幼果以圖恢復生長勢。容易遭受蚜蟲、夜盜蟲侵襲，請趁早噴灑藥劑。

栽培月曆

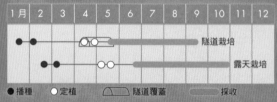

1月	2	3	4	5	6	7	8	9	10	11	12

隧道栽培
露天栽培

● 播種　○ 定植　⌒ 隧道覆蓋　── 採收

1 育苗

自行育苗
以4～5公釐間隔於育苗箱中條播

長出1片本葉時移植至4寸盆

定植時幼苗外觀
育苗至開1～2朵花為止，長成大苗後等氣溫足夠溫暖再進行田間定植

使用市售幼苗
補足新的育苗用土

幼苗期生長緩慢，購入幼苗後移植至4寸盆二次育苗

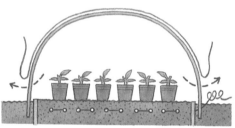

若利用隧道為苗床保溫時，白天需要換氣以避免溫度高於35度以上
發芽　28～30度
生長　土溫22～25度　氣溫15～30度

2 施用基肥

〈每1公尺基肥溝需要〉
油粕　7大匙
堆肥　3～4把
化學肥料　5大匙

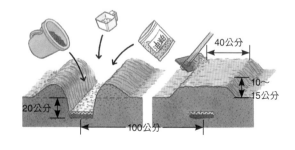

40公分
20公分
100公分
10～15公分

3 定植

於敷蓋地膜前
充份澆水

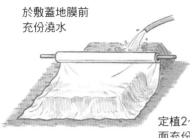

定植2～3天前對畦面充份澆水後，以地膜覆蓋畦面，提高土溫

用刀片割開
十字型切口

4 整枝・架設支柱

支柱
↑

❷側枝

❸側枝

剪除下方提早長出的側枝

與茄子相同，施作主枝＋側枝＋側枝的三幹整枝法

青椒枝條瘦弱容易被風吹折，請及早架設支柱

三幹整枝完成圖

隨植株成長需要增加支柱固定枝條

誘引
以帶有鬆弛度的8字型繩結綁住枝條，方便枝條繼續成長

5 追肥

第1次
定植10天後
〈每株需要〉
油粕　2～3撮

第2次
於第1次追肥20天後進行
〈每株需要〉
化學肥料　1大匙
油粕　1大匙
施於離植株根部約10公分處

第3次
於第2次追肥20天後進行
與第2次份量相同
施於離植株根部約10公分處

掀開地膜施肥，以鋤頭挖鬆通道土壤後往畦面培土

6 採收

青椒

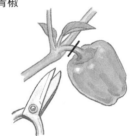

結實過多導致生長勢減弱時，摘除幼果以恢復生長勢

甜椒

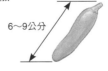

6～9公分

趁果實較小時採收能得到較多良品

就算果實於結實旺盛期時巨大成長，從料理方式下點工夫也能充份做為家庭食材使用

→保存・利用方式請參考第221頁

彩椒

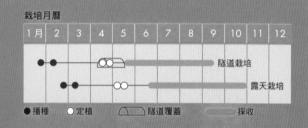

栽培月曆

1月	2	3	4	5	6	7	8	9	10	11	12

隧道栽培

露天栽培

● 播種　　○ 定植　　⌒ 隧道覆蓋　　── 採收

品種 彩椒品種繁多，有水果彩椒、大甜椒、錐型及小型甜椒等極為豐富的品系，而適合於家庭菜園栽培的是結中型果實的『セニョリータレッド（Senorita Red）』、『セニョリータオレンジ（Senorita Orange）』、『セニョリータゴールド（Senorita Gold）』、『ワンダーベル（Wonderbell）（紅）』、『ゴールデンベル（Goldenbell）（黃）』及長條型會變色的『香蕉甜椒』等容易購得的品種。由於市售幼苗經常只以彩椒做為商品名稱，請先確定品種後再購買。翻閱商品目錄郵購並自行育苗是最確實的方式。

栽培重點 栽培步驟基本上與一般青椒相同，但其果實長到完全成熟發色為止需要較長天數（盛夏時從開花算起也要 40 ～ 50 天），栽培困難度比青椒高出許多。栽培時需施以充足基肥並定期追肥，以保持肥份供應不間斷。此外大果品種枝條容易折損，需要細心架設支柱及誘引，並疏果以限制果實數量。

1 育苗

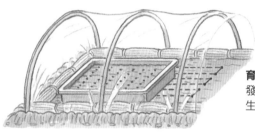

育苗目標溫度
發芽　28～30度
生長　土溫22～25度
　　　氣溫15～30度

白天需要換氣以避免
溫度高於35度以上

長出1片本葉時移植至
4寸盆

使用市售幼苗

補充新的育苗用土並
移植至較大的膠盆　　枝條粗壯結實

發育良好
的幼苗

2 施用基肥

〈每株需要〉
堆肥　2～3把
油粕　2大匙

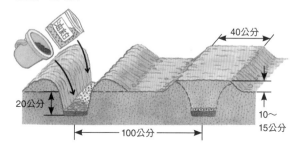

40公分

20公分

10～
15公分

100公分

3 定植

敷蓋前充分澆水

50公分

定植2～3天前對畦面充份澆水，以地膜覆蓋畦面，提高土溫

用刀片等利器割開十字型切口並定植幼苗

若想提早採收請於定植後進行隧道覆蓋

4 架設支柱 · 誘引

保留主幹和兩條生長勢較佳的側枝，施行三幹整枝

青椒枝條瘦弱容易被風吹折，請及早架設支柱

以有一定鬆弛度的8字型綁住枝條，方便枝條繼續成長

隨植株成長需要增加支柱固定枝條

5 追肥

第1次〈每株需要〉
化學肥料　1小匙
油粕　　　1小匙

開始茂盛開花時，於地膜切口處施肥

第2次
〈每株需要〉
化學肥料　1大匙
油粕　　　2大匙

掀開地膜施肥，並以鋤頭挖鬆通道土壤後往畦面培土。最後將地膜蓋回原位

第3次起
以第2次追肥要領，大約每15～20天追肥一次

6 澆水 · 敷蓋稻草

梅雨季過後於地膜上敷蓋稻草，防止土溫過高

由於彩椒不耐夏季乾燥，田土乾燥時請充份澆水

7 害蟲防治

容易遭受蚜蟲、煙實夜蛾等害蟲侵襲

確保株頂受到藥劑噴灑

及早噴灑殺蟲劑預防

亦需對葉片內側均勻噴灑

8 採收

紅、黃、橘色的成熟果實香甜可口。此外還有褐、黑、紫、白等色系品種

→保存・利用方式請參考第221頁

辣椒

辣椒是一種增添辛辣味的蔬菜，被認為是消暑驅寒的活力來源，並擁有防腐殺菌等功效，自古以來一直是非常珍貴的食材。由於它經由葡萄牙人傳入日本，因此有個『南蠻』的別名。

品種 使用乾果增添辛辣味的品種有『鷹爪』、『本鷹』、『塔巴斯科』等，而以葉片為食材的則有『伏見辣椒』、『日光唐辛子』等。『伏見辣椒』的未成熟果實能做為食材使用。此外尚有多種色彩豐富的觀賞用品種，使栽培樂趣更為豐富多變。

栽培重點 它性喜高溫，生長適溫為 25～30 度，請於氣候足夠溫暖後再開始栽培。辣椒能忍受秋季低溫，至晚秋為止可持續採收，也可做為觀賞用。

栽培月曆

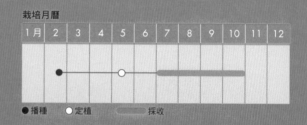

| 1月 | 2 | 3 | 4 | 5 | 6 | 7 | 8 | 9 | 10 | 11 | 12 |

● 播種　○ 定植　　採收

辣椒根系纖細，不耐低溫潮濕，請施以充足的堆肥做為基肥，並覆蓋地膜提高土溫，以促進初期生育為第一要務。此外於下雨後需注意田間排水，避免積水出現。

它的枝條瘦弱，容易被風吹倒，故請在著生大量果實前架設支柱。

1 育苗

以白天20～30度，夜間15度以上為目標。土溫維持25度上下

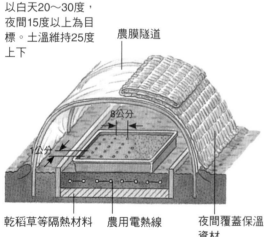

農膜隧道

8公分

1公分

乾稻草等隔熱材料　農用電熱線　夜間覆蓋保溫資材

長出1片本葉時移植至3寸盆

由於它性喜高溫，生長遲緩，不太容易自行育苗。一般來說，購入已育成的苗株比較容易進行栽培

培育完成的幼苗。約長出6～7片本葉

2 施用基肥

〈畦面每1公尺長度需要〉
化學肥料　3大匙
油粕　5大匙
堆肥　3～4把

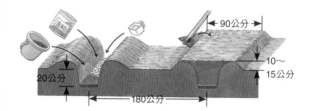

90公分

20公分

10～15公分

180公分

3 定植

敷蓋前充分澆水

定植2～3天前對畦面充份澆水，以地膜覆蓋畦面，提高土溫

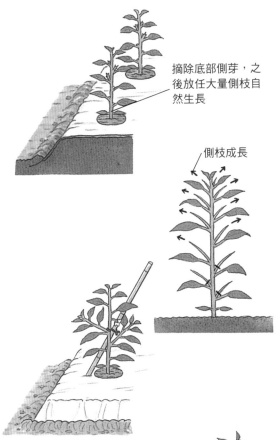

60公分

地膜

45公分

90公分

180公分

用土壤確實壓緊地膜側邊

4 架設支柱・整枝

摘除底部側芽，之後放任大量側枝自然生長

側枝成長

枝條瘦弱容易被風吹倒，請及早架設支柱

側枝

主幹

固定

側枝

5 追肥

第1次
定植半個月後於植株周圍施用肥料，並稍微拌入土中

開始茂盛開花時，取2～3撮油粕於每一植株的地膜切口上施肥

第2次起
〈每株需要〉
油粕　3大匙
化學肥料　2大匙

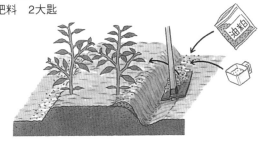

於第1次追肥後，以及再經過15～20天後各1次，於畦面兩側施用肥料，拌入土中後往畦面培土

6 採收・儲存

40葉用辣椒
當果實長到4～5公分大小時整株拔起，摘取葉片做為佃煮或醃漬等食材使用

成熟辣椒
開花後50～60天，果實呈現深紅色時，即可將整棵植株拔起採收

倒吊在屋簷下等處風乾，做成乾辣椒方便隨時取用

黃瓜

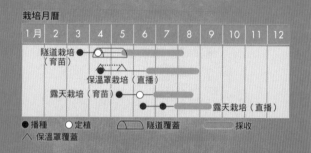

1月	2	3	4	5	6	7	8	9	10	11	12

隧道栽培（育苗）

保溫罩栽培（直播）

露天栽培（育苗）

露天栽培（直播）

●播種　○定植　⌒隧道覆蓋　━採收
∧保溫罩覆蓋

　黃瓜是一種以翠綠外表和清爽風味，以及清脆口感為其魅力的蔬菜。由於它不耐強風和乾燥，栽培管理時需多加注意應對。

品種　有『南極一號』、『北星』、『夏涼』、『ステータス（Status）』等容易栽培的代表性品種。而口感風味較佳的則有『近成四葉』、『さちかぜ（幸風）』、『四川』等品種。

栽培重點　黃瓜容易罹患土壤病害，特別以蔓割病最為可怕，因此使用嫁接苗（可進行連作）較容易培育。它的根系氧氣需求量大，請施以充足的優質堆肥，確實追肥以確保肥份不中斷。

　由於黃瓜成長速度很快，請盡量於方便照顧的地點細心培育。誘引、摘芯等步驟都要仔細且及時進行，不可過遲。如果不方便時常打理的話，架設矮支柱種植會是個不錯的方案。

　觀察生長勢和著果數以決定每次採收的數量。大量著果時可提早採收未成熟果實，以減輕著果負擔並使植株生長勢盡早恢復。

1 育苗

於3吋膠盆播3顆種子

長出1片本葉時疏苗並保留1株

長出3～4片本葉時育苗完成

利用隧道為苗床保溫時，白天需要換氣以避免溫度高於30度以上。夜間覆蓋草蓆等資材，氣溫較低時以電熱加溫維持溫度

使用市售幼苗時，請購買已長出3～4片本葉的苗株來種植

2 田園準備

〈每1平方公尺需要〉
油粕　5大匙
堆肥　5～6把
化學肥料　3大匙

對畦面均勻施用基肥，並細心翻土15～20公分深

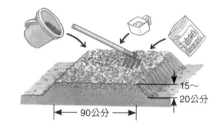

━ 90公分 ━

15～20公分

將通道土壤往畦面堆高並耙平

需要較寬的通道

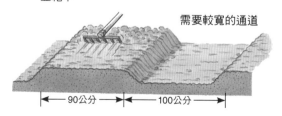

━ 90公分 ━　━ 100公分 ━

3 架設支柱

架設一般支柱
架好支柱後再挖植穴

架設矮支柱
不需花費太多工夫照護

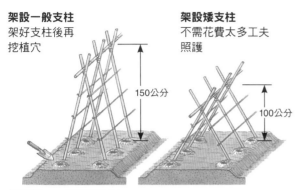

150公分

100公分

側面綁2～3段塑膠繩以支撐側枝

4 定植

對植株周圍充份澆水

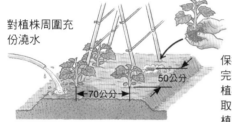

70公分

50公分

保持根部土團完整，小心將植株從膠盆中取出後定植於植穴中

5 誘引

於主幹生長至1.5公尺高左右時摘芯

架設一般支柱時
藤蔓生長速度很快，為使其不致於垂掛於半空中請及早誘引

以繩索對延伸出的子蔓進行誘引

架設矮支柱時
母、子、孫蔓均不摘芯，放任生長即可

母蔓
摘芯
子蔓
子蔓
摘芯

子蔓及孫蔓保留2片本葉，其餘部份摘芯

長度長到足以垂掛時，將藤蔓掛在支柱和繩索上即可，不需摘芯

6 病蟲害防治

危害最嚴重的病害為露菌病。會使發育較差的植株長出許多不健康的葉片

仔細噴灑藥劑，確保葉片表裏兩側均被藥劑覆蓋

7 追肥

〈每株每次需要〉
油粕　1大匙
化學肥料　1大匙

每隔15～20天追肥一次，確保栽培期間肥份不間斷。確實抓準根系生長範圍後再施肥

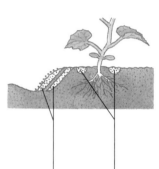

第2～3次追肥時先挖淺溝，施肥後將土壤往畦面上培土。而第4次則於畦面兩側施用

第1次追肥時將肥料略為拌入土中，於植株根部附近施用

8 採收

幼果到成熟大果均可食用，可配合個人喜好和植株生長勢變更採果大小，享受不同樂趣

雄花
可當料理裝飾使用

開花黃瓜
（於開花狀況極佳時）開花中的黃瓜果實

花黃瓜
長約10～12公分

一般大小
長約22～23公分 重量100～120公克。也可以等它長得更大再做為涼拌食材使用

→保存・利用方式請參考第222頁

南瓜

南瓜富含胡蘿蔔素及多種維生素，是一種營養豐富的健康蔬菜。植株非常強健且吸肥力很強，不需過多施肥也能夠長得很好，也不容易發生連作障礙，是最容易培育的果菜類。但它會長出一大片茂盛的葉子，不太適合於狹窄的田園中種植。

品種 大致上可以區分為日本品種、西洋品種、美洲南瓜品種等數種。黑色果皮的『會津早生』、『宮崎早生』及白色果皮的『白菊座』，和果皮上有瘤粒的『縮縮（ちりめん）』等種類均為日本種南瓜。目前較多人種植的『惠比壽』、『宮古（みやこ）』、『近成芳香』等則由西洋南瓜改良而來的。

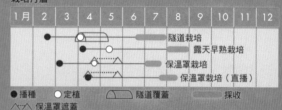

	1月	2	3	4	5	6	7	8	9	10	11	12	
													隧道栽培
													露天早熟栽培
													保溫罩栽培
													保溫罩栽培（直播）

●播種　○定植　⬭隧道覆蓋　━採收
∧∨∧ 保溫罩遮蓋

栽培重點 南瓜是最為能夠忍耐低溫、高溫的果菜類植物。它對土壤病害的耐受性也很強，於貧瘠的土地上也能良好生長。但它在潮濕的土地上容易產生疫病，肥份過多時還會發生莖葉茂盛狀況因而難以著果，因此需要加強排水，施肥時也要特別注意不可過量。

1 育苗

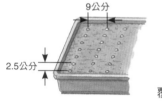

9公分
2.5公分

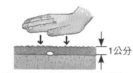

覆土約1公分高，並輕壓土表

1公分

長出1片本葉時換盆

長出4～5片本葉時育苗完成。

若所需株數較少，直接在盆中播種也能簡單培育

長出1片本葉時疏苗並保留1株

查看根系狀況，當根系滿盆，土團不易崩裂時為最佳狀況

若提早播種，需架設隧道覆蓋農膜，夜間蓋上草蓆盡量做好保溫

2 施用基肥 ・ 作畦

〈畦面長度每1公尺需要〉
油粕　5大匙
堆肥　4～5把

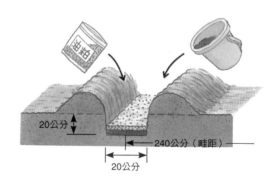

20公分
240公分（畦距）
20公分

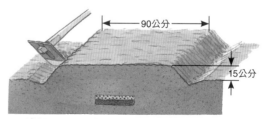

90公分
15公分

回填基肥溝後於其上作畦

3 定植

定植後於植株周圍充分澆水

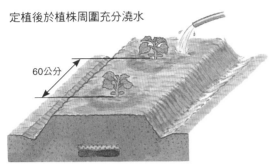

60公分

保溫罩

對生育初期保溫及害蟲防治頗有幫助。
於頂部開洞，保留換氣孔（需隨成長進度適度擴大）

農膜或紙袋

燈籠型
頂部保持開放

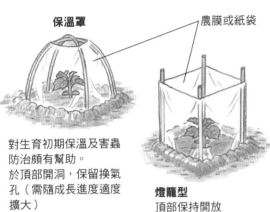

4 整枝

培育出1條母蔓和1條子蔓，並摘除其它子蔓

母蔓

子蔓

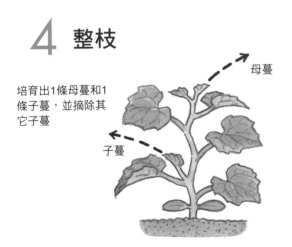

將藤蔓拉往畦面兩側，各畦面直角配置以避免莖葉重疊

以竹棒等資材交叉固定

葉片

子蔓

母蔓

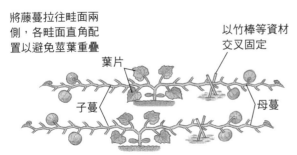

5 追肥

第1次
於藤蔓生長到50～60公分長時，以化學肥料於畦面兩側施肥
〈每株需要〉
化學肥料　2大匙

第2次
當果實長到日式湯碗大小時，於株間各處施用少量化學肥料

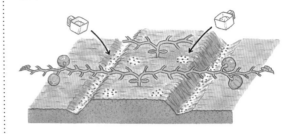

6 人工授粉

用雄蕊輕輕磨擦指甲，確認有花粉之後再進行授粉

輕輕將花粉沾到雌花柱頭（雌蕊）上

雄花

雌花

7 採收

果實於開花後45～50天進入成熟期，當瓜皮硬度轉變至指甲難以刮出痕跡時差不多就可以採收了。過晚採收會減損風味。

用指甲刮刮看

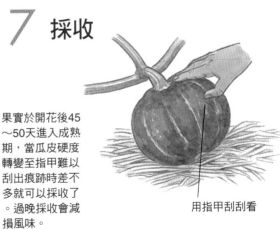

→保存‧利用方式請參考第222頁

夏南瓜

夏南瓜是美洲南瓜的其中一種，取大小與黃瓜相仿的幼果使用。栽培時不像南瓜需要寬廣的田園，且栽培管理非常容易，可說是一種適合於家庭菜園種植的蔬菜。長得過大的果實適於燒烤使用。

品種 代表性品種有綠色系的『グリーントスカ（Green Tosca）』、『ダイナー（Dyna）』、『ブラックトスカ（Black Tosca）』等。黃色系的人氣也很高，有『ゴールドトスカ（Gold Tosca）』、『オーラム（Aurum）』等品種。

栽培重點 市面上不容易買到幼苗，推薦及早購入種子自行育苗以取得優良種苗。

夏南瓜不耐潮濕，需加強排水，用地膜敷蓋畦面

能得到不錯的效果。由於植株葉片較大，容易被風吹動而使得藤蔓反折或折斷，致使病原菌由傷口入侵，請務必架設短支柱固定。

雌花著生於短縮枝條各節位上，開花後肥大速度很快，幾天內就能採收了，請注意不要太晚採收。

（註：夏南瓜在臺灣主要於秋冬季種植。若想於夏季種植，可挑選臺南區農改場於 2015 年發表的臺南 2 號。南部地區可於 8 月播種。）

栽培月曆

1月	2	3	4	5	6	7	8	9	10	11	12
						提早播種栽培					

●播種　○定植　　　採收

1 育苗

提早播種

9公分

2.5公分

於育苗箱內條播。溫度保持25度

1公分

它的種子頗大，覆土1公分後輕壓土表

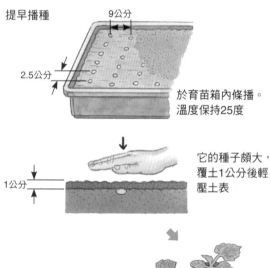

長出1片本葉時移植至3寸盆

正常播種
氣溫變暖後直播於3寸盆中

長出4～5片本葉時育苗完成

到4月下旬為止需利用隧道覆蓋農膜保溫，夜間在隧道上覆蓋（舊衣物等）保溫材料。

2 施用基肥

〈植溝長度每1公尺需要〉
化學肥料　2大匙
油粕　3大匙
堆肥　4～5把

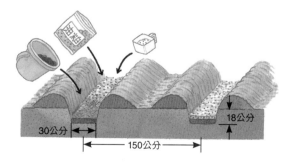

18公分

30公分

150公分

3 定植

①作畦

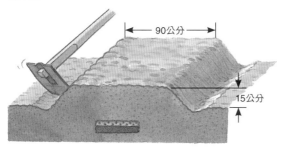

90公分

15公分

回填基肥溝後於其上作畦。
若田土較潮濕時請盡量作高畦種植

②以黑色地膜敷蓋整個畦面

用土壤壓緊
地膜側面

挑選溫暖的日子進行田間定植

④定植

③在地膜上開植穴

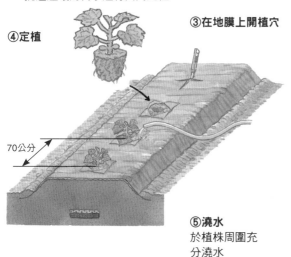

70公分

⑤澆水
於植株周圍充
分澆水

4 追肥

第1次追肥
定植半個月後，於植株附
近隨意以手指頭戳出數個
洞施肥
〈**每株需要**〉
化學肥料　1大匙

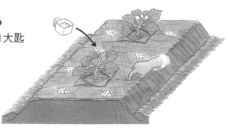

第2次追肥
開始採收時，掀開地膜側邊
並追肥。完畢後將地膜回復
原狀

在風力較強的地方，為
使藤蔓不會被風力甩
動，需交叉架設短支柱
固定

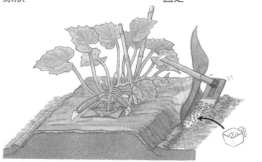

第3次之後
每半個月於植株周圍及畦間施用肥料，
並拌入土中

5 採收

一般果實

帶花夏南瓜

於開花前採收。
做為燉煮等食材
使用

綠色品種

黃色品種

可做為燉煮（普羅
旺斯雜燴等）、沙
拉、炸物、醃漬等
食材使用，用途非
常廣泛

過大的果實

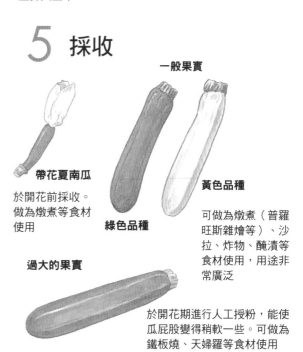

於開花期進行人工授粉，能使
瓜屁股變得稍軟一些。可做為
鐵板燒、天婦羅等食材使用

→保存・利用方式請參考第222頁

西瓜

西瓜富含果糖和葡萄糖，是一種能夠治癒因炎夏帶來的身體疲憊的蔬果類。它是最為喜歡強光的蔬菜類，生育適溫也很高（夜間溫度 15 度以上），請在氣溫足夠溫暖後，於日照良好的地點種植。

容易發生連作障礙（主要為蔓割病），請盡量利用耐病性砧木（主要為扁蒲）嫁接苗進行種植。

【品種】大果品種有『縞王』、『瑞祥』等，而小果品種則有『小玉』、『紅小玉』等多種品種。想種植比較不一樣的品種時，也有黑色的『ブラックボール（Black ball）』、『タヒチ（Tahiti）』及橢圓形的『ラグビーボール（Rugby ball）』等可供選擇。

栽培月曆

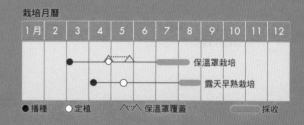

1月	2	3	4	5	6	7	8	9	10	11	12
											保溫罩栽培
											露天早熟栽培

●播種　○定植　∧∨ 保溫罩覆蓋　▭ 採收

【栽培重點】控制基肥使用量，等著果且果實開始肥大後再進行追肥。開花前期訪花昆蟲較少時，進行人工授粉以確實著果。

利用保溫罩覆蓋不僅利於生育初期保溫，且對防止飛行害蟲侵襲極為有效，務請多加利用。梅雨時期容易罹患炭疽病，可事先噴灑藥劑預防。

1 育苗

苗床保溫・加溫方式參考青椒（第34頁）作法

9公分

2公分

於育苗箱中播種，溫度保持25～30度以促進發芽

長出1片本葉時移植至3寸膠盆

長出5～6片本葉時育苗完成

使用嫁接苗
購買市售嫁接苗栽培較能耐受連作障礙，每年均能於同一地點種植

嫁接

西瓜　接穗

砧木　扁蒲等

2 施用基肥

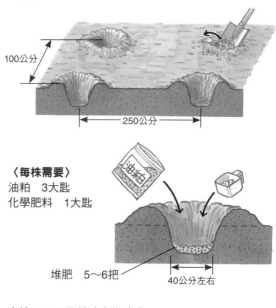

100公分

250公分

〈每株需要〉
油粕　3大匙
化學肥料　1大匙

堆肥　5～6把

40公分左右

定植15～20天前培土作畦成馬鞍狀

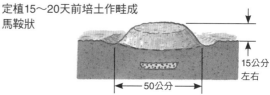

50公分

15公分左右

3 定植

於溫暖的晴天進行田間定植

不可深植。栽種嫁接苗時盡可能使嫁接處高於地面

在植株長到與保溫罩等高前均需保持覆蓋。土乾時從換氣孔澆水

隨植株成長擴大頂部換氣孔以方便換氣

4 整枝 · 誘引

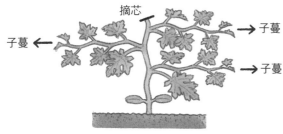

摘芯

子蔓 ←   → 子蔓

子蔓 ←   → 子蔓

於第5～6節位摘芯，選取長勢較佳的3條子蔓進行培育

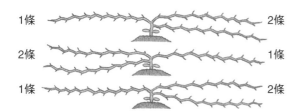

1條   2條

2條   1條

1條   2條

往左右分開誘引，以防止藤蔓互相交纏干擾

5 追肥 · 敷蓋稻草

〈每株需要〉
化學肥料　2大匙以內

當果實長到拳頭大時，四處隨意施用化學肥料

氣溫升高藤蔓開始生長時，分2～3次敷蓋稻草

6 人工授粉

花藥（雄蕊）

雄花　　　雌花

柱頭

開花日早上8～9點前摘除雄花花瓣，使花藥露出並輕輕摩擦雌蕊柱頭

將交配日標記在標籤上

7 採收

開花後50～55天即可進行試吃。成熟度足夠就表示所有標記於當天交配的西瓜成熟度都相同

找不到交配日標籤時，請依下行方式用外觀、敲擊聲等不同點進行區分後再採收
・果形…果肩較為飽滿。肚臍凹陷，且周圍厚實
・色澤…較不鮮豔，失去光澤
・觸感…用手指按壓肚臍，能感受到彈力
・聲音…以手指輕敲時發出沉重（咚咚）聲響
・卷鬚…著生果實節位長出的卷鬚枯萎

→利用方式請參考第223頁

香瓜

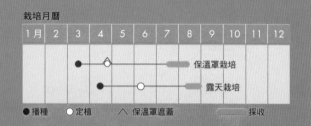

　　香瓜類為夏季代表性水果，然而它的栽培管理卻格外困難。因此需選擇適當地點細心管理，並確實做好各階段步驟。

品種 一般種植以使用經過改良，風味安定的 F1 〔註〕香瓜為主。『プリンス（Prince）PF6 號』及白皮的『アリス（Alice）』等品種對白粉病擁有抵抗性，較容易栽培。而黃皮系的『金太郎』、『金銘』等品種色彩繽紛，令人著迷。架設支架栽培時，則適合使用『阿露斯』『ボーナス（bonus）2 號』等品種。

（註：F1 為雜交第一世代之意，在保持性狀的前提下，F1 種子無法自行留種，每年必須重新購買。）

栽培重點 在果菜類植物中，香瓜是最喜好高溫的一種。因此需等到氣候足夠溫暖才能進行田間定植。請確實運用保溫 · 敷蓋用地膜輔助種植。

　　施行匍地栽培時，培育 3 條子蔓並使每株結 5 ～ 6 顆果實。而支架栽培時則培育單一主蔓，以嘗試種出優秀果實為目標，每株只留 1 顆果實即可。無論哪種方式都需要仔細整枝且使著果節位確實結果。於採收前若無法保持葉片健康，將無法提升果實糖度。因此也要細心進行病蟲害防治。

1 育苗

以維持白天20～30度，夜晚18度以上為目標

夜晚覆蓋保溫資材

覆蓋農膜的隧道

8公分

2公分

稻草等隔熱材料

以土溫25度前後為目標

提早播種時配合農業用電熱線使用

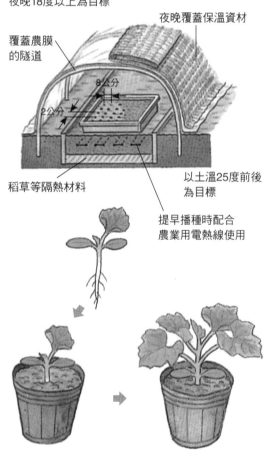

長出1片本葉後移植至3寸膠盆

播種35～40天後，長出4～5片本葉時育苗完成

2 田園準備

於前一期作物清理完畢後盡早施用石灰，並細心翻土約20公分深

石灰

於定植半個月前施用基肥

〈畦面長度每1公尺需要〉

化學肥料　2大匙
堆肥　4～5把
油粕　2大匙

30公分

3 定植

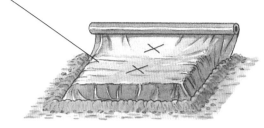

以地膜敷蓋畦面提高土溫

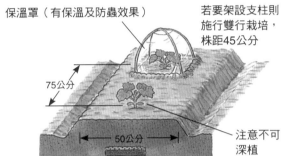

保溫罩（有保溫及防蟲效果）

75公分

50公分

若要架設支柱則施行雙行栽培，株距45公分

注意不可深植

4 摘芯・整枝

架設支柱栽培時

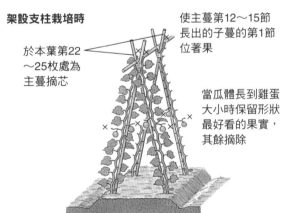

於本葉第22～25枚處為主蔓摘芯

使主蔓第12～15節長出的子蔓的第1節位著果

當瓜體長到雞蛋大小時保留形狀最好看的果實，其餘摘除

匍地栽培時

子蔓

子蔓

主蔓

孫蔓　雌花

於本葉第5～6枚處為主蔓摘芯，促進子蔓生長

於本葉第10～12枚處為子蔓摘芯，促進孫蔓（著果蔓）生長

以×印表示摘芯位置

大果品種每株留4～5顆
小果品種每株留7～8顆

5 人工授粉・追肥

於開花日進行人工授粉，並將日期標記於標籤上

第1次

當第1顆果實長到雞蛋大小時，於畦面兩側施用肥料後培土

〈**每株需要**〉
化學肥料　2大匙
油粕　4大匙

將藤蔓分成1條、2條交互排列

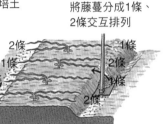

2條
1條
2條
1條
2條
1條
2條

藤蔓數量1條

第1次追肥

第2次

第1次追肥經過15～20天後，於蔓尖前端以與第1次相同的肥料量追肥，之後敷蓋稻草

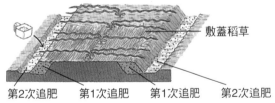

敷蓋稻草

第2次追肥　第1次追肥　第1次追肥　第2次追肥

（架設支柱及匍地栽培追肥量均相同）

6 採收

5/20

根據標籤上記載的開花日判斷採收適期

開花後40～45天左右，先摘1～2顆果實看看狀況
之後再採收其餘果實

→保存方式請參考第223頁

越瓜

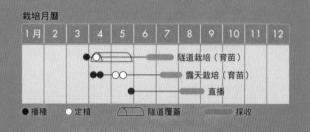

栽培月曆

1月	2	3	4	5	6	7	8	9	10	11	12
									隧道栽培（育苗）		
									露天栽培（育苗）		
									直播		

●播種　○定植　⌒隧道覆蓋　━採收

越瓜雖然是香瓜的變種，但它的果實成熟後不會形成糖份，吃起來並不甜。厚而細緻的果肉非常適合用來醃漬。由於它的主用途為醃漬物製作，以往栽培大都用來做為加工品原料使用。近年來重新發掘它的特徵之後，也增加了不少於家庭菜園中栽培它的愛好者。

（註：越瓜在臺灣主要做成醃瓜和醃瓜食用。）

品種 除了『東京早生越瓜』、『東京大白瓜』、『桂大白瓜』、『讚岐白瓜』等品種外，另有瓜體帶有綠色條紋的『青大長縞瓜』等，不同地區各有不一樣的傳統品種。

栽培重點 越瓜性喜高溫強光，對夏季酷暑及乾燥的耐受性高，但不耐低溫。於寒冷地區能進行露天栽培的時間很短，需要架設隧道保溫。

雌花主要著生於孫蔓，為了盡可能使孫蔓大量並整齊地出現，需要對母蔓和子蔓摘芯。另需控制從子蔓上長出的孫蔓長度，於著生雌花的節位後務必要摘芯處理。由於藤蔓數量較多，需均勻配置各蔓生長空間，並於底下敷蓋稻草。

1 育苗

於3寸膠盆中播3～4顆種子

長出1片本葉後疏苗並保留1株

培育幼苗至長出4～5片本葉後田間定植

3～4月育苗時以隧道覆蓋

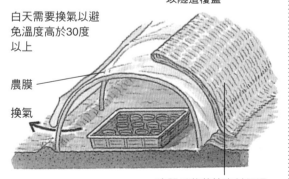

白天需要換氣以避免溫度高於30度以上

農膜

換氣

晚間以草蓆等資材保溫，溫度保持在15～16度以上

2 田園準備

〈每1公尺基肥溝需要〉
油粕　6大匙
堆肥　5～6把
化學肥料　4大匙

60公分
100公分
160公分

為促進生長勢良好的子蔓及孫蔓發育，請施用充足的優質堆肥

3 定植

由於子蔓及孫蔓會往四周圍生長，需以較寬株距定植

它不耐低溫，想得到大量收成需以隧道栽培，增加採收時間

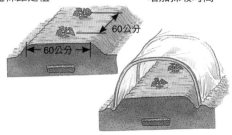

60公分
60公分

4 摘芯

於定植並開始茂盛生長後，保留5片本葉並摘芯

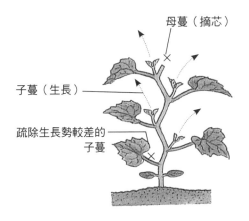

母蔓（摘芯）

子蔓（生長）

疏除生長勢較差的子蔓

5 追肥 · 敷蓋稻草

第1次
當藤蔓開始快速生長時，於畦面單側施用肥料並培土。施肥後敷蓋稻草

〈畦面長度每1公尺需要〉
化學肥料　4大匙

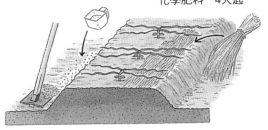

第2次
當子蔓生長超出畦面時，於第1次追肥的相對側追肥。施肥量與第1次相同

6 整枝 · 摘芯（子蔓及孫蔓）

將培育出的4條子蔓均勻配置於兩側使其繼續生長

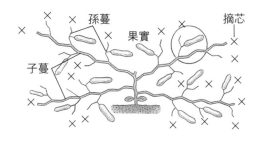

孫蔓　果實　摘芯

子蔓

子蔓保留8～10枚本葉後摘芯

註：藤蔓各節實際上是著生葉片的，圖片中省略

孫蔓保留2片本葉後摘芯

孫蔓葉片

孫蔓

雌花

子蔓葉片

子蔓

7 採收 · 使用

瓜體長到適合使用的大小後依序採收

保留原色（淺漬等）
　每條100～200公克
加工用（酒粕漬等）
　每條800公克～1000公克
等果肉軟化後才採收熟果（沒有糖份所以不會甜），可做為日式糖醋料理食材大快朵頤

用貝殼等工具挖出果綿纖維

切成兩半後灑鹽脫水，放在陰涼處乾燥後再用酒粕或味噌再次醃漬

也可以將越瓜去頭尾做為米糠漬等材料

果菜類 · 葫蘆科／原產地：亞洲東部 · 熱帶亞洲

苦瓜

1月	2	3	4	5	6	7	8	9	10	11	12	
	●●	◯										保溫罩栽培
		●●	◯									露天早熟栽培

●播種　◯定植　∧保溫罩覆蓋　━採收

　苦瓜擁有獨特苦味及清脆口感，是種很有個性的蔬菜。它富含維生素 C，以及胡蘿蔔素、礦物質及纖維素，在夏季有健胃及促進排汗等效果。在沖繩及鹿兒島一帶，自古以來一直是不可或缺的傳統蔬菜，目前日本全國的愛好者人數正急速增加中。

品種 有長果種和短果種及綠色和白色兩種果色。長果品種有『薩摩大長荔枝（さつま大長れいし）』、『深綠（こいみどり）』、『粗綠（太みどり）』、『粗荔枝（太れいし）』等，而短果品種則以『白荔枝（白れいし）』、『台灣白』等為代表性品種。

（註：苦瓜在日本的民俗文學書「歲時記」裡被稱為蔓荔枝（つるれいし）』，跟我們熟知的荔枝是不一樣的東西。）

栽培重點 苦瓜性喜高溫，若在露天環境下等自然發芽後再行栽培，採收期將會被拖長至盛夏過後。推薦利用隧道、加溫等手段先行育苗，將栽培期程提前。

　它的藤蔓很細，能長到數公尺長，因此需要架設支柱，或利用籬笆進行誘引。苦瓜藤的攀附力很強，一開始決定好藤蔓生長方向之後就不需照護了。當綠色品種的果皮顏色變濃，白色品種果皮表面的瘤飽滿隆起時就表示已經可以採收了。

1 育苗

泡水一天一夜

將種子打開缺口

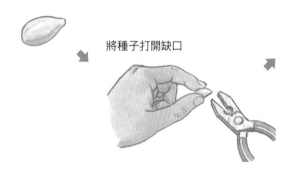

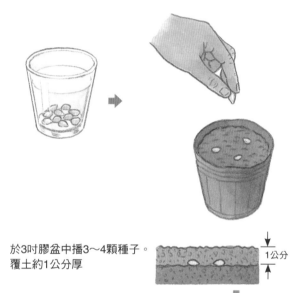

於3吋膠盆中播3～4顆種子。覆土約1公分厚

1公分

苦瓜不耐低溫，且育苗成長速度非常慢，育苗時盡可能做好保溫及加溫

農膜隧道

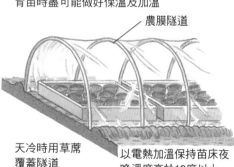

天冷時用草蓆覆蓋隧道

以電熱加溫保持苗床夜晚溫度高於18度以上

培育幼苗至長出3～4片本葉後田間定植

長出1片本葉時疏苗並保留兩棵幼苗

長出2片本葉時疏苗並保留1株

2 基肥・田園準備

〈每株需要〉
堆肥　4～5把
油粕　1大匙

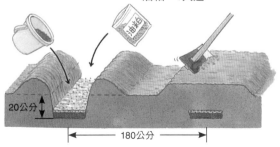

20公分

180公分

3 定植

定植後於植株周圍澆水

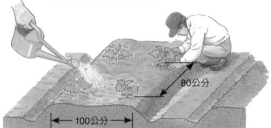

80公分

100公分

4 架設支柱・誘引

藤蔓會長出卷鬚自動攀附，
一開始先固定一兩處，決定
大致方向後進行配置即可

籬笆

也可以讓苦瓜藤攀附
在籬笆上

5 追肥

第1次
當母蔓長度50公分以上時，
於植株周圍施用少許化學肥料

第2次起
開始大量收成時，於通道邊施2～3
次化學肥料
每次以每株1大匙為原則

6 採收及利用

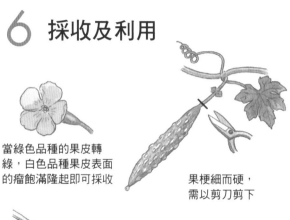

當綠色品種的果皮轉
綠，白色品種果皮表面
的瘤飽滿隆起即可採收

果梗細而硬，
需以剪刀剪下

剖半後挖出種子，
斜刀切成薄片

做成苦瓜雜炒（沖繩炒苦瓜）

裹粉炸成天婦羅

或是直接做成米糠漬

泡水抓一抓後瀝乾水份

涼拌味噌醋

切一些柴魚片淋上
醬油當下酒菜

→保存方式請參考第223頁

冬瓜

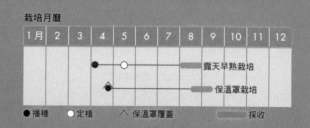

1月	2	3	4	5	6	7	8	9	10	11	12

露天早熟栽培
保溫罩栽培

●播種　○定植　∧保溫罩覆蓋　▬採收

　明明在夏季採收卻被命名為「冬瓜」，是因為於晚秋採收的遲熟冬瓜能保存很久，從冬季到隔年春季都能夠品嚐此種蔬菜。它清淡的味道和帶有透明感的淡綠色果肉能與多種食材完美搭配，低卡路里的特色也與近年來盛行的飲食風潮非常貼切，使得它的人氣日漸增高。

品種　有『早生冬瓜』、『小冬瓜』、『長冬瓜』、『琉球冬瓜』等品種，品種數量不多。一般的早生品種為小果，晚生品種則為大型的長圓筒狀。

栽培重點　冬瓜的耐暑、耐寒性強，對不同土質適應性也很廣，是種相對容易培育的蔬菜。但它是生育期程較長的一種瓜類，比較適合在關東以西的溫暖地區栽培。它不太會著生雌花，需要適當摘芯及整枝，對著生於子蔓第 17 ～ 18 節位的雌花進行人工授粉以確保著果。

　至果實開始肥大為止，需要細心摘除孫蔓以避免藤蔓纏繞干擾。不可過度施肥，多加留意避免出現莖葉茂盛狀況。

（註：肥份過多導致莖葉茂盛會只長莖葉不結果）

1 育苗

種皮堅硬不易吸水，泡水10～12小時使種子充份吸水

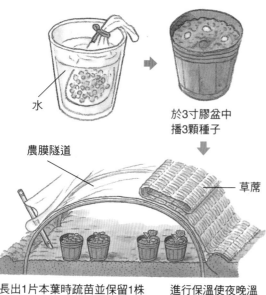

水

於3寸膠盆中播3顆種子

農膜隧道

草蓆

長出1片本葉時疏苗並保留1株

進行保溫使夜晚溫度高於18度以上。而白天則需要換氣使溫度低於30度以下

長出4～5片本葉時育苗完成

2 施用基肥

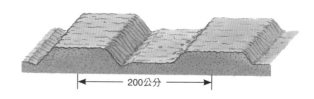

←200公分→

〈每1平方公尺需要〉
堆肥　4～5把
油粕　2大匙

對整個畦面施用基肥後，細心翻土約15公分深

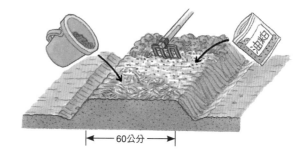

←60公分→

3 定植

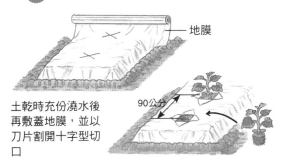

土乾時充份澆水後再敷蓋地膜，並以刀片割開十字型切口

地膜

90公分

〈利用保溫罩栽培〉

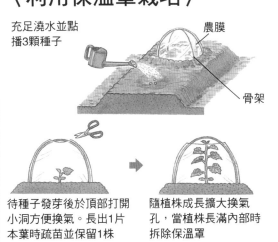

充足澆水並點播3顆種子

農膜

骨架

待種子發芽後於頂部打開小洞方便換氣。長出1片本葉時疏苗並保留1株

隨植株成長擴大換氣孔，當植株長滿內部時拆除保溫罩

4 整枝

於第4～5節對母蔓摘芯，培育出4條生長勢較佳的子蔓

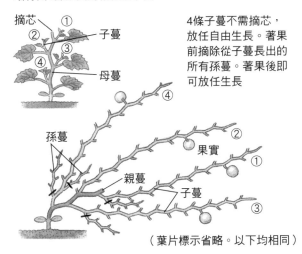

摘芯

子蔓

母蔓

孫蔓

親蔓

子蔓

果實

4條子蔓不需摘芯，放任自由生長。著果前摘除從子蔓長出的所有孫蔓。著果後即可放任生長

（葉片標示省略。以下均相同）

5 敷蓋稻草

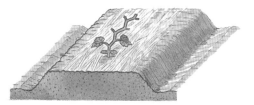

當藤蔓開始匍地生長時，先在植株根部附近敷蓋稻草

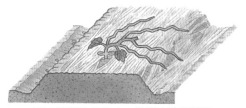

配合藤蔓生長進度，往蔓尖敷蓋稻草

6 追肥

〈每株需要〉
化學肥料　2大匙

當果實長到乒乓球大小時追肥。之後觀察發育狀況，感覺出現肥料不足情況時，於半個月後再以相同方式追肥

7 採收

〈採收幼果〉
開花後25～30日

〈採收成熟果〉
開花後45～50日

當任一品種果實表面的白毛掉落，果肉變得緊實時即為收穫適期

→保存方式請參考第223頁

絲瓜

待在絲瓜棚下一邊乘涼一邊欣賞垂掛其下的果實，可說是日本自古以來的夏日風情畫。熟果纖維（菜瓜絡）能當做海綿（菜瓜布）使用，絲瓜水則有藥用及天然化妝水等功效。絲瓜幼果在酷暑中也被做為帶有特殊風味的蔬菜食用。

品種 短果系有『達摩（ダルマ）』、『鶴首』，長果系則有『六尺絲瓜』、『三尺絲瓜』、『粗絲瓜』等品種。同屬但不同種的『十角絲瓜（稜角絲瓜）』，主要以食用品種居多。

栽培重點 可直接用 3 寸膠盆播種並以農膜保溫育苗，或直接購買市售幼苗栽培。生育適溫頗高，為 20 ～ 30 度，能夠頂著夏季高溫和強烈日曬順利生長。雖然它在富含水份的土壤中生長良好，但害怕過度潮濕，因此種植時需特別注意田土排水。

它的藤蔓生長非常旺盛，需要搭建堅固棚架。誘引則以生育初期母蔓不致垂落地面為原則，確實將母蔓固定在支架上，適當配置即可。

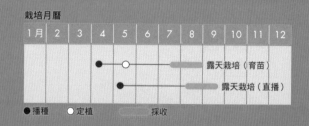

栽培月曆

1月	2	3	4	5	6	7	8	9	10	11	12
			●—○		▬▬						露天栽培（育苗）
			●—		▬▬						露天栽培（直播）

● 播種　　○ 定植　　▬ 採收

1 育苗

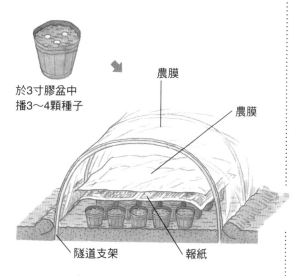

於3寸膠盆中播3～4顆種子

農膜

農膜

隧道支架　　報紙

於本葉張開時疏苗並保留1株

長出3～4片本葉時育苗完成

也可以直接購買市售幼苗

2 田園準備

〈每株需要〉
化學肥料　2大匙
堆肥　4～5把
油粕　3大匙

於定植1個月前挖好植穴，施用基肥並培土作畦

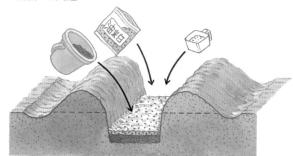

3 定植

種植深度以土壤稍微蓋過根部土團為基準。避免深植

若田土排水不良，盡可能作高畦以避免積水

4 架設支柱

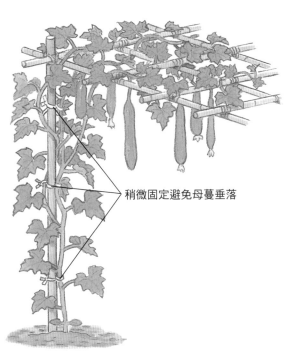

稍微固定避免母蔓垂落

藤蔓全長6～8公尺，且會長出許多分枝，
因此需搭建足以抵抗強風吹襲的堅固棚架

5 追肥

第1次
當藤蔓50～60公分長時，於植株周圍施肥
〈每株需要〉
油粕　2大匙
化學肥料　1大匙

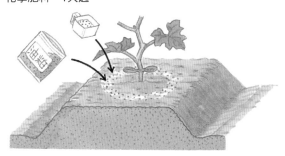

第2次後
當果實開始發育肥大時，每隔20～25天於畦面單側為每
一植株施2大匙油粕，並與土壤充份混合

6 採收 · 利用

做為食材利用時
一開始摘取開花後14～15日，盛夏時則摘取大約7～8日成
長旺盛的幼果採收食用

若想要菜瓜布則等開花後40～50天，果梗轉為茶褐色時再
採收

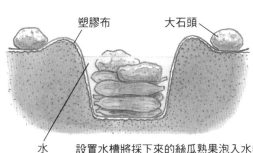

塑膠布　　　大石頭

水　　設置水槽將採下來的絲瓜熟果泡入水中，
經過15～20天等外皮腐爛後，取出絲瓜
並剝除外皮，用手敲擊絲瓜取出種子，再
放在陽光下充分曬乾

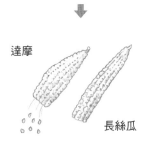

達摩

長絲瓜

佛手瓜

1月	2	3	4	5	6	7	8	9	10	11	12

○ 定植　　　　　採收

果實重 300 ～ 500 公克，每顆果實內包有一顆大型種子。

（品種）大致上分為白色種和綠色種，未曾發現品種分化。

（栽培重點）種子連同果實儲存，於隔年春季種植。需避免深植。它的藤蔓生長非常旺盛，需要架設堅固的支柱。果實著生於孫蔓上。到秋季能著生 50 ～ 100 顆果實，不需太多打理也能採收到許多果實。

1 種果準備

若想於隔年種植，前一年秋季就得進行準備。
將10～11月採收的成熟果實做為種果使用。

每顆佛手瓜裡都有1顆大型種子。請連同果實一起儲存

種子

2 田園準備・定植

〈每株需要〉
油粕　5大匙
堆肥　4～5把

藤蔓生長範圍非常寬廣，定植時至少需取4×4公尺～5×5公尺做為株距。自家栽培食用只需要種1棵就足夠了。

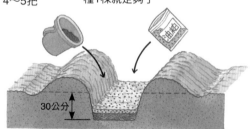

30公分

土、河砂

不需澆水

於3月左右種植在陶盆中，等發芽後再進行田間定植

7～10公分左右

地面

當葉芽生長至高度7～10公分左右，氣候方面不需擔心晚霜困擾時，將一半的果實露出地表進行定植

3 追肥・架設支柱

〈每株需要〉
化學肥料　10大匙
油粕　10把

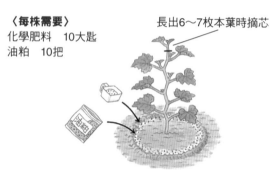

長出6～7枚本葉時摘芯

等藤蔓開始旺盛生長時追肥一次，於植株周圍施用肥料並拌入土中。

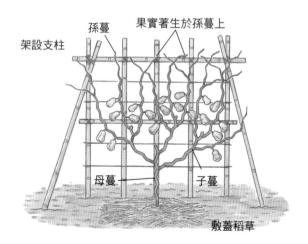

架設支柱

孫蔓　果實著生於孫蔓上

母蔓　子蔓

敷蓋稻草

4 採收

等秋季果實開始肥大後依序採收。每株可採得50～100顆左右的果實。

→利用方式請參考第223頁

葫蘆

搭棚架種植葫蘆不僅能在炎炎夏日中有個乘涼的好地方，欣賞垂掛其下的果實也是很有情調的一件事。雖然葫蘆不適合食用，但成熟果實可做成酒瓶之類的容器，別有一番樂趣。

品種 大致上分為大葫蘆和觀賞用的可愛小葫蘆兩種類別。

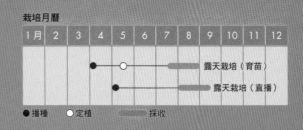

栽培月曆

1月	2	3	4	5	6	7	8	9	10	11	12

露天栽培（育苗）
露天栽培（直播）

● 播種　○ 定植　　　採收

栽培重點 只需注意避免種植於潮濕處，並摘除株底側枝，將主蔓誘引至棚架上這幾件事，栽培非常簡單。小葫蘆（千成葫蘆）可以做成容器或燈籠，非常有趣。

1 育苗

於3寸膠盆中播3～4顆種子

開始長出本葉時疏苗並保留1株

長出3～4片本葉時育苗完成

也可以直接購買市售幼苗使用

2 栽培管理

〈每株需要〉
油粕　3大匙
堆肥　3～4把

挖一個直徑30公分，深20公分左右的植穴並放入基肥

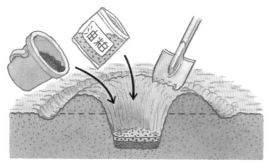

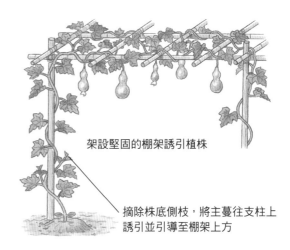

架設堅固的棚架誘引植株

摘除株底側枝，將主蔓往支柱上誘引並引導至棚架上方

3 採收・加工

當果實表面的細毛消失，彈指敲擊發出空洞聲響時即為採收適期

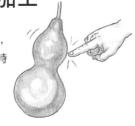

切除果梗，傷口越小越好

泡水10天左右

用竹串・鐵絲等道具

仔細掏出內部腐爛果肉，並確實洗淨風乾

塗油可使果皮產生光澤。隨著時間經過，外皮光澤將轉變成好看的紅褐色

（註：爛掉的果肉很臭，請戴上手套在不會影響到鄰居的地方處理。）

草莓

草莓為栽培期程較長的多年生植物，從開始育苗到結果採收為止需要一年以上的時間，但接受了充足日照的當季草莓特別地美味。進行隧道栽培大約可以提前一個月採收，能夠更為延長採收期程。

品種 有『寶交早生』、『ダナー（Donner）』、『ベルルージュ（Bell rouge）』等容易栽培的品種。若想種植四季結果型的草莓，也有像『ダンゴ（Dango，團子）』之類花色漂亮的園藝趣味品種可供購買。

栽培重點 自行育苗時，挑選未罹患病害的母株，將走莖埋入苗床培育並移植 2～3 次。夏季需要細心澆水。

栽培月曆

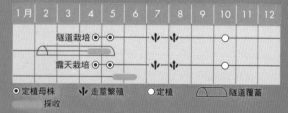

1月	2	3	4	5	6	7	8	9	10	11	12
		隧道栽培 ◎ ◎				↓ ↓			○		
		露天栽培 ◎ ◎				↓ ↓			○		

◎ 定植母株　↓ 走莖繁殖　○ 定植　⌒ 隧道覆蓋
　　採收

草莓根系容易肥傷，至少於定植半個月前施用基肥，追肥時於距離植株根部稍遠處施用，注意不要使肥料與根系直接接觸。

草莓植株在受到一定程度的低溫前均會保持休眠，不經過低溫是不會快速生長的。因此一定要遵守種植適期，不可過早敷蓋地膜及覆蓋隧道。

1 育苗

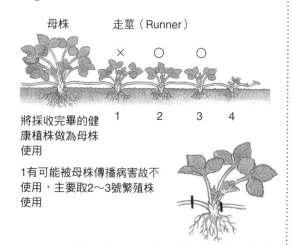

母株　　走莖（Runner）

× ○ ○
1　2　3　4

將採收完畢的健康植株做為母株使用

1有可能被母株傳播病害故不使用，主要取2～3號繁殖株使用

留2公分長度切斷母株側走莖，另一側盡量短切，花房會從短切側產生

6～7月時
將走莖種植
於苗床中

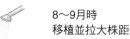

8～9月時
移植並拉大株距

9公分
15公分
9公分
15公分
80公分

由於根系容易肥傷，於移植20天前先行施用堆肥及油粕等肥料。觀察生育狀況，於株間施用少量油粕1～2次。晴天時每天都要澆水

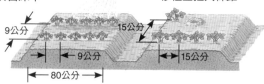

×過深　○適宜

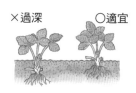

保持葉片基部露出地表，絕對不可深植。

10月　培育完成的幼苗

健康幼苗的分辨方式

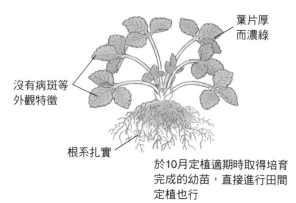

葉片厚而濃綠

沒有病斑等外觀特徵

根系扎實

於10月定植適期時取得培育完成的幼苗，直接進行田間定植也行

2 施用基肥

於定植
15～20天前施用

〈每1平方公尺需要〉
腐熟堆肥　4～5把
油粕　2大匙
化學肥料　1大匙

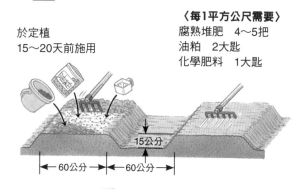

15公分
60公分　60公分

翻土充份混合肥料後再做出漂亮的畦面

3 定植

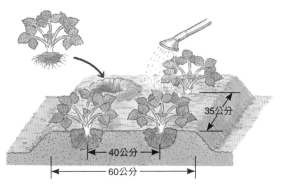

35公分

40公分

60公分

將短切的走莖，也就是將來花房的著生位置朝向畦面外側後定植。完成後充份澆水

4 追肥

〈每株需要〉
化學肥料　1小匙
油粕　1小匙

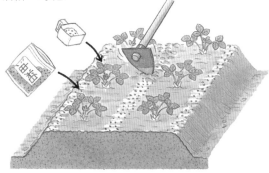

第1次
當草莓紮根並開始茂盛生長時，於11月上～中旬在離植株根部10～15公分遠的地方施肥，並稍微拌入土中

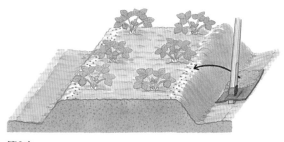

第2次
過冬後於2月上～中旬（敷蓋地膜前）於畦肩施肥，並以通道土壤覆蓋肥料

5 敷蓋地膜・覆蓋隧道

於早春（2月左右），新生葉片稍微開始生長時實施

黑色地膜

在種了草莓的位置用鐮刀等刃器割開十字型切口

用土壤壓緊

透過切口處拉出草莓植株

2月上旬左右進行隧道覆蓋。保持密閉約半個月，當草莓開始生長後稍微打開其中一側的側邊進行換氣。夜晚要再蓋回去

6 病蟲害防治

當葉片上出現斑點、葉背有葉蟎出沒，或生長勢不明原因減弱時噴灑藥劑進行防治

及早摘除腐爛及畸形果實

上方葉片開始成長時摘除下位枯葉

7 採收

早上採收的草莓特別好吃

採到不少草莓後就做成私房果醬吧

玉米

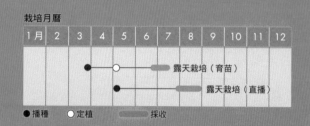

栽培月曆

1月	2	3	4	5	6	7	8	9	10	11	12

露天栽培（育苗）

露天栽培（直播）

● 播種　　○ 定植　　　採收

現採玉米的新鮮美味令人難以忘懷，可說是夏季家庭菜園的主角。在各種蔬菜中，玉米是少見的禾本科農作物，因此很適合加入迴避連作障礙的田園耕作輪替。

品種 有許多人致力於口感鮮甜的甜玉米品種改良。近年以交雜排行黃白穗粒，品質優良的『ピーターコーン（Peter corn）』、『カクテル（Cocktail）』為高人氣品種，此外也出現了交雜了黃、白、紫色穗粒的『ウッディーコーン（Woody corn）』之類的品種。

栽培重點 玉米性喜高溫及長日照，請在日照充足的場所進行栽培。想讓玉米結粒飽滿，就需要使從玉米株頂雄穗落下的花粉能充足附著在雌穗上，得同時種植一定數量的植株。

玉米吸肥力很強，若前一季作物還有剩餘肥份，就不太需要另行施肥了。

可先行育苗後再定植至田間，採用田間直播種植時需以地膜提高土溫，盡可能提早開始種植。於防止鳥害非常有效。

1 田園準備

〈每1平方公尺需要〉
石灰　3～5大匙
化學肥料　3大匙

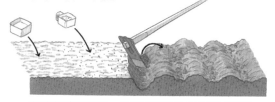

於定植或播種的一個月前將整片田園施用肥料，並充分翻土

2 育苗

利用穴盤或膠盆，每一格播一顆種子。覆土約1公分厚

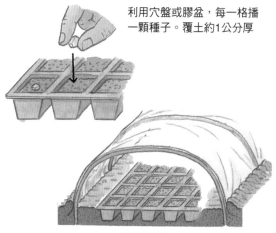

以農膜隧道保溫

長出3～4片本葉時育苗完成

3 定植・播種

自行育苗時

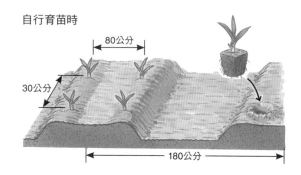

80公分

30公分

180公分

直播時
敷蓋地膜後挖洞播種。
與未敷蓋地膜相比，生育速度可提早半個月左右。

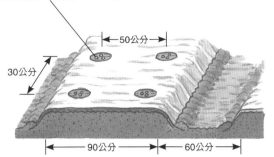

50公分
30公分
90公分　　60公分

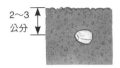

2～3
公分

每個植穴點播3顆種子。
覆土厚度約2～3公分

4 疏苗

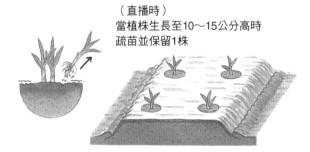

（直播時）
當植株生長至10～15公分高時
疏苗並保留1株

5 追肥・培土

〈每株需要〉
化學肥料　1大匙

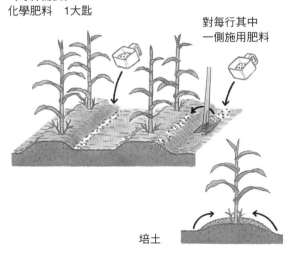

對每行其中
一側施用肥料

培土

6 雌穗整理

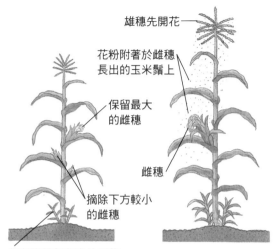

雄穗先開花

花粉附著於雌穗
長出的玉米鬚上

保留最大
的雌穗

雌穗

摘除下方較小
的雌穗

保留從根部長出的側芽，
放任生長利用其葉片進行光合作用

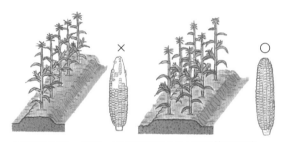

與其種植單一長列，不如種植數行以增加花粉附著
機率，使結粒更為飽滿

7 採收

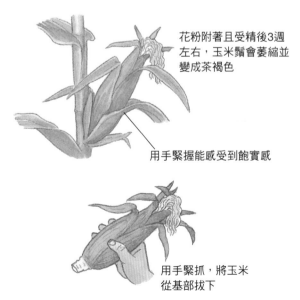

花粉附著且受精後3週
左右，玉米鬚會萎縮並
變成茶褐色

用手緊握能感受到飽實感

用手緊抓，將玉米
從基部拔下

→保存・利用方式請參考第224頁

毛豆

毛豆是採收尚未成熟的大豆幼果利用時所使用的名稱。含有豐富的蛋白質、維生素，且氨基酸和糖份的比例均衡，除了用鹽水水煮之外還能做成豆仁飯、或是涼拌、快炒、油炸等，是種擁有多種料理方式的蔬菜。

品種 有『奧原早生』、『夏到來』、『富貴』、『白獅子』等早生品種，而普通種則有『白鳥』、『中早生』等，另有味道不錯的原生品種。最近也有人將黑豆做為毛豆使用。

栽培重點 想提早栽培，需挑選砂質且容易提高地溫的土壤，要在盛夏中得到良好收成，則需挑選有良好保水力的地點種植。晝夜溫差變化越大的地方越容易種出好的毛豆。

培土能促進生育初期發根，也能防止最盛期植株倒伏，是不可或缺的步驟。請在開花前完成最後一輪培土。

由於毛豆的採收適期非常短，需仔細判斷豆莢的成熟度，千萬不能過晚採收。想避免鳥害可在育苗後再進行田間定植，而直播時則需在發芽長出足夠葉子前張掛網子做為防禦。

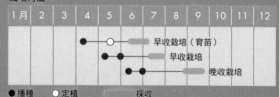

栽培月曆

1月	2	3	4	5	6	7	8	9	10	11	12

早收栽培（育苗）
早收栽培
晚收栽培

● 播種　　○ 定植　　　　　採收

1 育苗

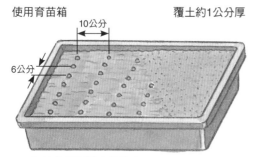

使用育苗箱　　　　　　覆土約1公分厚

10公分
6公分

取較大間隔於育苗箱中播種

發芽時的外觀

長出3片本葉後，趁各植株生長尚未互相重疊時進行定植

使用穴盤育苗時

於穴盤（128穴）每穴播1顆種子用手指將種子壓入土中

覆土1公分左右，以掌心輕壓土表

可輕鬆育苗，不易產生換盆傷害

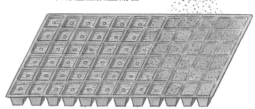

使用市售專用介質

當幼苗根系長滿格子，足以帶土團一同拔起時就能定植了

2 田園準備

〈每1平方公尺需要〉
石灰　3～4大匙
腐熟堆肥　4～5大匙
化學肥料　1大匙

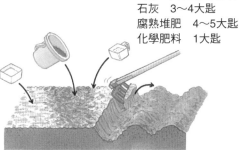

3 定植・播種

使用育成苗株時

直播時
每處點播3～4顆種子

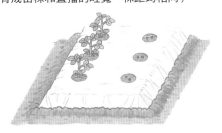

早生種

15公分

20～
30公分

中・晚生種

50～60公分

發芽後疏苗並
保留1株

每個植穴種植1株
（使用育成苗株和直播的畦寬、株距均相同）

4 培土

使用育成苗株時

直播時

各於定植後15～20天
左右，及第1次培土
的10天後進行，共培
土2次

本葉張開時，培土至高度
稍微蓋過子葉。半個月後
再進行第2次培土

5 追肥

過多肥份會導致過度茂盛，請根據田土肥
沃程度增減追肥量

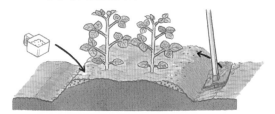

當植株生長到17～18公分高時，若葉片顏色較
淡且生育出現遲緩狀況，請在植株周圍施用少
許化學肥料並培土

6 摘芯

長出5～6片本葉
時摘芯，促進側
芽生長

田土肥沃時，對容易茂
盛生長的莖葉摘芯

7 採收

當豆仁鼓起，按壓豆莢會使豆仁彈出時就
可以採收了

尚未成熟

發育良好的植株會從側
芽結出許多豆莢，且大
都能結實，空莢數量少

花生

花生這種食材，不管是在成熟後炒成花生米，或是趁尚未成熟時先採來水煮食用都很美味。

花生在日照充足的高溫環境下極易種植，不適合在寒冷地區栽培。植株開花受粉後，子房柄會迅速生長並鑽入土中結果莢，種植時維持排水良好，避免於土壤黏度高的潮濕地區種植。

品種 早生的大粒種有用來水煮的『鄉之香』，而中生種則有水煮、熟果兩用的『中手豐』，而晚生熟果用則有『千葉半立』等代表性品種。

栽培重點 及早準備市售的花生種子，事先育苗或於田間直播栽培。

石灰（鈣質）不足容易長出空莢，請先將石灰拌

入田土做好準備。氮肥過多容易導致莖葉茂盛，不需施基肥且追肥時也要控制施肥量。

當植株自然分枝，植株範圍擴大後，進行培土以方便子房梗鑽進土中。請根據直立品種及蔓性品種生長方式不同處適當培土。

當果莢肥大得差不多時就可以採收了。

栽培月曆

1月	2	3	4	5	6	7	8	9	10	11	12
	普通栽培（直播）										
	覆蓋栽培（直播）										

● 播種　　　　　採收

1 田園準備

〈每1平方公尺需要〉
石灰　3～5大匙
於播種 · 定植半個月前施用石灰，並細心翻土

施行敷蓋栽培時請一開始就先作好高畦，不需另外培土

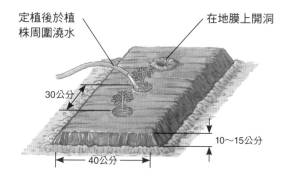

定植後於植株周圍澆水　　在地膜上開洞
30公分
40公分
10～15公分

2 播種 · 定植

取出帶果莢保存的種子用花生

用手指擠壓果莢鈍邊可輕鬆開殼

水　　布袋
將種子泡水一天一夜以充份吸水

先行育苗時
取72孔穴盤使用，每穴各播1顆種子

用手指將種子埋入土中，深約1公分左右

長出2片本葉時育苗完成

直播時
於每個植位點播2～3顆種子，長到4～5公分高時疏苗並保留兩棵

施行敷蓋栽培時挖洞並點播2～3顆種子

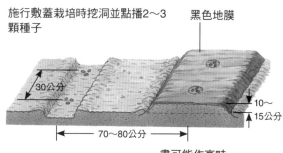

黑色地膜
30公分
70～80公分
10～15公分
盡可能作高畦

3 追肥

當側枝開始生長時施少許化學肥料，盡可能以鉀肥為主。氮肥過多容易導致莖葉茂盛而使著莢狀況變差。

敷蓋栽培時在地膜上挖洞施肥

對植株某一側施用肥料，用竹籤、木棒等道具將肥料拌入土中

4 培土

於植株高度生長到30～40公分，開始分枝時進行

種植直立性品種時
對植株根部附近約15公分左右的範圍培土

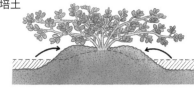

種植蔓性品種時
於分枝的枝條周圍進行稍廣範圍的培土

開花數天後，子房柄將開始往地面生長並鑽入土中。再過4～5天後，子房將開始肥大

子房柄———
子房（果莢）———

子房柄能夠穿透敷蓋用地膜（厚度0.02公釐的薄地膜）鑽入土中

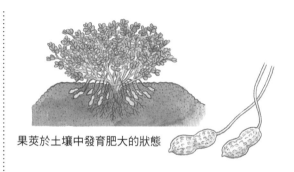

果莢於土壤中發育肥大的狀態

5 採收

將鋤頭鏟入植株周圍試挖看看。如果植株跟著浮起就可以收成了

採收未成熟果莢
於果莢稍微肥大時採收

將花生仁帶果莢下水煮熟，取出花生仁食用

採收成熟果莢
於完全肥大，果莢網目清晰可見時採收

將植株攤在田裡幾天以充份乾燥

花生仁連同果莢一起乾燥，炒成炒花生米食用

在箱子上綁一根竹棒，抓住乾燥的莖葉拍擊，可有效率地使果莢與植株分離

四季豆

生育時間非常短，極早生種只需短短 50 天即可採收。由於它在一季中總共能播種三次，在關西又被稱為「三度豆」。

品種 主要分為無蔓種（矮種）和蔓性種（蔓性），無蔓種有『マスターピース（Masterpiece）』、『江戶川』，及近年改良的『アーロン（Arron）』、『セリーナ（Celina）』、『さつきみどり（五月綠）』、『グリーンナー（Greener）』等。而蔓性種則有『ケンタッキーワンダー（Kentucky Wonder）』、『尺5寸』，及『舞姿』『オレゴン（Oregon）』等改良種。此外另有結扁平豆莢的『モロッコ（Morocco）』等多種具有獨自特色的品種。

栽培重點 四季豆不耐霜害，想早點採收需要先行育苗並做好保溫。本類蔬菜不喜酸性土壤，需及早對田土施用石灰並細心翻土耕耘。

由於它是豆科植物的一份子故不需過多肥料，但為了增進初期發育，仍需要細心施用基肥及初期追肥。植株容易得到病毒病，亦不可輕忽蚜蟲防治。

栽培月曆

	1月	2	3	4	5	6	7	8	9	10	11	12
育苗・露天栽培（矮性）		●	○		●							
育苗・露天栽培（蔓性）		●	○		●							
直播・露天栽培（矮性）			●		●							
直播・露天栽培（蔓性）			●		●							

● 播種　　○ 定植　　▬ 採收

1 育苗

於3寸膠盆中播種

發芽外觀

長出2片本葉後，疏苗並保留2棵幼苗。葉片扭曲的幼苗有可能遭到病毒病感染，請將其拔除

長出4片本葉後育苗完成

提早播種時，至育苗中期為止均需覆蓋農膜隧道保溫

2 田園準備

在田土表面薄施石灰

在播種・定植半個月前細心翻土

〈植溝長度每1公尺需要〉
油粕　3大匙
化學肥料　2大匙
堆肥　5～6把

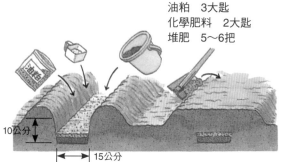

10公分

15公分

3 播種・定植

每處點播4～5顆種子，覆土3公分厚並以手掌輕壓

直接播種

蔓性種

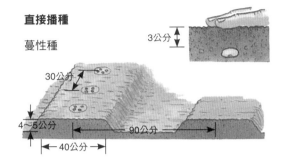

3公分

30公分

4～5公分

90公分

40公分

無蔓種

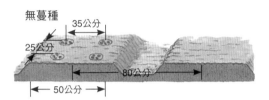

35公分

25公分

80公分

50公分

先行育苗
2株種苗定植於田中

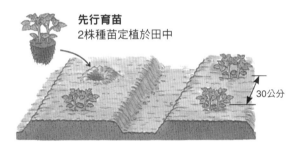

30公分

4 架設支柱・誘引

種植蔓性種時（無蔓種放任生長即可）

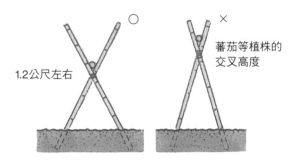

○　×

蕃茄等植株的交叉高度

1.2公尺左右

由於藤蔓很長，支架交叉高度需低於蕃茄或黃瓜等植株，降低傾斜度以方便採收時能容易搆到頂端

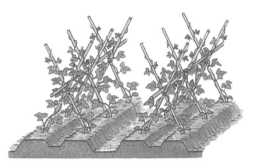

將蔓尖誘引到支柱上，不會垂下就可以了。纏繞性佳，不需繩索輔助固定。

5 追肥

第1次
當植株生長高度20公分左右時，於植株周圍施用化學肥料，並以除草鋤略微翻土

〈每株需要〉
化學肥料　1大匙

第2次
第1次追肥經過20天左右，於通道側施用化學肥料，並以鋤頭鏟往畦面培土。葉片顏色濃綠生長旺盛時則不需追肥

6 採收

無蔓種
開花後10～15天左右，從豆莢上看得出豆子膨起的形狀時即可採收

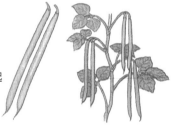

蔓性種
與無蔓種相比，豆子大幅膨起後也不太影響食用口感，採收適期較長

→保存方式請參考第224頁

豌豆

於和風料理中不可或缺的豌豆莢，除了豆仁用品種外，另有豆莢及豆仁均可食用的兩用品種（甜豌豆），及豆莢大而美味的『仏国大莢（荷蘭豆）』等許多品種，是種具有多種料理方式，能豐富餐桌菜色的蔬菜。

品種 豆莢用品種有『白花絹莢』、『伊豆赤花』、『渥美白花』、『絹小町』『夏駒』等，豆仁用品種則有『碓井（ウスイ）』、『南海綠』等。而甜豌豆則有『スナック（Snack）』、『グルメ（Gourmet）』等品種。

栽培重點 豌豆是容易發生連作障礙的代表性蔬菜。種過一次豌豆後，該片田園至少於 4～5 年內

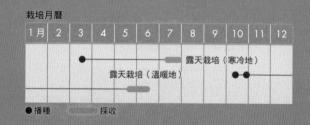

栽培月曆

1月	2	3	4	5	6	7	8	9	10	11	12
		●				露天栽培（寒冷地）					
			露天栽培（溫暖地）								

● 播種　　 採收

都不能再次栽培豌豆，需要特別留意。

植株不耐酸性，種植於酸性田土時務必先施用石灰，充份翻土耕耘後再開始栽培。若過早播種，會使植株於入冬前就已長得過大而降低耐寒性，容易受到寒害。因此需嚴格遵守播種時間。在寒冷地提早播種特別危險。此外為使肥份供應不間斷，也不能缺少追肥。盡早架設支柱，方便藤蔓攀附。

1 田園準備

至少於播種半個月前進行田園準備

〈每1平方公尺需要〉
石灰　2～3大匙
堆肥　5～6把

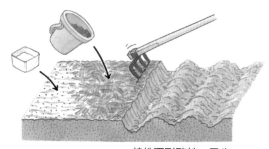

植株不耐酸性，需先施用石灰並翻土

〈畦面長度每1公尺需要〉
化學肥料　3大匙

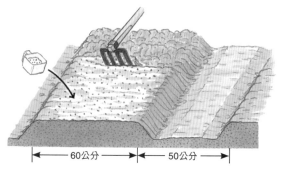

◄── 60公分 ──►◄── 50公分 ──►

2 育苗

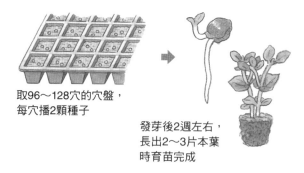

取96～128穴的穴盤，每穴播2顆種子

發芽後2週左右，長出2～3片本葉時育苗完成

3 播種（直播時）

覆土不可過厚

每處點播4～5顆種子

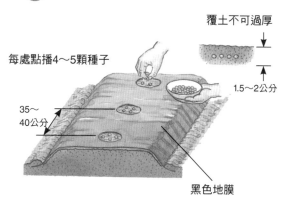

1.5～2公分

35～40公分

黑色地膜

4 定植（先行育苗時）

田土乾燥時，敷蓋作業前先對
整個畦面澆水

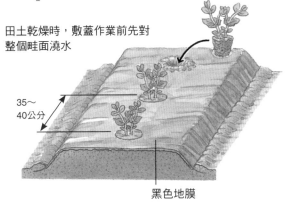

35～
40公分

黑色地膜

5 架設支柱（1）

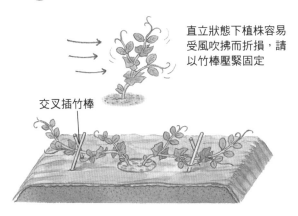

直立狀態下植株容易
受風吹拂而折損，請
以竹棒壓緊固定

交叉插竹棒

6 追肥

第1次
當初春時節，根系快速生長時掀開地膜側邊，
於畦面單側施用肥料，拌入土中後往畦面培土

〈每株需要〉
化學肥料　1大匙

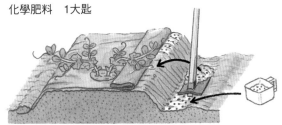

第2次
當植株茂盛開花時，於另一側畦面以和前一次
相同的方式追肥

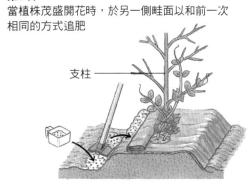

支柱

7 架設支柱（2）

用帶有短枝條的竹棒或樹枝做為支柱，也可以使
用市售的果菜用支柱（長度2公尺以內）

生育茂盛時的外觀

枝條數量不足時，
可吊掛乾稻草方便
藤蔓攀附

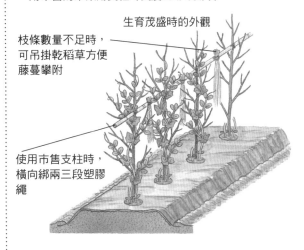

使用市售支柱時，
橫向綁兩三段塑膠
繩

8 採收

用手指摘下，或用剪
刀剪下豆莢

荷蘭豆
豆仁開始膨起，趁
嫩莢時採收

甜豌豆
豆仁更進一步膨
起，於豆莢圓潤飽
滿時採收

豌豆仁
當豆莢開始縮水出
現皺紋，能清楚看
見豆仁形狀時採收

→保存・利用方式請參考第224頁

蠶豆

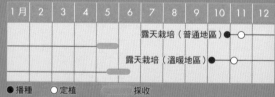

1月	2	3	4	5	6	7	8	9	10	11	12
										露天栽培（普通地區）●─○	
										露天栽培（溫暖地區）●─○	

●播種　○定植　　採收

雖然蠶豆的採收適期不到一個月，但這樣更有季節感。生育適溫為 15～20 度，幼苗期的抗寒力很強，就算氣溫 0 度時也不會受到寒害。著生豆莢後不耐低溫，受凍時會產生損害。

品種 晚生種有大粒高品質的『陵西一寸』、『河內一寸』，中・早生改良種『仁德一寸』、『打越一寸』，早生耐寒的『房州早生』、『熊本早生』、『金比羅』等。

栽培重點 雖然播種適期為 10 月中～下旬（以關東南部以西為基準），但考慮到氣溫寒冷程度，於溫暖地區需提早播種，而寒冷地區則需延後播種。

蠶豆種子個頭很大，發芽時需要多量氧氣和水份。特別於種植大粒系時發芽不整齊容易失敗，播種時不可太深，且需把豆子的屁股（黑色小塊）朝斜下方種植。使用膠盆及穴盤育苗時注意水份是否充足。

此外，近年來蠶豆遭受病毒病侵襲的被害增加，需特別留意病蟲害防治。地膜能夠預防蚜蟲飛落至植株，能有效抑制發病。

1 田園準備

田園空出後施用肥料並翻土

〈每1平方公尺需要〉
堆肥　4～5把
石灰　1～2大匙

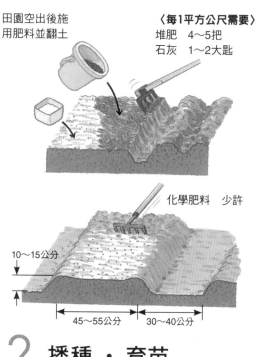

化學肥料　少許

10～15公分

45～55公分　　30～40公分

2 播種・育苗

於苗床播種育苗

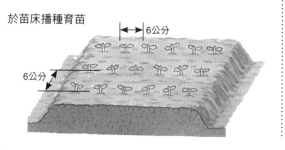

6公分

6公分

於穴盤播種育苗

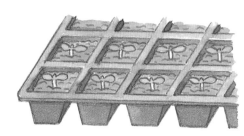

種子較大，需使用較大格的穴盤（72穴）

屁股

播種時將種子屁股朝斜下插入土中

葉片

屁股

根部

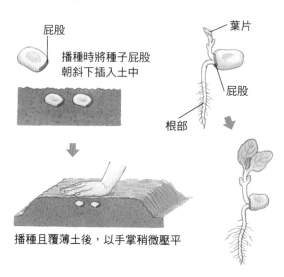

播種且覆薄土後，以手掌稍微壓平

3 定植

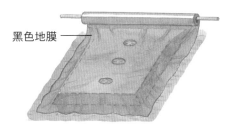

黑色地膜

於畦面敷蓋黑色地膜進行敷蓋栽培，可忌避害蟲，抑制雜草及提高土溫

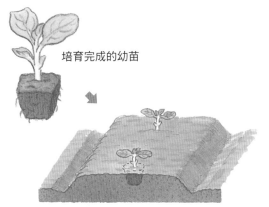

培育完成的幼苗

長出2片本葉後田間定植。
若幼苗發育過大，於定植過程中所受到的傷害也較大
（插圖內省略地膜）

4 培土・追肥

放任生長時，因分岔部份長在地表上容易倒伏，因此需要培土。出現肥份不足的徵兆時，以少許化學肥料追肥（掀開地膜進行作業）

往植株根部培土以防止倒伏

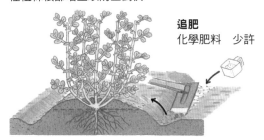

追肥
化學肥料　少許

5 害蟲防治

蠶豆容易被蚜蟲侵襲，請多加注意。及早發現後噴灑藥劑

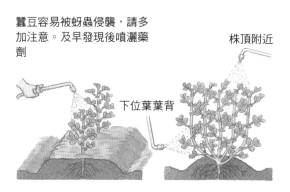

株頂附近

下位葉葉背

6 剪葉

春季時莖葉生長過高容易倒伏，此時要割除上部莖葉

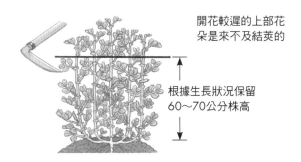

開花較遲的上部花朵是來不及結莢的

根據生長狀況保留60～70公分株高

7 採收

當豆莢背脊轉為黑褐色並開始反光，豆莢下垂時為採收適期

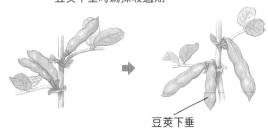

豆莢下垂

豆莢背脊轉為黑褐色

開始反光

確定莢內蠶豆足夠肥大時再採收

→利用方式請參考第225頁

秋葵

秋葵富含纖維素，鈣、鐵等礦物質以及維生素A、B₁、B₂、C，是種具有高度營養價值的蔬菜。欣賞於夏季到秋季之間綻放的秋葵花朵也別有一番樂趣。

品種 一般以果實橫切面呈五角型，濃綠有漂亮光澤的品種較受大家喜愛。

推薦種植的品種有『アーリーファイヴ（Early Five）』、『グリーンエチュード（Green Etude）』、『レディーフィンガー（Lady Finger，女指）』『ブルースカイ（Bluesky）』等。

栽培重點 雖然秋葵植株能抵抗秋季日漸降低的氣溫，但對育苗期到田間定植這段時間的低溫抵抗力非常差，一不小心就會因落葉而無法順利栽培。因此於育苗時需加強保溫，等到氣候足夠溫暖時再定植，且仍需敷蓋地膜提高地溫。

生育茂盛時葉片大而寬廣，下位側枝容易生長過長而使莖葉互相重疊，需適度摘除下位葉以維持良好的通風和光照。

於果實尚未過度成長時及早採收，注意不要漏採了。

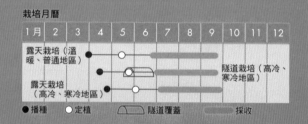

栽培月曆

	1月	2	3	4	5	6	7	8	9	10	11	12
露天栽培（溫暖、普通地區）												
露天栽培（高冷、寒冷地區）												

隧道栽培（高冷、寒冷地區）

●播種　○定植　⌒隧道覆蓋　━採收

1 育苗

於3寸膠盆中播3～4顆種子

長出2片本葉時疏苗並保留2棵

農膜（遮蓋至發芽為止）

長出3～4片本葉時疏苗並保留1株，長出5～6片本葉時育苗完成

夜晚較冷時覆蓋草蓆等資材保溫

農膜隧道

秋葵幼苗不耐低溫，需要細心保溫

2 施用基肥

〈每株需要〉
油粕　5大匙
化學肥料　3大匙
堆肥　4～5把

挖溝撒入肥料後作畦

30公分

20公分

180公分

3 定植

進行隧道栽培時覆蓋農膜以提高溫度

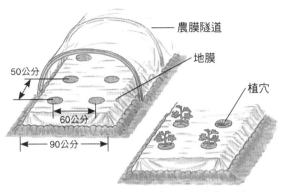

農膜隧道

地膜

50公分

60公分

90公分

植穴

於定植數天前作好畦面，並敷蓋地膜以提高土溫

4 追肥

定植20天後和再過15～20天後各追肥1次

營養不良時會在植株頂端附近開花。出現此類狀況請疏除幼果並立即追肥

〈每株需要〉
化學肥料　1大匙

於畦肩至通道間施用化學肥料，之後鬆土並往畦面培土

〈利用花盆栽培〉

由於每一植株著生的花量較少，於花盆栽培時每一植穴種2棵才能採到較多秋葵果實。當枝葉重疊時適當修剪。

5 敷蓋稻草

當日照變強，容易使土壤乾燥時敷蓋稻草

6 修剪葉片

當下位葉開始重疊時，保留著果節位底下的1～2枚葉片並剪除底下的所有葉片

著果節位

當生育特別旺盛時，將著果節位以下的葉片全數剪除

7 採收

開花後7～10天左右，果莢長度6～7公分為最美味，適合採收的時間點

橫切面呈漂亮五角型的果莢品質最佳

果梗堅硬，請以剪刀剪下

→保存方式請參考第225頁

75

芝麻

埃及、印度等地於西元前即已開始栽培芝麻，據說於西元 6 世紀左右傳入日本。以種子為利用部位，嚴格來說並非蔬菜，但它的使用範圍寬廣，且頗具營養價值，仍為適合挑戰種植的農作物。

品種 有白芝麻、黑芝麻、黃芝麻等品種。最具人氣的是含油量較少但香氣十足，可大量採收的黑芝麻。

栽培重點 芝麻種子於溫度 20 度以上才會發芽，請於足夠溫暖後再行播種，且需選擇日照及排水良好處種植。氮肥過多容易使植株倒伏，於施過較多肥料的蔬菜園種植時，請控制施肥量。植株過於密集會使莖葉軟弱無力而容易倒伏，且無法著生較佳

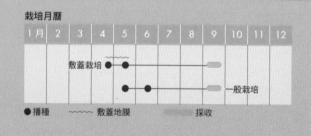

栽培月曆

1月	2	3	4	5	6	7	8	9	10	11	12

敷蓋栽培
一般栽培

●播種　—— 敷蓋地膜　　採收

的花朵，需適時且細心地疏苗。

著生在枝條上的果實成熟度難以分辨，於判斷採收適期時要特別留意。出現圖示狀況時立即收割以避免過了採收適期，並一束束綁起來追熟。芝麻粒很容易掉落，請多花點工夫收集零散種子。

1 田園準備

〈**每1平方公尺需要**〉
堆肥　6～7把
石灰　2～3大匙
化學肥料　3大匙

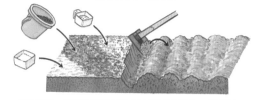

於播種一個月前對整片田園施用肥料，並翻土約15公分深

作畦播種時

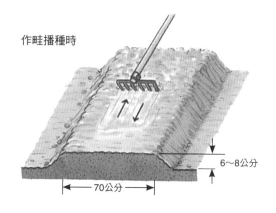

6～8公分
70公分

2 築播種溝 · 畦面

築播種溝

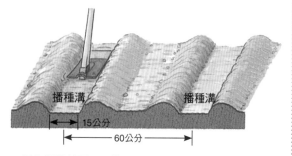

播種溝　　播種溝
15公分
60公分

細心滑動鋤頭，平整5～6公分深的播種溝底

3 播種

於播種溝播種時
以1～2公分間隔均勻撒佈種子

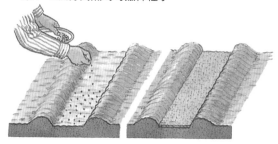

覆土5～7公釐後，以鋤頭底面輕微壓平

76

作畦播種時

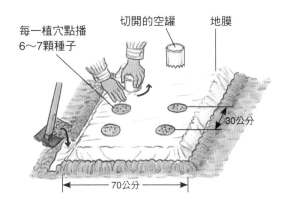

每一植穴點播
6～7顆種子

切開的空罐

地膜

30公分

70公分

追肥

〈畦面長度每1公尺需要〉
化學肥料　2大匙

當植株高度30～40公分時
於畦面其中一側挖淺溝，
施用肥料後往畦面培土

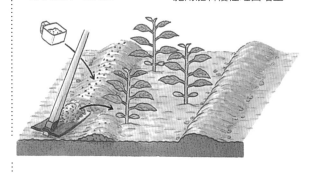

4 疏苗

於播種溝播種時

當植株高度2～3公分時
取株距5～6公分

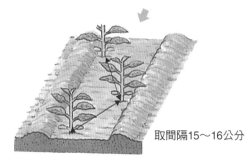

取間隔15～16公分

築畦面播種時

當植株高度7～8公分時
疏苗並保留2棵幼苗

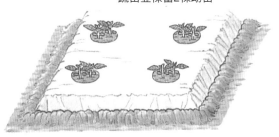

6 採收・加工

當下位葉枯萎，果莢外殼
變黃且有2～3顆果莢裂開
時，從根部割下植株，放
置一週左右追熟

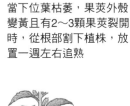

外殼變黃且
開始龜裂

從根部割下植株

摘除剩餘
葉片

使整綑枝條交叉固定站立，
放置一週左右追熟

當絕大多數果莢外殼裂開時，
鋪設地墊敲落芝麻，於分級後
確實曬乾。放進罐子裡儲藏以
便隨時使用。

朝鮮薊

朝鮮薊的食用部位是份量有兩個拳頭大的大型花苞的萼片基部厚肉部份，以及被稱為「台座」的花心部位，直接水煮或做為沙拉和焗烤食材使用。植株高度可長到 1.5 公尺左右，種植之後雖然每年冬季地上部都會枯死，但春季時又會從根部冒出新芽，同一植株可連續種植 5 ～ 6 年左右。
（註：朝鮮薊於臺灣夏困難，多做一年生栽培。）

品種 代表性品種有英國種『Selected Large Green』，法國品種『Camus de Bretagne』及美國品種『Green Globe』等。

栽培重點 難以從市面上購入幼苗，只能從購買種子自行育苗開始。夏季結束時會從植株根部長出子株，可用以進行分株繁殖。

需挑選排水良好的地點種植。朝鮮薊是多年生植物，因此在施用基肥和冬肥時需補充足夠的粗粒堆肥，使根系強健發展。在風力較強的地區另需架設支柱支撐。注意蚜蟲危害，盡早防治。種植後第二年起開始產出，注意不要過晚採收。

栽培月曆

	1月	2	3	4	5	6	7	8	9	10	11	12
一般栽培第一年（育苗）			●		○							
第二年後						採收						
一般栽培第一年（分株）								○				
第二年後（與育苗時期相同）												

● 播種　　○ 定植　　▬ 採收

---

1 育苗

自行育苗

種子為米粒大小

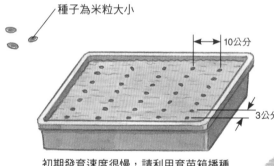

10公分

3公分

初期發育速度很慢，請利用育苗箱播種

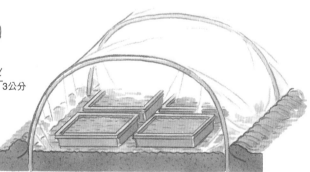

低溫下容易造成發芽及初期生育不良，請以農膜隧道覆蓋保溫。
如果有育苗用溫室就更好了

長出2片本葉後移植至3寸膠盆

長出4～5片本葉時育苗完成，可進行田間定植

分株繁殖時

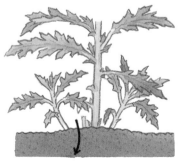

9月時挖取從母株側邊長出的子株另行種植即可

2 田園準備・施用基肥

於定植一個月前施用石灰並細心翻土

石灰

〈每株需要〉
堆肥　½水桶
油粕　5大匙
化學肥料　2大匙

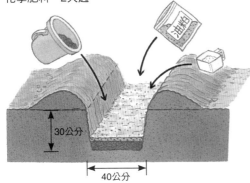

30公分

40公分

3 作畦・定植

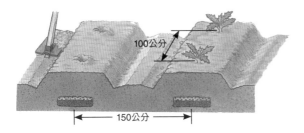

100公分

150公分

4 追肥

〈每株需要〉　　於畦肩施肥並稍微
油粕　5大匙　　以鋤頭翻土

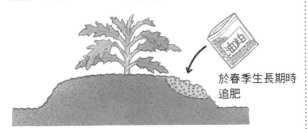

於春季生長期時
追肥

冬季休眠期間施肥方式

〈每株需要〉
堆肥　5把
油粕　5大匙
化學肥料　2大匙

受寒後葉片自行枯萎，植株矮化越冬

5 防治

殺蟲劑

蚜蟲

植株於入春後將快速成長，此時容易受到蚜蟲侵襲，
請於害蟲出現初期噴灑藥劑防治

6 採收・利用

於定植第2年的6月左右，
當花苞長到足夠大小後，以
剪刀從花梗部份剪下採收

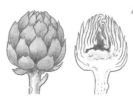

一開始可先行採收，縱切
花苞查看內部成熟情況

花萼

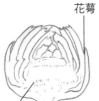

將整顆花苞水煮15分鐘左右，把
萼片一片片摘下來，食用其基部
厚肉。而中心部的花心（台座）
可搭配鵝肝醬及蝦子等食材做成
前菜，或配合蘋果及芹菜等做為
沙拉及內餡材料使用

花心

燙熟花萼後，將圖示標出的基
部厚肉沾醬用牙齒刮下來食用

甘藍菜

甘藍菜不僅是多種料理的主角，且富含多種維生素，可說是健康蔬菜的王者。

雖然它性喜冷涼氣候，但5度～25度的栽培適溫範圍及強健的耐寒性，使它從北到南到處都能栽培。不挑土質也不易發生連作障礙的特性，使它非常適合於家庭菜園中栽培。

品種 不同的播種時期有不同適用品種，選擇品種時要多加留意。想夏播並於當年度內採收，請選擇『早生秋寶』、『彩風』等。夏播但於冬～春季才採收的話，在溫暖地區選擇『金系二〇一號』，一般地區選擇『中早生』，而寒冷地區則挑選『春福』、『渡邊早生丸』種植。若想春播並於初夏採

收，則需選擇『YR 五〇號』、『夏山』、『みさき（Misaki）』等有一定耐暑性的品種。

栽培重點 夏播育苗時，需選擇涼爽地點，並活用阻擋強光的遮光資材。而秋播春收栽培時，由於春季會碰到抽苔問題，需注意不要選錯品種及播種時機。

十字花科的蔬菜都容易受到夜盜蟲和小菜蛾侵襲，請盡早發現並展開防治。

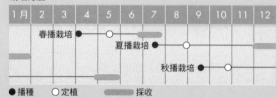

栽培月曆

	1月	2	3	4	5	6	7	8	9	10	11	12
春播栽培		●	○									
夏播栽培						●	○					
秋播栽培								●	○			

● 播種　○ 定植　▬ 採收

---

1 育苗

使用穴盤（128穴）育苗
每穴播4～5棵種子

發芽前以報紙遮蓋

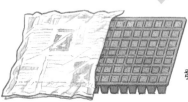

疏苗
開始長出本葉時疏苗並保留2～3株

長出2片本葉時
疏苗至只留1株

長出4片本葉時
育苗完成

使用膠盆育苗
需要株數較少時，
可利用膠盆播種育苗

將膠盆裝在網籃等容器中方便
移動管理

每盆播4～5棵種子

於種子全數發芽後
疏苗並保留3株

長出1～2片本葉時
疏苗至只留1株

液肥

長出5～6片本葉時
育苗完成

觀察葉片顏色適
當澆灌液肥

2 田園準備

空出田園後，對整片田園施用石灰並深層翻土

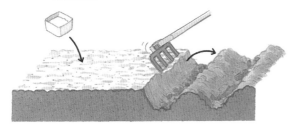

3 施用基肥

〈植溝長度每1公尺需要〉
堆肥　5～6把
化學肥料　2大匙
油粕　2大匙

作畦

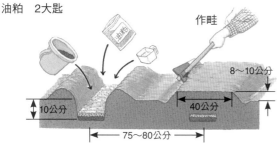

8～10公分
10公分
40公分
75～80公分

4 定植

早生品種
30～40公分
中～晚生品種
40～45公分

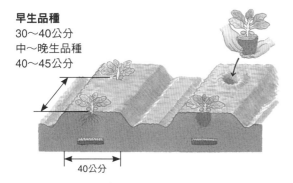

40公分

土乾時充份澆水，小心將幼苗從盆中取出。盡量保持根部土團完整。

5 追肥

第1次
〈每株需要〉
化學肥料
1大匙

第2次起
（施肥量與
第1次相同）

於第1次追肥20天後，對第1次追肥時的畦面另一側施用肥料並培土

定植15～20天後進行第1次追肥，於畦面單側施用肥料並培土

開始結球時進行最後一次追肥，與第1次時同側並以相同步驟追肥

6 害蟲防治

及早發現害蟲並以①、②的順序對葉背和葉表仔細噴灑藥劑

直接蓋上遮蓋資材。確實固定以避免被風吹走

7 採收

用手壓下，感受到堅硬緊實感時就可以採收了

採收適期

裂球

用手掌壓緊並往旁邊施力，將菜刀插入植株根部割下葉球

採收過遲可能會裂球，請多加留意

抽苔時栽培失敗

若葉球於早春時期長得特別尖，表示植株於入冬前發育太好，葉球內已開始長出花梗且即將抽苔，需盡快採收。

→保存・利用方式請參考第225頁

81

青花椰菜

青花椰菜是富含維生素 C、胡蘿蔔素及鐵質的黃綠色蔬菜的代表性種類。越新鮮就越能突顯出它的深綠色外觀和特殊風味。

品種 青花椰菜有多種豐富種類，如極早生的『早生綠』『ハイツ（Heights）』、中生的『綠嶺』、『綠帝』、『グリーンパラソル（Green Parasol）』、晚生大型種『グリーンベール（Green Veil）』『、エンデバー（Endeavour）』等品種。各品種的採收時期及時間長短均有很大差異，請於研究過特性後再決定要種植的品種。

栽培重點 綠花椰菜性喜具有保水力及豐富有機質的土壤，請事先施用充足的優良堆肥和油粕。它的

根系不耐潮濕，容易發生根腐病而枯萎，需注意田土排水狀況不可積水。

在播種時間方面，早生種於 7 月上旬，中晚生種則於 7 月中～下旬播種會較為容易培育。

盡量挑選通風良好的涼爽場所栽培，晴天時需要遮蔭，在離地 90 公分高度左右覆蓋黑色遮光網或竹簾，防止溫度上升。利用穴盤育苗時容易連容器一起搬運，相當方便。

栽培月曆

1月	2	3	4	5	6	7	8	9	10	11	12

● 播種　　○ 定植　　▬ 採收

春播初夏採收栽培
夏播冬季採收栽培（早生種）
（中～晚生種）

1 田園準備

前一期作物整理完畢後，施用石灰並翻土20～30公分深

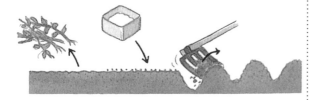

2 育苗

利用苗床育苗時

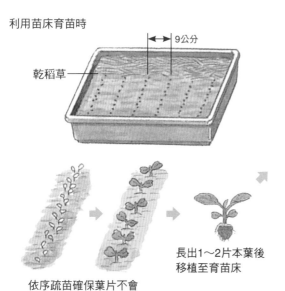

乾稻草

9公分

長出1～2片本葉後移植至育苗床

依序疏苗確保葉片不會互相重疊

竹簾或黑色遮光網

木樁

12公分

12公分

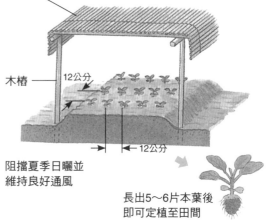

阻擋夏季日曬並維持良好通風

長出5～6片本葉後即可定植至田間

利用穴盤育苗時

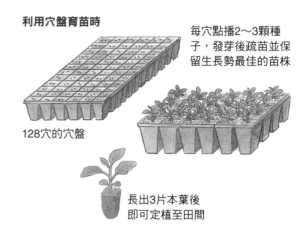

每穴點播2～3顆種子，發芽後疏苗並保留生長勢最佳的苗株

128穴的穴盤

長出3片本葉後即可定植至田間

3 施用基肥

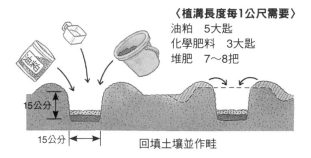

〈植溝長度每1公尺需要〉
油粕　5大匙
化學肥料　3大匙
堆肥　7～8把

15公分
15公分
回填土壤並作畦

4 定植

於栽培期程中若會經過秋雨期^(註)，
請注意田園周遭排水情況
（註：秋雨類似梅雨，只不過發生
時期是日本的秋季。
臺灣基本上沒有此
種氣候現象）

絕對不可深植
種植時使植株根
部稍微隆起

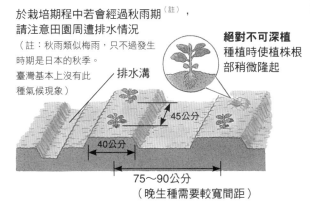

排水溝
45公分
40公分
75～90公分
（晚生種需要較寬間距）

5 追肥・中耕

第1次〈每株需要〉
油粕　1大匙
化學肥料　½大匙

於畦面單側挖
淺溝施肥。挖
鬆土壤後往畦
面培土

第2次起
每20～30天1次，共3～4次
〈每株需要〉
化學肥料　1大匙

支柱

於前一次追肥的
相反側進行

於植株容易倒伏的時期插支柱支撐

6 害蟲防治

害蟲於培育後期出現時會
鑽到花蕾中，請趁尚未大
量出現前及早防治

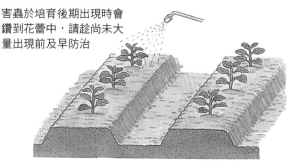

容易受到小菜蛾、夜盜蟲、紋白蝶幼蟲^(註)等害蟲侵襲
（註：俗稱菜蟲，綠色的小型毛毛蟲，以十字花科植物葉片為主食）

7 採收

頂花蕾球

用菜刀割下

於植株旁邊追肥以提
高生長勢，促進高品
質側花蕾球生長

側花蕾球

雖然個頭較小，但集中使
用時味道並不輸頂花蕾球

用手或剪刀摘下

〈青花筍〉（第84頁）

青花筍是容易長出莖條的改良品種。
可持續長期大量採收

用剪刀摘下

莖條口感類似蘆筍，
非常美味

→保存・利用方式請參考第226頁

青花筍

這是一種有較長花莖，且於頂端長出小型花蕾的新型花椰菜。莖條柔軟且帶甜味，嚐起來和花椰菜完全不同。它耐熱容易栽培，能於相對較長的期間內享受採收樂趣。

品種 有『スティックセニョール（Stick Senhor）』、『スティックブロッコリー（Stick Broccoli）』等品種於市面上販售。

栽培重點 想培育出許多粗壯優質花莖，必須施用充足的優質堆肥和有機肥料做為基肥，使根系健全發育，旺盛成長。等生長旺盛之後，會從中心部長出較大的頂花蕾球，並從周圍長出許多側花蕾。及早採收頂花蕾以促進側花蕾生長。

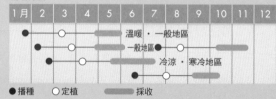

栽培月曆

1月	2	3	4	5	6	7	8	9	10	11	12
						溫暖・一般地區					
						一般地區					
					冷涼・寒冷地區						

●播種　　○定植　　━━ 採收

進入收穫期之後，一定要記得施禮肥（追肥）。此外，夏季土壤乾燥時記得多澆水和敷蓋稻草。植株容易長出分枝，因此會使植株頂部增加重量，在風力較強的地方需要架設支柱支撐。植株容易引誘喜歡十字花科的害蟲前來定居，請盡可能及早發現並進行防治。

1 育苗

只需少量苗株時

5～6顆種子

青花筍種子細小，細心覆土1～2公釐

長出2片本葉時疏苗至只留1株

3寸膠盆

1長出4～5片本葉後進行田間定植

需要較多苗株時

利用128孔穴盤較容易栽培
播3～4顆種子，每孔疏苗至只留1株

於苗株葉片尚未互相重疊時田間定植

2 施用基肥

〈植溝長度每1公尺需要〉
堆肥　5～6把
化學肥料　3大匙
油粕　3大匙

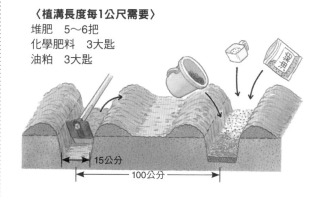

15公分

100公分

3 定植

田土乾燥時對植株根部澆一些水。初春時期澆太多水會降低土溫，不利生育。

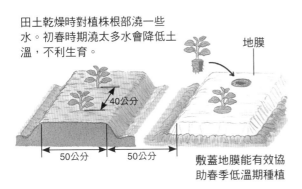

地膜

敷蓋地膜能有效協助春季低溫期種植

4 追肥

第1次　〈每行長度1公尺需要〉
化學肥料　1大匙

當植株生長至高度15～20公分時，於植株某一側施肥並稍微拌入土中

第2次　〈每行長度1公尺需要〉
化學肥料　2大匙

於側枝開始生長時於通道側施肥，並往畦面培土

第3次以後　〈每行長度1公尺需要〉
化學肥料　2大匙

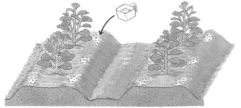

開始大量採收後每10～15天1次，於畦面各處施用肥料

5 管理

主莖容易倒伏，在風力較強的地方架設支柱支撐

若想在夏季培育出較多花蕾，需要澆水並敷蓋稻草

為了促進側花蕾生長，請於頂花蕾球成長至5公分左右時提前採收

6 採收・利用

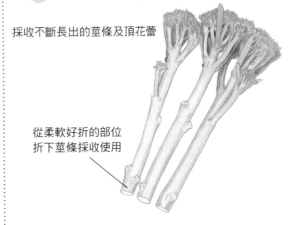

採收不斷長出的莖條及頂花蕾

從柔軟好折的部位折下莖條採收使用

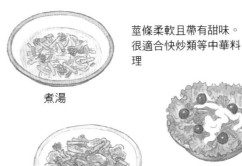

莖條柔軟且帶有甜味。很適合快炒類等中華料理

煮湯

快炒

沙拉

白花椰菜

白花椰菜是由花椰菜變種而來的白花品種。它以白色花朵和清脆的口感為特色，很適合作為日、西、中式料理食材使用。

品種 有極早生的『白秋』、早生的『スノークラウン（Snow Crown）』、『バロック（Baroque）』、中早生的『ブライダル（Pridal）』以及晚生種的『スノーマーチ（Snow march）』等。此外還有像『ムラサキ（紫）』、『さんごしょう（珊瑚礁）』等不同顏色的品種。

栽培重點 花蕾發育適溫為 10 ～ 15 度。氣溫變高時容易使花蕾發育不整齊而形成異常花蕾，所以最好在夏季播種栽培並於秋冬採收。也可以考慮春播

進行加溫育苗並於初夏採收。

由於不同品種會影響到成熟時間早晚，因此配合種植適期選擇適當的品種非常重要。購買種子前請先研究品種特性和播種時期。

夏季播種時，請在涼爽的地方使其發芽及遮蔭。春播時則需細心進行保溫育苗。在甘藍菜的親戚中，白花椰菜算是生長勢最弱的種類，因此夏季栽培需要特別注意澆水和敷蓋稻草以使初～中期生育順利進行。另需注意害蟲防治及雨天的田土排水狀況。

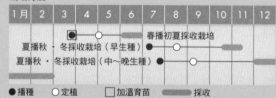

栽培月曆

1月	2	3	4	5	6	7	8	9	10	11	12

春播初夏採收栽培

夏播秋 ・ 冬採收栽培（早生種）

夏播秋 ・ 冬採收栽培（中～晚生種）

● 播種　　○ 定植　　□ 加溫育苗　　▬ 採收

1 育苗

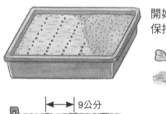

開始長出本葉時，疏苗保持2公分間隔

9公分

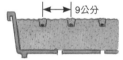

長出2片本葉後移植至苗床

需要株數較少時直接於膠盆播種育苗即可

隨著成長進行疏苗，最後只留1株

夏季育苗

在苗床上方覆蓋竹簾或寒冷紗阻擋陽光

12公分

12公分

初春育苗

以農膜隧道保溫

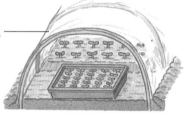

2 田園準備

石灰

在前一期作物整理完畢之後，盡早施用石灰並細心翻土20～30公分深

〈畦面長度每1公尺需要〉
堆肥　7～8把
化學肥料　3大匙
油粕　5大匙

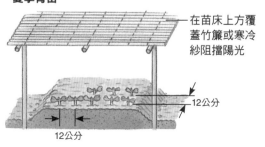

15公分

化學肥料、油粕
堆肥

80～90公分

15公分

中・晚生品種需較大畦寬

3 定植

當極早生・早生品種長出5～6片本葉中生・晚生品種長出7～8片本葉時田間定植

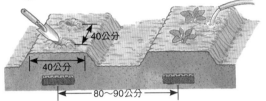

40公分

40公分

80～90公分

定植後請在植株周圍充分澆水

〈適合種植幼苗的位置〉

○最佳

植株根部稍微高一點為最佳狀況

×過深

×植株根部位置過低

4 追肥

施肥鬆土並往畦面培土

第一次
定植 20天後
〈**每株需要**〉
化學肥料 1大匙

第二次
前一次施肥1個月之後
〈**每株需要**〉
化學肥料 2大匙

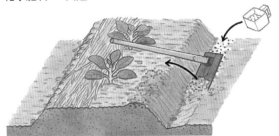

5 病蟲害防治

有小菜蛾、夜盜蟲、菜蟲等強敵

一旦發現請盡早噴灑藥劑

6 花蕾保護管理

花蕾生長至直徑7～8公分時，為了防寒及避免弄髒花蕾，需要進行處理

如果需要防寒時，用稻草（或是塑膠繩）等綁住外葉

在不會那麼寒冷的地方，可以拔葉片當做帽子蓋住花蕾

7 採收

開始看見花蕾後，早生品種約15天，晚生品種大約30天左右即可採收

而其他顏色形狀不同的罕見品種，當花蕾細緻生長看不見空隙時為採收適期

紫　　　　珊瑚礁

→利用方式請參考第226頁

抱子甘藍

抱子甘藍是甘藍菜的變種，對其長莖上生長出的側芽進行改良，使它能夠結出葉球。維生素 C 大約是甘藍菜的 3 倍，是種營養豐富的蔬菜。雖然它有一定程度的耐寒力但不耐熱，於氣溫較高時不易結球。

品種 抱子甘藍的品種分化度不高，有『子持』、『早生子持』、『ファーミリーセブン（Family Seven）』等代表性品種。

栽培重點 植株主莖上需長出 30 ～ 40 片左右葉片，且莖條粗細高於 4 ～ 5 公分以上才能結出較佳的葉球。因此要對田土施用充足的優質堆肥以培育出健壯的植株。它的生育期間很長，為了不使肥份

中斷，至少需要追肥 3 ～ 4 次。

植株不耐夏季高溫乾燥，需要敷蓋稻草。植株長大後容易因過重而倒伏，在風力較強的地方需要架設支柱預防。

此外要觀察生育情況，摘除植株下方到中段的葉片，並盡早疏除下方未能結球的側芽和結球緊密度較差的葉球，在管理方面也不可懈怠。

栽培月曆

1月	2	3	4	5	6	7	8	9	10	11	12
		露天栽培（寒冷地區）●				○					
			露天栽培（溫暖地區）●				○				

● 播種　○ 蔬菜　▬ 採收

1 育苗

於育苗箱播種，並移植至苗床

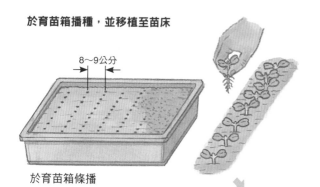

8～9公分

於育苗箱條播

當種子全數發芽後，趁各苗株葉片尚未重疊時疏苗1～2次，並於長出兩片本葉後移植至苗床

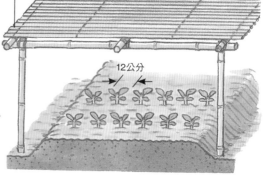

遮光網或竹簾

12公分

需要遮蔭以減弱晴天的強烈日照

所需植株較少時直接於膠盆播種

於3寸膠盆中播5～6顆種子

隨成長進行疏苗，長出兩片本葉時只保留1株

培育幼苗至長出5到6片本葉為止

2 施用基肥・作畦

〈植溝長度每1公尺需要〉
堆肥　5～6把
化學肥料　2大匙
油粕　4大匙

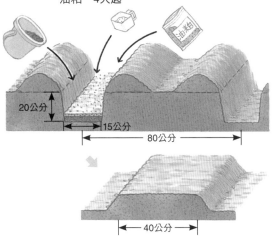

20公分
15公分
80公分
40公分

3 定植

為使植株不致倒伏，略為壓實植株根部

定植完成後於植株周圍充分澆水

4 追肥・架設支柱

第1次追肥
當下方側芽開始結球時，於單側畦肩挖淺溝施肥並將土壤填回畦面

側芽

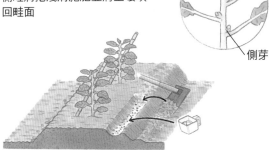

〈畦面長度每1公尺需要〉
化學肥料　3大匙

第2次追肥
經過10～25天後，於第1次追肥時的相對側進行相同步驟。之後觀察生育狀況再追肥兩次左右，以使培育過程肥份不中斷

5 敷蓋稻草

進入高溫乾燥期後以稻草敷蓋畦面

6 摘葉・側芽處理

保留植株上方約10片左右的葉片

剪除4到5片下方老化的葉片

隨著結球發育，依序摘除下方生長勢較弱的葉片

盡早摘除發育不良的側芽

7 採收

優良

不良

當葉球直徑成長到2～3公分時，從下面開始依序採收。發現結球不夠緊實等不良葉球時盡早摘除

→利用方式請參考第226頁

非結球抱子甘藍

抱子甘藍是從高大的主莖各葉脈上長出許多球狀側芽，而 Petit vert 的側芽不會結球，外型比較像小型的沙拉菜。它能從秋季至冬季持續採收，用途廣泛且營養價值高，是適合於家庭菜園種植的蔬菜。

品種 Petit vert 沒有品種名，目前也無法買到種子，只能購買幼苗種植。

（註：Petit vert 為日本增田種苗專利產品，臺灣目前應無進口。）

栽培重點 施以充足的堆肥和油粕作為基肥，若想採收到許多優質的側芽，需要使主莖長得足夠粗壯，栽培出高度 70～80 公分的大型植株。小心定植，保持植株根部稍微隆起，並於周圍充足澆水。

栽培月曆

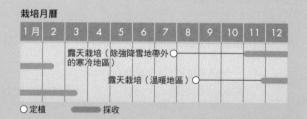

1月	2	3	4	5	6	7	8	9	10	11	12

露天栽培（除強降雪地帶外的寒冷地區）

露天栽培（溫暖地區）

○定植　　採收

等到植株扎根，下方側芽開始生長後進行追肥，之後觀察側芽生長狀況和顏色再細心追肥，以使植株長出許多優質側芽。

另外要對小菜蛾、蚜蟲等害蟲進行初期防治。運用遮蓋資材能夠有效防止害蟲飛落。

1 田園準備

〈每1平方公尺需要〉
石灰　2～3大匙

前期作物清理完畢後，對畦面施用石灰並翻土20～30公分深

〈植溝長度每1公尺需要〉
堆肥　7～8把
油粕　5大匙
化學肥料　3大匙

15公分
60公分
120公分
15公分
15公分
回填土壤作畦

2 定植

田土乾燥時充份澆水，保持購入幼苗根部土團完整，小心定植於田間

①定植幼苗

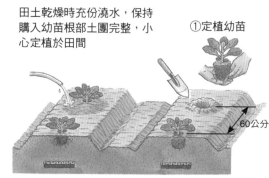

60公分

②定植完畢後於植株周圍充份澆水

3 害蟲防治

容易遭到小菜蛾、蚜蟲等害蟲侵襲

及早發現並噴灑藥劑

利用遮蓋資材防止害蟲飛落，可大幅減少藥劑使用量

4 追肥・培土

當下方側芽開始生長時於畦面單側稍微挖溝並施肥，之後回填土壤

第一次
〈畦面長度每1公尺需要〉
化學肥料　3大匙
（往後使用量相同）

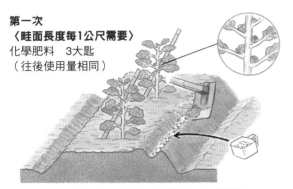

在風力較強的地方傾斜架設支柱並誘引

第2次
於第1次追肥20天後進行。
在第1次追肥的相對側施用肥料並培土

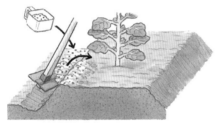

第3次
於第2次追肥1個月後進行。
第3次之後請在畦面四處施用肥料並拌入土中

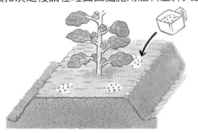

5 管理

夏季敷蓋稻草防止
土壤乾燥

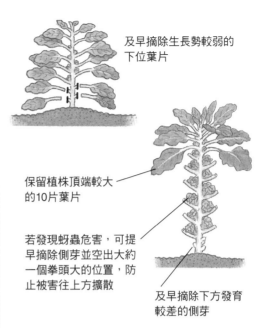

及早摘除生長勢較弱的
下位葉片

保留植株頂端較大
的10片葉片

若發現蚜蟲危害，可提
早摘除側芽並空出大約
一個拳頭大的位置，防
止被害往上方擴散

及早摘除下方發育
較差的側芽

6 採收・利用

側芽寬度長到4～5公分後，開始肥大時即進入
採收適期根據結球程度從下方開始依序採收

每株可採收70～100個以上

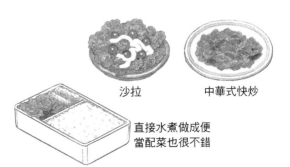

沙拉　　　　中華式快炒

直接水煮做成便
當配菜也很不錯

大頭菜

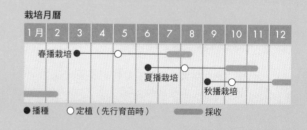

栽培月曆

	1月	2	3	4	5	6	7	8	9	10	11	12
春播栽培	●			○								
夏播栽培						●	○					
秋播栽培								●	○			

● 播種　　○ 定植（先行育苗時）　　▬▬▬ 採收

　莖部膨脹成球狀，形狀非常特殊，又被稱為球莖甘藍或球型甘藍。它從羽衣甘藍分化而來，也被認為是甘藍菜的原始品種。

　它的莖吃起來像青花椰菜，沒什麼怪味，而且口感清脆帶有甜味。只要在處理方式上下點功夫，能成為受歡迎的蔬菜。

【品種】有葉片及球莖呈白綠色的『グランドデューク（Grand Duke）』、『サンバード（Sun Bird）』 紅紫色的『パープルバード（Purple Bird）』等，市面上只有少數品種販售。

【栽培重點】植株性喜涼爽氣候，比甘藍菜更能忍受低溫和高溫，在蔬菜中算是比較容易栽培的品種。

　一般直接在田間條播並依序疏苗，栽培時需要保持充足株距。若是在庭院或花盆種植少量植株，可用膠盆育苗，等長出五到六片本葉之後再定植就可以了。

　當球莖開始肥大時從球體下方生長的葉片功效較差，可依序摘除並記得在適當的時間採收。

1 田園準備

〈每1平方公尺需要〉
腐熟堆肥　7～8把
油粕　5大匙
化學肥料　4大匙

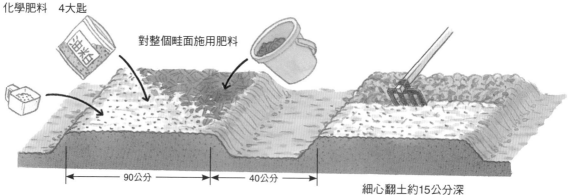

對整個畦面施用肥料

←90公分→ ←40公分→

細心翻土約15公分深

2 播種

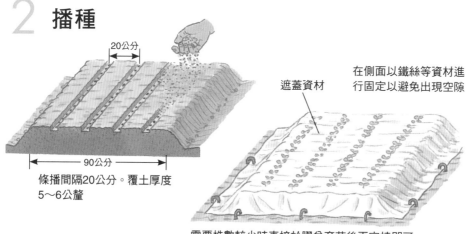

20公分

90公分

條播間隔20公分。覆土厚度5～6公釐

遮蓋資材

在側面以鐵絲等資材進行固定以避免出現空隙

需要株數較少時直接於膠盆育苗後再定植即可

春播時生育途中容易受到害蟲侵襲，可以用不織布等資材遮蓋

培育方式與抱子甘藍相同（參考第88頁）

3 疏苗

植株葉片寬大，需要較寬廣的株距

長出1～2片本葉
時，疏苗保持株
距3～4公分左右

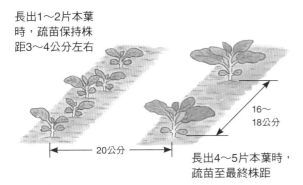

16～
18公分

20公分

長出4～5片本葉時，
疏苗至最終株距

4 追肥

第一次
〈畦面長度每1公尺〉
化學肥料　1大匙

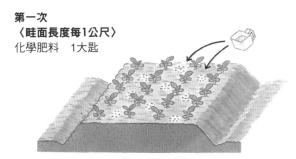

第1次疏苗後於株間追肥

第二次
〈畦面長度每一公尺〉
化學肥料　2大匙

用小型除草鋤
等工具將肥料
略為拌入土中

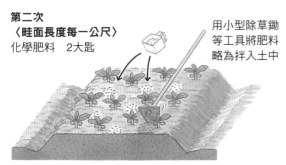

第2次疏苗後於各株間追肥

〈盆植並享受觀賞樂趣〉

可在淺盆或小型花盆中以15公分
間隔種植2株～數株

摘除多餘葉片，將花盆放
在高台等台座上能清楚的
看見球體形狀，更能增加
培育樂趣

混合紅紫色、白綠色等品種種植
也很有趣

5 摘葉

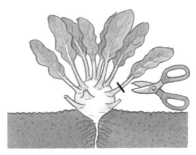

將球體側面長出來的葉片保留2～3公分並
切除其他部分，促進球體肥大。務必保留
頂部的5～6片成熟葉片

6 採收

當球莖肥大至7～8公分左右時
整株拔起

1公分

球體最底部1公分左
右的部份太硬不適合
食用，需將其切除

用報紙包起來擺在陰涼處，
能保存大約半個月左右

7 利用

米糠漬

去皮薄切，用鹽醃製後
拌沙拉食用

也可以煮味噌湯，或做
為炒菜、燉菜食材使用

濃湯、燉菜

大白菜

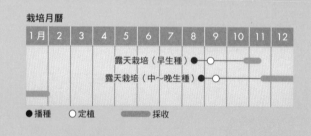

　　纖維柔軟且味道清爽，是醬菜、火鍋不可或缺的冬季蔬菜主角。也是製作近年來人氣很旺的韓式泡菜時不可缺少的蔬菜。

品種　大致上可分為結球種和半結球種。而結球種又區分為葉片於頭部重疊的包被型和葉片向內抱合的抱合型。大白菜大多為包被型。代表性品種有早生種『黃ごころ（黃心）』類、『耐病六十日』，而中生種則有『オレンジクイン（Orange Queen）』、『彩明』等。其他還有半結球型的『花心』、『山東白菜』和小型口感清脆的『サラダ（沙拉白菜）』等。

栽培重點　栽培適溫為 15 到 20 度，必須在該段時期內種植才能使白菜長到最大。因此播種時需要考慮氣溫條件。考量最適合採收的 5 ～ 7 天，並配合地區和品種以決定播種時機。葉球由 70 ～ 100 枚左右的大量葉片構成，因此想要種出夠大的葉球，必須使肥效盡量發揮，以增快生育速度。

　　大白菜會遭受蚜蟲、夜盜蟲、小菜蛾等害蟲危害。雖然噴灑藥劑防治很重要，但在此也推薦利用防蟲網或遮蓋資材物理性阻擋害蟲侵襲。

1 育苗

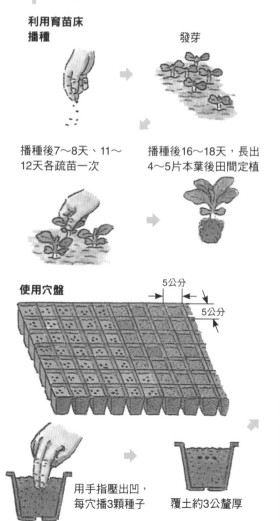

利用育苗床播種

發芽

播種後7～8天、11～12天各疏苗一次

播種後16～18天，長出4～5片本葉後田間定植

使用穴盤

5公分

5公分

用手指壓出凹，每穴播3顆種子

覆土約3公釐厚

發芽後疏苗並保留2株

長出2片本葉後疏苗並保留1株

趁葉片尚未互相重疊時定植

長出4到5片本葉（幼苗）

2 田園準備 ‧ 施用基肥

在定植的半個月或更早前施用石灰並深層翻土

〈畦面長度每1公尺需要〉
化學肥料、油粕　各5大匙
堆肥　7～8把

接近定植預定日時，對整個畦面施用肥料並細心翻土15～18公分深

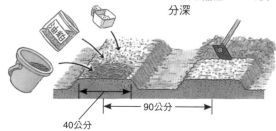

90公分

40公分

3 定植

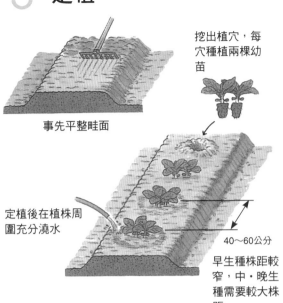

事先平整畦面

挖出植穴，每穴種植兩棵幼苗

定植後在植株周圍充分澆水

40～60公分

早生種株距較窄，中·晚生種需要較大株距

4 疏苗（選定植株）

長出6～7片本葉時，疏苗並保留1株植株

疏除生育速度較慢及葉片形狀、顏色較差的植株
疏苗後為使植株根部不會搖晃，需稍微培土

5 追肥

第1次
定植20天後於植株周圍施用肥料，並略為拌入土中

〈每株需要〉
化學肥料　1大匙

第2次
第1次追肥的20天後於畦面單側施肥並培土
肥料量與第1次相同

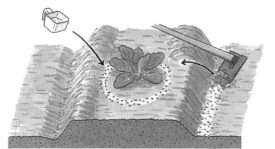

第3次
在畦面被葉片覆蓋前進行
肥料量與第1次相同

於株距間任意施用肥料，注意不要傷害到葉片

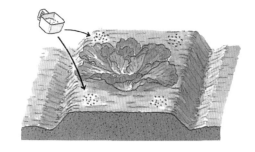

6 採收

按壓葉球頂部，手感硬而緊實時就可以採收了

斜向推擠葉球，將菜刀伸入基部和外葉間並切下葉球

綁住外葉能有效耐寒，可在田裡長時間放置

〈病蟲害防治〉

利用遮蓋資材或防蟲網蓋住苗床和畦面阻擋害蟲，或直接噴灑殺蟲劑

於20～30天後移除畦面上的遮蓋資材

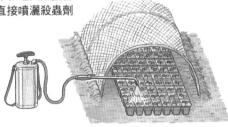

利用反射性地膜覆蓋整個畦面能夠防止蚜蟲飛落，迴避病毒病傳播

黑色

銀色

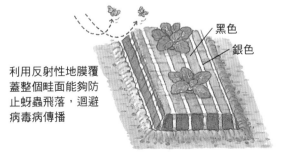

→保存·利用方式請參考第226頁

長筒白菜（天津白菜）

長筒白菜是大白菜的一種，植株呈直立狀，結球時會形成長圓筒形因而得名。它的葉片不像普通的白菜一樣包裹起來，而是一枚枚直立容易拔下，其長條型葉片很適合用來包裹食材。高溫料理後葉片會變軟但形狀不易改變，很適合在中華料理中使用。

品種 和大白菜比起來用途狹窄，因此不常被使用。重新引進日本後品種不多，容易取得的有『綠塔紹菜』、『チビリ（Chibiri）70』等。

栽培重點 想培育出葉片數量足夠且品質優良的長筒白菜，需要先充分翻土並施以充足基肥，再開始進行栽培。

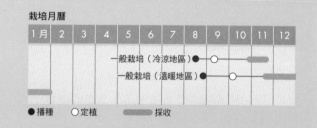

栽培月曆

1月	2	3	4	5	6	7	8	9	10	11	12

一般栽培（冷涼地區）●—○———————————
一般栽培（溫暖地區）————————●—○————

●播種　　○定植　　━━採收

植株較高，容易被風吹倒，因此在受風較強的田園種植時需在畦面周圍張設防風網，時時做好防風對策。

於每個植穴種植兩株幼苗，確定順利成長後再疏苗並保留一株幼苗。另須十分留意夜盜蟲、小菜蛾等害蟲防治。

1 育苗

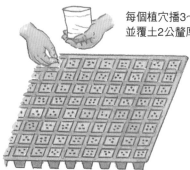

每個植穴播3～4顆種子並覆土2公釐厚

使用128孔穴盤較為便利。以育苗專用土做為介質

張開子葉時疏苗並保留3株

長出2片本葉時疏苗並保留1株

需要細心澆水。穴盤外圍比較容易乾燥，需增加水量

2 田園準備 ・ 施用基肥

在定植半個月前深層翻土

〈**每1平方公尺需要**〉
堆肥　4～5把
石灰　3大匙

接近定植預定日時，對整個畦面施用基肥並細心翻土15～18公分深

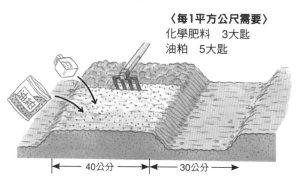

〈**每1平方公尺需要**〉
化學肥料　3大匙
油粕　5大匙

|← 40公分 →|← 30公分 →|

3 定植

挖出植穴，每穴種植兩棵幼苗

定植後在植株周圍充分澆水

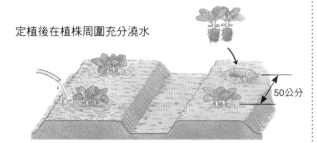

50公分

4 疏苗（選定植株）

定植10～12天後保留發育較佳的植株，疏苗至只保留1株

疏苗後為使植株根部不會搖晃，需稍微培土

5 追肥

第2次
於第1次追肥經過20天左右時進行
〈**每株需要**〉
化學肥料　½大匙

第1次
於長出5～6片本葉時進行
〈**每株需要**〉
化學肥料　½大匙

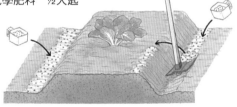

於通道施肥並往畦面培土。
於第1次追肥的相對側進行第2次追肥

第3次
於中心部的葉片開始挺立結球時進行

〈**每株需要**〉
化學肥料　1大匙
於株距間任意施用肥料

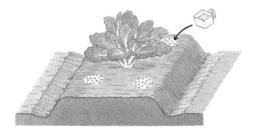

6 害蟲防治

利用遮蓋資材或寒冷紗遮蓋苗床防止害蟲飛落，或噴灑殺蟲劑。定植後亦相同

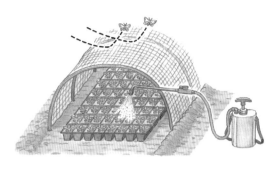

7 採收・保存

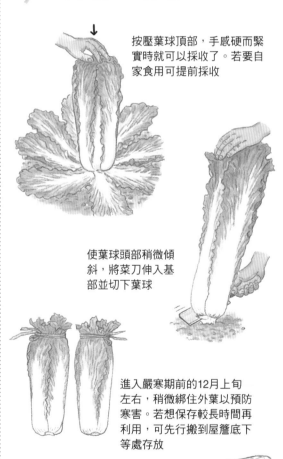

按壓葉球頂部，手感硬而緊實時就可以採收了。若要自家食用可提前採收

使葉球頭部稍微傾斜，將菜刀伸入基部並切下葉球

進入嚴寒期前的12月上旬左右，稍微綁住外葉以預防寒害。若想保存較長時間再利用，可先行搬到屋簷底下等處存放

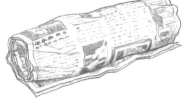

用報紙包裹採收下來的長筒白菜，就能長時間保存了。

小松菜

小松菜是由蕪菁分化出來的醃漬用蔬菜代表性品種。由於它在東京的小松川誕生，因此又被稱為小松菜。在各種蔬菜中，它的鈣質含量最高，且富含鐵質、維生素 B、C 等營養素。此外，它的耐寒和耐暑性都很不錯，且能夠連續多次栽培，是全年度都能栽培的珍貴蔬菜。培育方法也很簡單，是推薦初學者優先嘗試種植的蔬菜之一。

品種 雖然它的葉片形狀有長條型至圓型等多種型狀，但以深綠色圓形葉片的品種較受歡迎。

有『丸葉小松菜』、『ゴセキ（五關）晚生』、『みこま（mikoma）菜』、『紋次郎』等品種。

栽培重點 在綠色蔬菜不足的高溫期時，於播種後

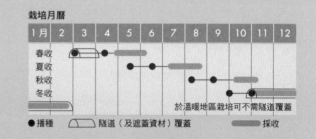

栽培月曆

1月	2	3	4	5	6	7	8	9	10	11	12
春收											
夏收											
秋收											
冬收											

於溫暖地區栽培可不需隧道覆蓋

● 播種　　🔲 隧道（及遮蓋資材）覆蓋　　▬ 採收

25～30 天，而最需要此類蔬菜的冬季則於 60～70 天後採收。請配合想要採收的時機決定播種時間。

容易遭受小菜蛾和菜蟲侵襲，需要注意防治。進行無農藥栽培時，蓋上遮蓋資材是絕不可缺少的。

1 田園準備

對整片田園施用石灰和腐熟堆肥，並細心翻土15～20公分深

〈每1平方公尺需要〉
堆肥　4～5把
石灰　2～3大匙

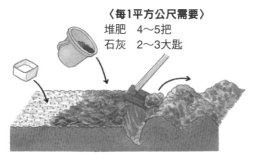

雖然有各種葉片形狀的品種，但以葉片較不著生於葉梗的圓葉種最受歡迎

長葉　　中間　　圓葉

2 施用基肥

〈植溝長度每1公尺需要〉
堆肥　3～4把
油粕　5大匙
化學肥料　3大匙

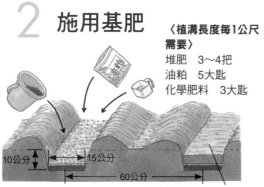

10公分　15公分
60公分
肥料上覆土4～5公分

3 播種

條播種植時
前後滑動鋤頭平整溝底

細心在播種溝內均勻播種

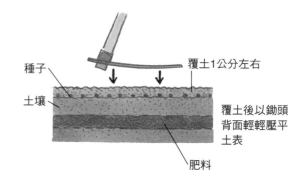

通道

土壤

肥料

種子
土壤
覆土1公分左右

覆土後以鋤頭背面輕輕壓平土表

肥料

於畦面直播時

將基肥充份翻入整個畦面

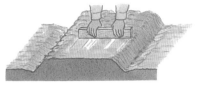

盡量做中高畦
並平整畦面

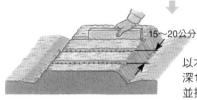

15～20公分

以木板劃出寬2公分，
深1公分左右的條播溝
並播種

4 疏苗

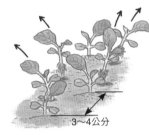

長出1～2片本葉時，
疏苗並保持間隔3～4
公分左右

疏除的小苗
亦可食用

3～4公分

5～6公分

植株高度7～8公分時，
疏苗並保持間隔5～6公
分左右

5 追肥・中耕

第一次 〈植列長度每1公尺需要〉
化學肥料 1大匙

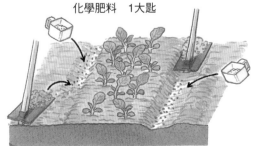

疏苗1～2次後，於植列側面挖淺溝施肥。
之後用鋤頭挖鬆土壤中耕順便培土

第2次
施肥量與第1次相同

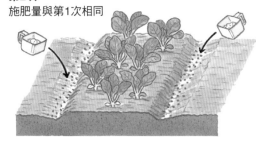

6 防寒

隧道 需要換氣以避免白天溫度高於30度

在農膜上開孔，直
徑約5公分左右

兩片農膜於隧道
頂閉合，並於白
天開啟

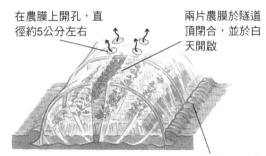

側面用土覆蓋以避免被
風吹走

遮蓋

固定資材以避免被風吹走

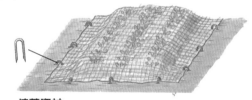

遮蓋資材
長纖維・短纖維不織布等

7 採收

摘葉採收

全株採收

當植株長到20公分
左右時，整株拔起
採收

只需少量葉片用來做沙拉等
配菜時，從下位葉摘取採收
可長時間享受採收樂趣

→保存方式請參考第227頁

高菜（日本芥菜）

高菜是以九州地區為主，自古以來即有栽培的代表性醃漬用蔬菜。栽培期間為冬季至初春，開始抽苔時的刺激辛辣口感和香氣格外誘人，近期於日本全國出現了不少愛好者。

品種 高菜的夥伴有『三池高菜』、『カツオ（鰹）菜』、『ムラサキ（紫）菜』、『長崎高菜』、『筑後高菜』、『柳川高菜等』。均為各地特有的傳統品種。

栽培重點 雖然幼苗期對寒暑均有耐力，但成長後不耐寒。因此冬季時，在霜害嚴重的地區需要進行遮蓋等步驟，以保溫資材保護植株。

對田土施用充足的優質堆肥和有機肥料，盡量使

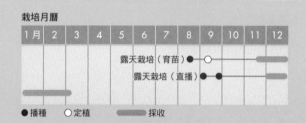

栽培月曆

1月	2	3	4	5	6	7	8	9	10	11	12
						露天栽培（育苗）● ○					
					露天栽培（直播）● ●						

●播種　　○定植　　　　　　　採收

植株成長，培育出又大又厚的葉片。因此也要留意追肥施用時間。

想在種植當年內採收則割取全株使用，而於隔年春季採收時則是摘取葉片，等開始抽苔後再連花梗一起使用。

1 田園準備

〈畦面長度每1公尺需要〉
化學肥料　3大匙
堆肥　　　7～8把
油粕　　　5大匙

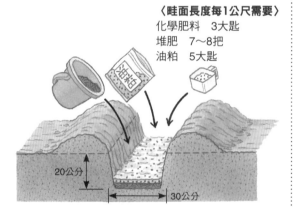

20公分

30公分

2 播種 · 定植

先行育苗

於3寸膠盆播4～5顆種子

若需要株數較少，將膠盆置於保麗龍箱或育苗箱等資材中方便管理

隨培育情況依序疏苗，長出3片本葉時保留1株

長出4～5片本葉時田間定植

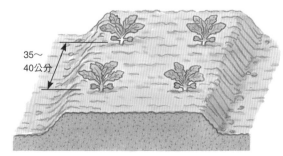

35～40公分

直播
挖2條寬7～8公分，深3～4公分的播種溝

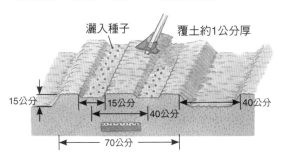

灑入種子　　　　覆土約1公分厚

15公分　　15公分　　40公分　　40公分

40公分

70公分

3 疏苗（直播時）

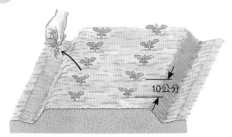

10公分

長出2～3片本葉時疏苗保持株距10公分

4 追肥

第1次
長出7～8片本葉時，於植株週圍施肥
〈**每株需要**〉
化學肥料　½大匙

第2次
當葉片開始互相重疊時於畦面兩側施肥，挖
鬆通道土壤並往畦面培土
〈**每株需要**〉
化學肥料　1大匙

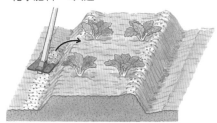

5 防寒

遮蓋

農膜隧道　　　　　　　　進行換氣以避免白天溫度
　　　　　　　　　　　　高於30～31度

6 採收

若於種植當年內採收，植株發育夠大時從根部
割下，採收全株使用

入春後植株會長得更大，依序從基部拔取下位
葉，長期採收使用

→利用方式請參考第227頁

四川搾菜（瘤高菜）

植株成長後，葉柄厚肉部份內側莖部會長出肥厚的瘤狀突起，因而得名。肉瘤部份非常柔軟，與外葉一起醃漬能做出稍帶辛辣味，口感獨特風味十足的酸菜以供大快朵頤。

品種 未曾出現品種分化。購買『こぶ（瘤）高菜』等市售種子即可。

栽培重點 它有不錯的耐暑、耐寒性，最適合於8～9月播種並於晚秋～冬季採收。

直播時進行點播並適時疏苗。先行育苗時則將苗株培育至長出5～6片本葉後，以寬廣的株距種植。無論採用何種方式，想種出帶有巨大優良葉瘤的高菜，都需要施用充足的優良堆肥做為基肥，並細心

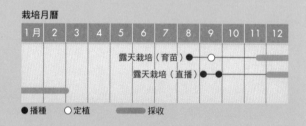

栽培月曆

1月	2	3	4	5	6	7	8	9	10	11	12
							露天栽培（育苗）●—○—				
							露天栽培（直播）●—●—				

●播種　○定植　　　採收

追肥，使植株能盡早開始發育成長。

隨著生長進度，仔細觀查葉片內側葉瘤的肥大情況，於肥大後及時採收。一開始需要先試摘，測試口感以做為判斷標準。

---

1 田園準備 · 施用基肥

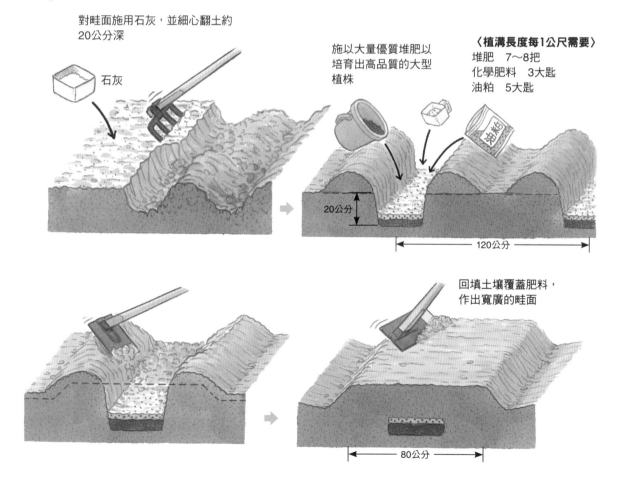

對畦面施用石灰，並細心翻土約20公分深

石灰

施以大量優質堆肥以培育出高品質的大型植株

〈植溝長度每1公尺需要〉
堆肥　7～8把
化學肥料　3大匙
油粕　5大匙

20公分

120公分

回填土壤覆蓋肥料，作出寬廣的畦面

80公分

2 播種 · 定植

進行直播時

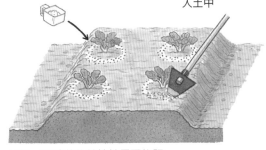

25公分

60公分

每個植位播5～6顆種子，發芽後依序疏苗，最終保留1株生長勢最佳的苗株培育

事先育苗時

於3寸膠盆播4～5顆種子，依序疏苗並保留1株幼苗

苗株長出5～6片本葉後田間定植

定植時保持株距寬廣，以便植株發育苗壯

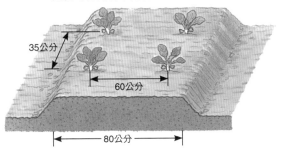

35公分

60公分

80公分

3 追肥 · 培土

第1次
〈每株需要〉
化學肥料　½大匙

於植株周圍環狀施肥，並略為拌入土中

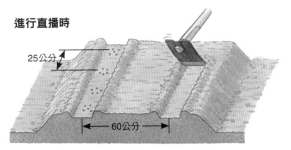

最後一次疏苗後於植株周圍施肥

第2次
〈每株需要〉
化學肥料　½大匙
油粕　2大匙

當葉片開始往預留的株距間生長發育時於畦面兩側追肥，挖鬆通道土壤並往畦面培土

4 採收

當植株成長苗壯，葉片內側的肉瘤飽滿隆起時就可以採收了。肉瘤直徑一般為2～3公分，長度約4～6公分左右

植株高度30公分前後

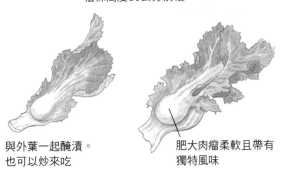

與外葉一起醃漬。也可以炒來吃

肥大肉瘤柔軟且帶有獨特風味

→利用方式請參考第227頁

芥菜

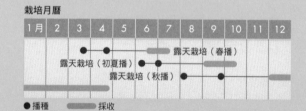

芥菜是高菜的親戚，但它的葉片小而緊實，咀嚼後會溢出強烈的辛辣味。辛辣成份為黑芥酸鉀，而它的種子就是芥末粉的原料。其生育天數很短，可做為果菜類等蔬菜的前後期作物或間作種植，是種方便進行輪作的蔬菜。

品種 有葉用芥菜、黃芥菜、山塩菜等數個品種群。此外，從中國引進的雪埋菜（雪裡紅），以「千筋葉がらし（千筋葉芥菜）」之名於日本國內進行栽培。市面上可以買到『葉用芥菜』、『黃芥菜』等品種。

栽培重點 芥菜種子細小，因此需要平整播種溝溝底，促進發芽狀況良好。而株距方面，進行提早收成栽培時可進行密植，採收成株則需要疏植，於最後一次疏苗時進行判斷。

一般於植株高度 20 公分左右時採收，若等到春季再採收植株會長得更大，能夠品嘗到原有的風味。開始抽苔時全數採收。

栽培月曆

1月	2	3	4	5	6	7	8	9	10	11	12

露天栽培（春播）
露天栽培（初夏播）
露天栽培（秋播）

● 播種　　　採收

---

1 施用基肥 ・ 挖播種溝

〈播種溝長度每1公尺需要〉
化學肥料　2大匙
堆肥　5～6把

挖出寬度15公分左右的播種溝，施用基肥後於肥料上方覆土10公分前後並平整溝底

15公分

2 播種

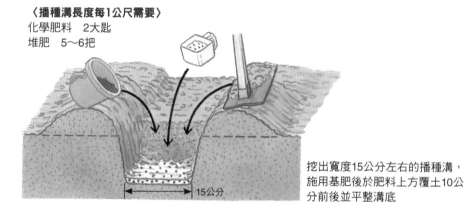

播種溝　　通道　　播種溝

15公分
60公分

往播種溝充足灑入種子。
種子間隔約2公分

覆土5公釐左右並以鋤頭背面壓平

種子細小，需避免播種過密

3 疏苗

第1次
長出2～3片本葉時
疏苗保持間隔5～6公分

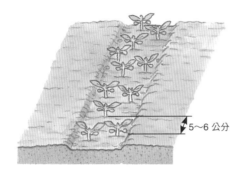

5～6 公分

第2次
長出5～6片本葉時

提早採收

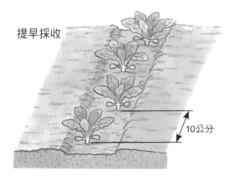

10公分

採收成株

提早採收時進行
密植，而想採收
成株時進行疏植

20公分

4 追肥

第1次
長出5～6片本葉時

〈植溝長度每1公尺需要〉
化學肥料　2大匙

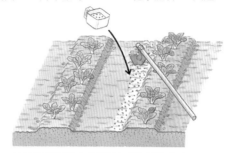

於植列單側施用肥料並略為拌入土中

第2次
植株高度10～12公分時

〈植溝長度每1公尺需要〉
化學肥料　2大匙

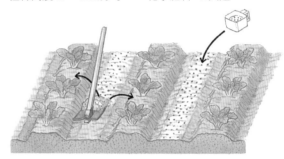

於植列中央施用肥料，一邊翻
土一邊略為往畦面培土

5 採收

當植株高度20 公分以上即
可採收。春季採收的植株
約25至30公分高，風味獨
特。

春播芥菜會抽苔，
開始抽苔時採收所
有植株

→利用方式請參考第227頁

油菜花

這是種經過改良，比初春時的一般油菜更早開花的品種，摘取花蕾食用。植株不耐冬季寒風，需要種植在日照良好的溫暖地點。

品種 一般在溫暖地區，當季油菜花要等到 2～3 月才能採收，經過品種改良後也出現了從秋季就能開始抽苔、開花的品種。想於種植當年採收的話可選擇『秋華』、『早陽一號』，而於冬～春季採收則有『花飾り（花裝飾）』、『花娘』、『冬華』等品種。

栽培重點 以優質堆肥及油粕等充足的有機質肥料作為基肥，並施用追肥以避免肥份中斷。將長出花苞的頂芽摘除後，下方側芽將持續生長，且植株會長得更大，因而需要較大株距。但一開始可以密集種植，一邊採收一邊疏苗增加株距，可更有效利用田園空間。

小菜蛾幼蟲是十字花科蔬菜共同的天敵，另須注意蚜蟲及夜盜蟲等害蟲，發現後立即補殺或噴灑藥劑。可利用遮蓋資材及防蟲網等資材節省藥劑使用量，順便做為冬季防寒措施使用。

栽培月曆

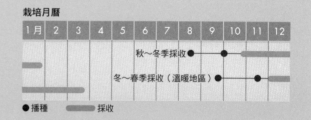

1月	2	3	4	5	6	7	8	9	10	11	12

秋～冬季採收 ●

冬～春季採收（溫暖地區）●

● 播種　　　採收

1 田園準備

石灰

盡早對預定種植油菜花的田園施用石灰並翻土

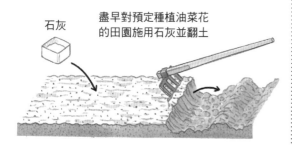

2 施用基肥

〈**每1平方公尺需要**〉
化學肥料　4大匙
油粕　5大匙
堆肥　5～6把

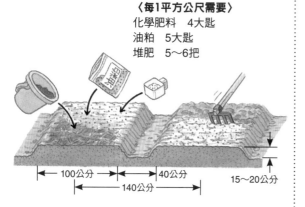

100公分　40公分
140公分
15～20公分

對整片田園施用堆肥及肥料，並翻土15～20公分深

3 育苗

每穴播4～5顆種子

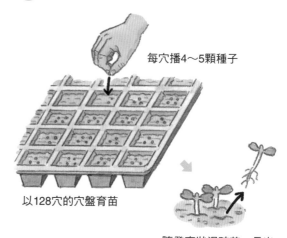

以128穴的穴盤育苗

隨發育狀況疏苗，長出兩片本葉時保留1株

長出4～5片本葉時育苗完成

4 定植

將長出4～5片本葉的幼苗從穴盤中取出並定植於田間

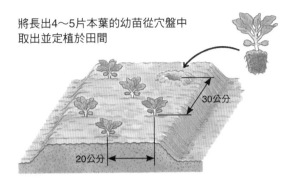

30公分

20公分

〈進行田間直播〉

[播種]
事先將與2的基肥相同份量的肥料拌入整片田園，並做出比寬度比鋤頭稍寬的播種溝

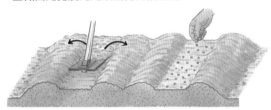

往播種溝均勻灑入種子，並覆土1公分左右

[疏苗]

7～8公分   30公分

第1次
長出2片本葉時

第2次
長出5～6片本葉時

[追肥]

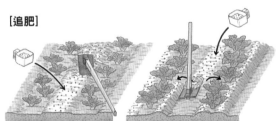

第1次
於第2次疏苗後進行
〈植溝長度每1公尺需要〉
化學肥料　2小匙

第2次之後
每半個月一次
〈植溝長度每1公尺需要〉
化學肥料　2大匙

5 追肥

第1次
植株高度10公分時
〈**每株需要**〉
化學肥料　1小匙

第2次以後
每半個月一次
〈**每株需要**〉
化學肥料　1大匙

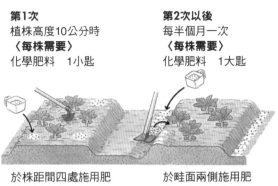

於株距間四處施用肥料並拌入土中

於畦面兩側施用肥料，並連同土壤一起往畦面培土

6 害蟲防治

不可輕忽防治蚜蟲及小菜蛾等害蟲

葉尖和下位葉葉背也都要噴灑到

噴灑殺蟲劑

可避免蚜蟲等害蟲飛落

防蟲網或遮蓋資材

7 採收

7～8公分

當花蕾足夠膨大，即將開花前帶莖葉摘下

不需提前採收，等花蕾足夠膨大再進行採收

開花後採收就太遲了

→利用方式請參考第227頁

西洋菜

含有清爽的辛辣味及適度的苦味，非常適合搭配肉類料理使用，是種含有豐富的維生素 A、C、鈣質、鐵質等成份的健康蔬菜。

品種 在日本有荷蘭芥子、水芥子、水芹等名稱，但它們都是相同物種，使用各地的歸化植株進行栽培。採集長在小河水邊等地的自生種利用也頗為常見。

栽培重點 它是喜歡潮濕的多年生植物，最適合於水邊或濕地種植。只要留意澆水量，也可以於田園或容器內種植。

只需少量時可利用市售蔬菜扦插培育，需要大量時則需播種並換盆移植栽培。如果附近有已經成型的西洋菜園或在河邊等地有自生種的話，切取長度約 15 公分的蔓尖直立部分，並以 50 ～ 60 公分間隔定植，使藤蔓能夠充分生長。

它的耐暑、耐寒性很強，且體質強健容易栽培，但在寒冷地區若想在冬季種植出優良植株，則需要以農膜保溫栽培。

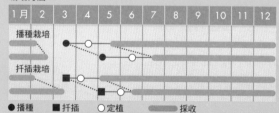

栽培月曆

	1月	2	3	4	5	6	7	8	9	10	11	12
播種栽培												
扦插栽培												

● 播種　■ 扦插　○ 定植　▬ 採收

1 育苗

從種子開始栽培
購入種子，並於育苗箱中條播

長出一到兩片本葉時，移植至3寸膠盆

培育出7～8公分高的苗株

利用市售品扦插栽培

插入水杯中，偶爾換水

非常容易發根，發根後移植至膠盆中

各節位容易發根，可先培育母株，每隔兩節切斷做為苗株使用

苗株生長至7～8公分時即可定植

2 定植

種植在水邊
此為最佳條件，不需額外花費工夫，容易栽培

畦面定植
作畦並以15公分間隔種植幼苗，
充足澆水

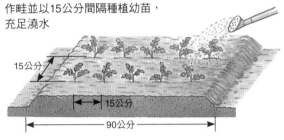

15公分
15公分
90公分

容器定植
利用淺型的育苗箱或花盆種植。
選擇底部開孔的育苗箱，可用圖3方式給水

3 澆水

植株性喜濕地，因此在生育過程中經
常澆水，促進旺盛成長

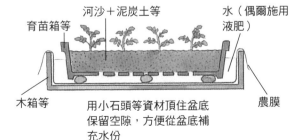

河沙＋泥炭土等
育苗箱等
水（偶爾施用液肥）
木箱等
農膜
用小石頭等資材頂住盆底
保留空隙，方便從盆底補
充水份

4 追肥

當土壤表面變硬時，以竹棒等資材稍微翻土

液肥
油粕

隨藤蔓生長，葉片顏色變淡時趁澆水順便施用液肥，並
於株距間撒少許油粕

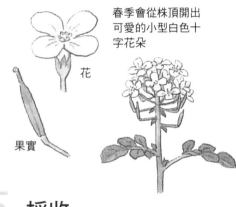

春季會從株頂開出
可愛的小型白色十
字花朵

花
果實

5 採收

用手指摘下蔓
尖柔軟部分

搭配肉類料理使用，也可以做為涼拌
或醬油拌菜食用

芝麻菜

芝麻菜的葉片和花朵帶有芝麻香氣，及清爽的辛辣味和輕微苦味，適合做為沙拉和炒食食材使用。

品種 有『 オデッセイ（Odyssey）』、『エルーカ（Eruca）』、『コモンルコラ（Common Rucola）』等，品種數量少。一般以『芝麻菜』和『火箭菜』等名稱於市面販售，購入使用即可。

栽培重點 種子細小但容易發芽，直接於田間播種就能旺盛生長了。生育速度快，短期間即可採收，是容易栽培的一種蔬菜。

它的耐寒性很強，在溫暖地區露天栽培也能過冬，雖可持續採收但春季時會抽苔。而另一方面，植株對高溫耐性不強，夏季需要以遮蓋資材等進行

遮光栽培才能種出優良的植株。

此外它也害怕潮濕，在雨季想種出優良植株則需進行遮雨栽培比較妥當。

植株葉片和葉柄脆弱容易折斷，需要避免強風吹拂。另須注意預防十字花科的害蟲入侵。

栽培月曆

	1月	2	3	4	5	6	7	8	9	10	11	12
春收栽培												
夏收栽培												
秋收栽培												
冬收栽培												

●播種　⌒隧道覆蓋　━採收

---

1 田園準備 · 播種

於畦面播種
〈每1平方公尺需要〉
堆肥　7～8把
油粕　5大匙

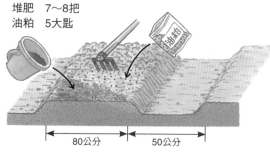

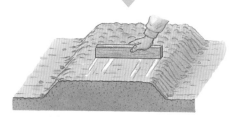

以木板劃出寬2公分，
深1公分左右的條播溝並播種

15公分

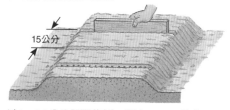

以1～1.5公分間隔條播。覆土0.7～1公分。
長出2片本葉時疏苗並保持株距4～5公分

於播種溝播種
〈播種溝長度每1公尺需要〉
堆肥　3～4把
油粕　2大匙

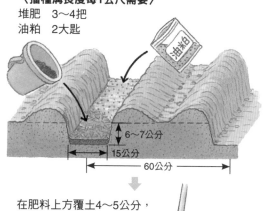

6～7公分
15公分
60公分

在肥料上方覆土4～5公分，
並以鋤頭前後滑動平整溝底

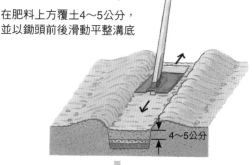

4～5公分

以間隔2公分左右撒播
種子

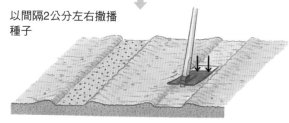

覆土0.7～1公分並以鋤頭背面輕微壓平。
長出2片本葉時疏苗並保持株距4～5公分

2 追肥・中耕

於畦面播種時
第1次〈每行需要〉
化學肥料　½大匙

長出3～4片本葉時於植列間施肥，並以竹棒將肥料拌入土中

竹棒

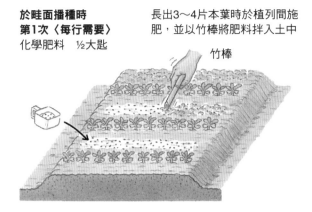

第2次
植株高度10公分左右時，以第1次追肥方法進行

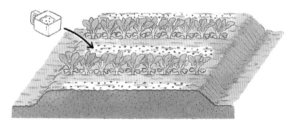

於播種溝播種時
〈畦面長度每1公尺需要〉
化學肥料　2大匙

於畦面施用肥料，進行中耕並順便將肥料拌入土中

3 害蟲防治

遮蓋資材或
防蟲網

亦能作為夏季高溫對策

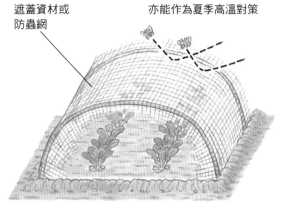

生長速度很快，且從播種到採收的天數很短，不需使用農藥也能栽培出不錯的植株

4 採收

當葉片長度15公分
以上時即可採收

整株拔起採收

若每次只需少量
使用，摘葉採收
即可。新芽和側
芽會再次生長

只種植少量植株，可利用花盆簡單進行栽培
將園藝用土放入淺型陶盆中，偶爾施用液肥即可
培育。於植株莖葉互相重疊前趁早採收

→利用方式請參考第227頁

青江菜

青江菜是近年導入日本的中國蔬菜中，最普及的一種蔬菜。它的獨特風味，耐煮不易爛的特性及清脆口感均為高人氣的秘密。

雖然植株性喜冷涼氣候，但它亦具有耐寒及耐暑性，只要簡單進行保溫和遮光覆蓋，就能在早春到秋季時栽培。植株遇到低溫會分化花芽並抽苔，因此春季提早播種時需要以隧道保溫，保持溫度不低於15度。

品種 中國有許多性質和形狀不同的品種，市面上販售的是將這些品種進行改良以易於栽培的優良品種。代表性品種有『青帝』、『清美』、『長陽』、『謝謝』等。

栽培月曆

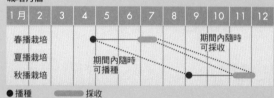

1月	2	3	4	5	6	7	8	9	10	11	12

春播栽培
夏播栽培
秋播栽培
期間內隨時可採收
期間內隨時可播種
● 播種　　　採收

栽培重點 種植株數較少時可於膠盆及育苗箱內育苗，再作畦栽培。種植數量較多時直接在畦面挖播種溝播種，效率會比較好。直播時要疏苗，避免各植株葉片重疊，以培育出健壯的苗株。

雖然早期防治害蟲非常重要，不過在害蟲出沒最頻繁的春季到夏季間，可利用遮蓋資材被覆，能有效防蟲順便做為防暑措施使用。

1 田園準備

盡早對預定種植青江菜的田園施用石灰並翻土

〈每1平方公尺需要〉
油粕　3大匙
化學肥料　5大匙
腐熟堆肥　5～6把

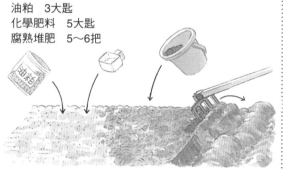

播種前於畦面施用基肥，並細心翻土約15公分深

2 播種 ‧ 定植

先行育苗

若所需株數較少，於膠盆直播育苗即可

3寸膠盆

播4～5顆種子

長出一片本葉時疏苗並保留一株

長出4至5片本葉時田間定植

或是以抱子甘藍（第88頁）的管理方式於育苗箱內條播，長出2～3片本葉時移植至育苗床，二次培育至長出4～5片本葉後再進行田間定植

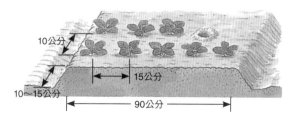

10公分
15公分
10～15公分
90公分

直接播種

挖深4～5公分的
播種溝

取2～3公分間隔，於
整條播種溝內播種

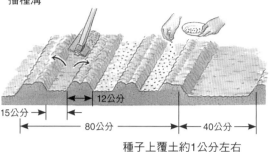

15公分 →

12公分

80公分

40公分

種子上覆土約1公分左右

3 保溫

植株遭遇12～13度以
下的低溫會分化花芽而
抽苔，若有早春播種及
晚秋採收等情況時，需
以農膜隧道保溫

抽苔
春季遭遇低溫將
會抽苔

白天需要換氣以避免溫度高於30度

4 害蟲防治

由於春秋兩季容易遭受害蟲襲
擊，請盡早捕殺或噴灑殺蟲劑
預防

葉背也要仔細噴灑

用較薄的短纖維不織布等遮蓋資材直
接覆蓋葉片，不需使用農藥也能阻止
害蟲。夏季栽培時可阻擋強光，也可
做為防暑措施使用。

5 疏苗

直接播種時，根據生育進度疏苗兩
次。保持寬廣的最終株距，培育出
葉片發展良好的植株

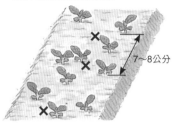

徒長
當株距過小，葉片
重疊時容易發生

7～8公分

第1次
長出2片本葉時，
保持株距7～8公分

第2次
長出5～6片本葉時，
保持株距20公分左右

20公分

於×處疏苗

6 追肥

第1次
長出4～5片本葉時於畦間施
用肥料，並略為拌入土中
〈每1平方公尺需要〉
化學肥料　3大匙

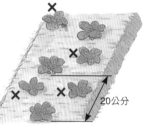

第2次
第1次追肥的半個月後進
行，於株距間施用肥料
〈每1平方公尺需要〉
化學肥料　4大匙

7 採收

播種後，春季需要45～55天，夏季需要
35～45天，秋季需要50～65天左右，採
收重量約150公克的植株

葉柄膨起，葉片厚實的青
江菜為優質品

迷你青江菜
提前採收，整顆做為燉
菜等調理方式的食材

→利用方式請參考第227頁

113

甜油菜心（Autumn Poem）

這是一種取抽苔莖、葉片和花蕾進行食用的蔬菜。它會不斷分枝，可供長時間採收，對秋季的家庭菜園來說，是種非常重要的蔬菜。在寒冷地區進行溫室栽培，可得到大量品質優良收成。

品種 它是一種比較新型的蔬菜，一般名為『オータムポエム（Autumn Poem，甜油菜心）』，而這也是它的品種名。

栽培重點 植株耐寒性不高，進入嚴寒期後生長勢變弱因而無法收成，須在盛夏過後，天氣開始轉涼時立即播種。

想採收大量優質的粗大抽苔莖，需要施用充足的優質堆肥，為了使肥份不中斷，也要細心進行追肥。及早採收最初長出的花蕾，促進側芽不斷生長。

另外也要記得進行小菜蛾及蚜蟲等害蟲防治。

當抽苔莖長度 15 ～ 20 公分，開出 1 ～ 2 朵花時即可採收。注意不要錯失採收時機。

栽培月曆

1月	2	3	4	5	6	7	8	9	10	11	12

露天栽培

● 播種　　　採收

1 田園準備・施用基肥

〈每1平方公尺需要〉
堆肥　4～5把
石灰　2～3大匙

當前期作物整理完畢後，施用堆肥及石灰並充分翻土

在播種前

〈植溝長度每1公尺需要〉
化學肥料　3大匙
油粕　5大匙
腐熟堆肥　4～5把

15公分

15公分

2 播種

回填土壤後平整溝底，並挖播種溝

以2～3 公分間隔撒播種子

通道

覆土5公釐左右，並以鋤頭背面壓平

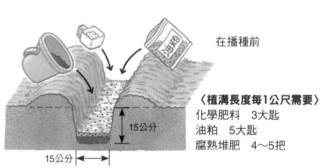

15公分

60公分

所需株數較少時，於膠盆育苗再進行田間定植

於3寸膠盆播4～5顆種子

長出2片本葉時疏苗並保留一株

長出4～5片本葉時育苗完成

3 疏苗

第1次
長出2～3片本葉時
取株距7～8 公分

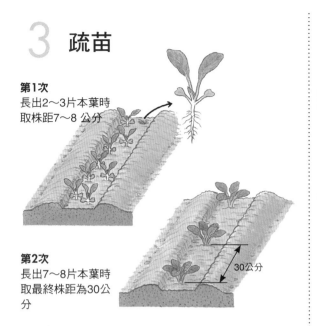

第2次
長出7～8片本葉時
取最終株距為30公分

30公分

4 追肥

第1次
長出5～6片本葉時於植列單面施用肥料，並略為拌入土中

〈植列長度每1公尺需要〉
化學肥料　2大匙

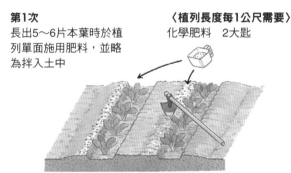

第2次
當植株高度10～12公分時，於植行中央施用肥料，中耕並略為培土

〈植列長度每1公尺需要〉
化學肥料　2大匙

第3次起
開始採收後每半個月追肥一次，肥料量與第二次相同

5 摘芯

盡早將最先抽苔的枝條剪下採收

使植株長出許多生長勢佳的側芽

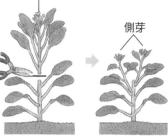

側芽

6 採收

20～25公分

當抽苔莖長度20～25公分，且開1～2朵花時摘取採收

若花蕾高於葉片尖端，且開出複數花朵再採收就太遲了

7 利用方式

醬油拌青菜

天婦羅

中華式濃湯

炒青菜（加炒蛋）

沙拉

培根捲

紅菜苔

　「紅菜苔」正如其名，是於春季起採收不斷抽苔長出的紅紫色花莖食用的蔬菜。它帶有一些黏液，類似蘆筍的特殊香氣和深黃色花朵，能讓人提早感覺春季到來。植株不耐暑，但較能於低溫環境栽培。

品種 中國揚子江流域中游一帶自古以來即有栽種此蔬菜，雖然在很久前就已引進日本，但未曾普及。重新引進後尚未出現品種分化。

栽培重點 於秋季播種並於冬季至春季間採收。想採收到許多粗細鉛筆大小的優良花莖，需要施用充足的優質堆肥做為基肥，並維持肥份不中斷，使植株不斷長出分枝。它不耐土壤乾燥，因此在開始抽

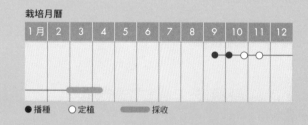

栽培月曆

1月	2	3	4	5	6	7	8	9	10	11	12

●播種　○定植　▬▬▬ 採收

苔後，田土乾燥時需要澆水。此外，生育狀況不良時也需施用液肥。

　開出 1 ～ 2 朵黃色花朵後即可折下採收，開花數量過多會導致植株衰弱。適當摘除下位的黃化葉片。

1 施用基肥

〈植溝長度每1公尺需要〉
化學肥料　3大匙
堆肥　4～5把
油粕　5大匙

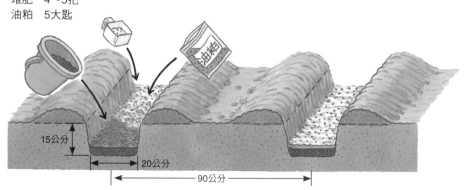

15公分
20公分
90公分

施用大量石灰，對整片田園翻土後再施用基肥

想採收大量夠粗的花莖，需施用充足的優質堆肥

2 田園準備

〈作畦定植苗株〉
作高度略高的中高畦，並平整畦面

基肥
60公分　30公分

〈於畦面直播〉
若栽培面積較大，直播可節省工作量。為了使種子發芽、生育整齊，需要細心平整播種溝的溝底。

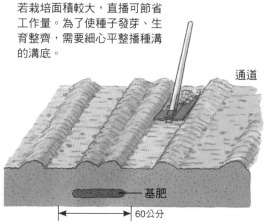

通道

基肥
60公分

3 育苗

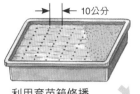

利用育苗箱條播

長出4～5片本葉時育苗完成

長出2片本葉時移植至3寸膠盆

4 定植・播種

〈作畦定植苗株時〉

地膜
於低溫期有絕佳的生育促進效果

30公分
40公分

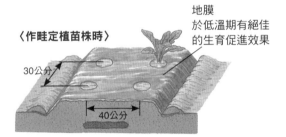

〈於畦面直播時〉

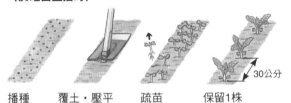

播種　覆土・壓平　疏苗　保留1株

30公分

5 摘芯

主莖開花後盡早採收，以促進側芽生長

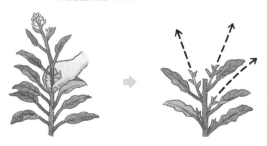

6 追肥・培土

於第1次摘取抽苔莖時進行。
在株距間施用肥料並稍微拌入土中

第1次
〈**每株需要**〉
油粕　½大匙

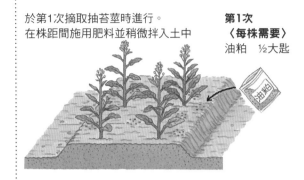

第2次
於第1次追肥的15～20天後進行。於畦面兩側施用肥料，以鋤頭翻鬆土壤後往畦面培土
〈**每株需要**〉
油粕　1大匙

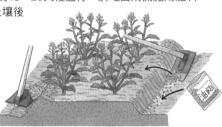

7 採收・利用

折斷

大約
20公分

當植株再次抽苔且開出1～2朵花時即為採收適期。從靠近植株基部容易折斷的部位輕輕折下即可。

太晚採收會使植株開花過量因而衰弱，無法得到優良收成

酒粕漬

切成4～5公分小段加油拌炒

燙熟後拌美乃滋和醬油食用

塌棵菜

葉片像被踩過一樣塌塌的，呈深綠色，纖維少口感佳且不易煮爛，擁有很獨特的性質。春季到夏季時為直立性，而秋季至冬季呈緊貼地面的展開性，植株外觀會隨季節改變。

品種 市售種子一般稱為『塌棵菜』。『綠彩1號』為直立性，而『綠彩2號』為針對展開性進行改良的品種。

自家食用時問題不大，但葉片張開的叢生型塌棵菜難以搬運至直銷處等地點。此時可用淺型瓦楞紙箱堆疊 2 ～ 3 層進行搬運。

栽培重點 春播約 40 ～ 45 天，秋播則於 50 ～ 60 天後可採收。一般於 8 ～ 9 月播種，在晚秋至冬季

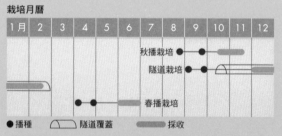

栽培月曆

1月	2	3	4	5	6	7	8	9	10	11	12
								秋播栽培 ●	● ●		
								隧道栽培 ●	● ●		
			春播栽培 ●	● ●							

● 播種　⌒ 隧道覆蓋　▬ 採收

期間採收，但植株在遭遇過嚴寒及冰霜覆蓋過後更能增添風味。

此外，夏季栽培需要遮雨、遮光，冬季需要保溫，提早採收時可將其作為不耐放的蔬菜食用，大幅增加了採收適度。及時疏苗，並需注意追肥和害蟲防治。

1 田園準備

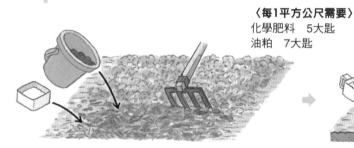

〈每1平方公尺需要〉
化學肥料　5大匙
油粕　7大匙

對田園施用石灰和堆肥，並翻土 30公分深

作畦後對整個畦面施用肥料並耕入土中

2 播種

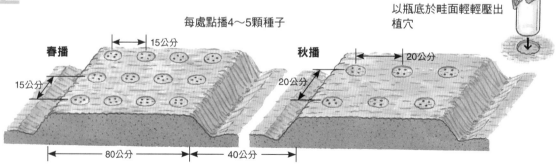

每處點播4～5顆種子

以瓶底於畦面輕輕壓出植穴

春播
15公分
15公分
80公分
40公分

秋播
20公分
20公分

春播時由於溫度上升，會使植株直立生長，株距需求較窄

秋播時，受寒後葉片會重疊生長，植株張開生長，株距需求變寬

3 疏苗

長出1～2片本葉時疏苗並保留2棵植株，長出5～6片本葉時保留1棵植株

保留葉片顏色漂亮，帶有皺折且葉肉較厚的植株

4 追肥

第1次
〈每1平方公尺需要〉
化學肥料　3大匙

長出4～5片本葉時，於畦間施用肥料並略為拌入土中

第2次
施肥量與
第1次相同

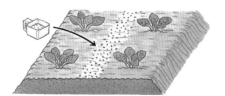

第1次施肥半個月後於畦間施用肥料

5 病蟲害防治

春秋等季容易遭受害蟲侵襲，注意噴灑藥劑進行害蟲防治。
若以不織布等資材進行遮蓋，不使用農藥也能達到不錯的防蟲效果

6 管理

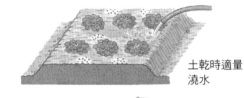

土乾時適量澆水

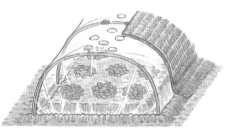

11月後以隧道保溫可提早得到優質收成。白天利用隧道頂的小氣孔換氣。在寒冷地區，晚間需要覆蓋草蓆保溫

7 採收

春播於播種後40～45天採收，而秋播則需50～60天才可採收。當葉片生長密集緊實，植株夠大時為採收適期

皺褶較多的塌棵菜為優質品
（冬季外觀）

夏季（直立性）

冬季（展開性）

保溫可使植株
保持半直立性

→利用方式請參考第223頁

葉用蘿蔔

蘿蔔葉富含維生素，自古以來即被栽培利用，而以其葉片為利用目的進行栽培的，就叫做葉用蘿蔔了。其生長期間非常短，夏季大約 20 天，冬季為 50 天，栽培方式也很簡單。用途有醃漬、涼拌、快炒及燙熟後做為沙拉食材使用，用途很廣，是一種適合於家庭菜園種植的蔬菜。

品種 有自古相傳的『小瀨菜だいごん（大根）』此一葉用品種，它也是宮城縣的傳統特產。而市售品種有『葉美人』、『葉寶』、『ハットリくん（服部君）』、『太郎』、『彩菜』等。

作為葉用蘿蔔進行改良的品種，其葉片直立性會比一般蘿蔔強，且容易採收跟調理，茸毛少而容易

入口。

栽培重點 對整片田園施用堆肥並翻土，追肥以確保肥份不中斷。此外要細心疏苗，使植株生長時不致互相干擾。夏季利用遮雨網室及遮蓋資材，可在較難取得葉菜類蔬菜的時期，吃到珍貴的青菜。

冬季也可利用隧道保溫及溫室，栽培出葉片飽滿有光澤的葉用蘿蔔，幾乎全年都能夠栽培產出。

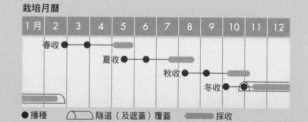

栽培月曆

1月	2	3	4	5	6	7	8	9	10	11	12
春收											
		夏收									
			秋收								
				冬收							

● 播種　　⌒ 隧道（及遮蓋）覆蓋　　▬ 採收

1 施用基肥

〈每1平方公尺需要〉
腐熟堆肥　4～5把
化學肥料　3大匙
油粕　5大匙

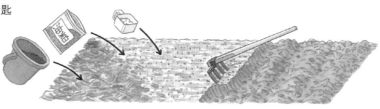

於播種5～7天前對整片田園施用堆肥及肥料，並細心翻土15～20公分深

2 田園準備 ‧ 播種

於畦面播種
細心平整畦面

⟵ 90公分 ⟶

條播
以耙子或鋤頭等工具平整整片田園

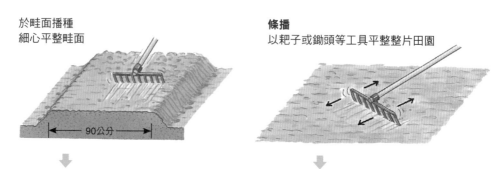

以木板劃出寬2公分，深1公分左右的條播溝

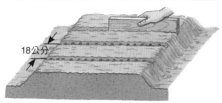

18公分

以1.5～2公分間隔播種

播種溝　通道

覆土1公分左右

以1.5～2公分間隔播種

15公分
60公分

挖出比鋤頭寬度略寬的播種溝，並細心平整溝底

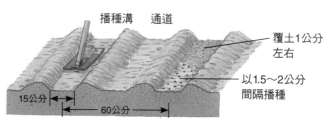

3 疏苗

第1次 當種子全數發芽時，疏除互相重疊的苗株

第2次 長出3片本葉時取株距3公分

第3次 取最終株距7～8公分

4 追肥

於畦面播種時
〈每一植列需要〉
化學肥料　½大匙
於植列間施用肥料，並以竹棒等工具拌入土中

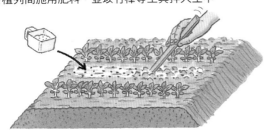

條播時
第1次
〈植溝長度每1公尺需要〉
化學肥料　2大匙
於畦面單側施用肥料，
並往畦面培土

第2次
於前一回施肥時的相對側施用
同量肥料，略為拌入土中，並
往植株根部培土

5 保溫防寒

PVC或PE農膜

氣候溫暖時打開側
邊換氣

若於春季提早播種，需架
設隧道防寒

也可利用遮蓋資材
（短纖維不織布等）
直接覆蓋葉片

6 害蟲防治

有鑽心蟲、蚜蟲等害蟲，須盡早噴
灑藥劑防治

也可蓋上遮蓋資材，順便達到保溫和防寒效果

7 採收・利用

當植株高度25公分以
上時，整株拔起採收
利用

拌炒奶油

做為醃漬和沙拉菜使用

醬油拌菜

日本水菜（日本蕪菁）

日本水菜也被叫做京水菜，是一種只有日本栽培[註]的獨特醃漬用菜。以清脆的口感和不易煮爛為其特長。自古以來使用於淺漬、火鍋、燉煮等菜餚上，特別是在關西地區經常被使用，但最近逐漸增加了沙拉和擺盤點綴等生食方面需求，是一種不僅推廣到日本全國，且在海外也擁有高人氣，提高了不少使用需求的蔬菜。

（註：台灣近年亦有引進栽培。）

品種 栽培起源於日本京都，除了維持傳統品種種植之外，另有『白筋千莖京水菜』、『九葉壬生菜』、『晚生壬生菜』、『新磯子京菜』、『綠扇二號京菜』等市售品種。各有早晚生及葉片顏色濃淡等品種特色。

栽培重點 想栽培出份量足夠的優良植株，需培育出 600 ～ 1000 片左右的細葉，適合於土質厚重，富含水份的田園種植。

而近年來較多人種植的小型品種較不挑土質，在任何地點都能種植，但依然需要施用充足優質堆肥做為基肥，並以大量有機肥料追肥。它對病毒病的抵抗力很差，需要留意蚜蟲防治。

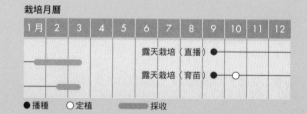

栽培月曆

	1月	2	3	4	5	6	7	8	9	10	11	12
露天栽培（直播）									●			
露天栽培（育苗）										○		

● 播種　　○ 定植　　▬▬ 採收

1 田園準備

〈每1平方公尺需要〉
堆肥　7～8把
化學肥料　3大匙
油粕　5大匙

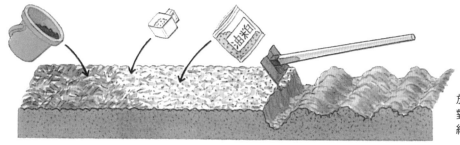

於播種半個月前，對畦面施用肥料並細心翻土

2 育苗

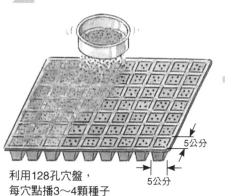

利用128孔穴盤，每穴點播3～4顆種子

5公分
5公分

長出2片本葉時疏苗並保留1株

長出4～5片本葉後育苗完成

所需株數較少時可於3寸膠盆播4～5顆種子

隨著幼苗發育疏苗並保留1株

3 施用基肥

〈植溝長度每1公尺需要〉
堆肥　4〜5把
化學肥料　2大匙
油粕　5大匙

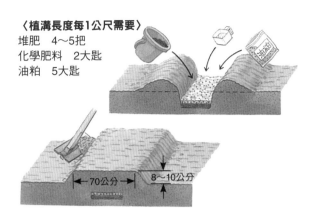

70公分　8〜10公分

4 定植

挖植穴，
定植幼苗

在寒冷地區，敷蓋地膜輔助相當有效

植穴　地膜

40公分

40公分

若想採收尚未成熟的較小植株，可採15×15公分左右進行密植

田土過乾時無法種出優秀植株，土乾需充份澆水

〈田間直播〉

挖兩行寬2〜8公分，深1〜1.5公分的播種溝並播種

每處播4〜5顆種子

40公分

50公分

若田園的地下水位較高，做高畦種植為佳

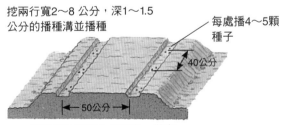

隨苗株發育疏苗並保留1株

5 追肥

第1次
當植株生長至高度15〜17公分時，於植株周圍隨意施用肥料，並拌入土中

〈每株需要〉
化學肥料　1大匙
（密植栽培時½小匙）

第2次
當葉片數量開始增加時於畦面兩側進行追肥，與通道土壤混合後往畦面培土

〈每株需要〉
化學肥料　1大匙
（密植栽培時½大匙）

6 害蟲防治

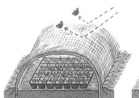

容易被有翅蚜蟲、小菜蛾、夜盜蟲等害蟲襲擊

可用防蟲網及遮蓋資材蓋住苗床和田園，或噴灑殺蟲劑防治

7 採收・利用

當植株苗壯成長後，依序從根部切下採收

淺漬

火鍋

沙拉

各種利用方式
採收未成熟植株或摘取部分葉片，作為沙拉和擺盤裝飾使用

鴨兒芹

鴨兒芹在日本、中國、朝鮮半島等地均有自生，但只有日本和中國將其作為野菜利用。其鮮豔的顏色和香味以及清脆口感，均為日本料理不可缺少的要素。根據栽培方式不同有青鴨兒芹，帶根鴨兒芹，及切根鴨兒芹等使用方式，於家庭園藝種植時推薦運用前兩種方式栽培。

品種 關東系有『柳川 一 ・ 二號』、『大利根一號』、『增森白莖』，而關西系有『大阪白軸』、『白金三葉』等品種。

栽培重點 鴨兒芹喜歡半日照環境，在夏季的強光和高溫下生育不良，應選擇適當地點，需要考慮在植株較高大的蔬菜間種植，並於夏季進行遮光栽培

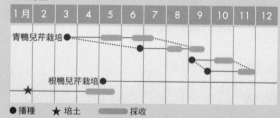

栽培月曆

1月	2	3	4	5	6	7	8	9	10	11	12

青鴨兒芹栽培
根鴨兒芹栽培

● 播種　★ 培土　▬ 採收

等措施。

植株不耐連作，因此在田園種植時，需要選擇前3～4年未曾種過鴨兒芹的田園進行栽培。

種子為好光性，發芽需要光照，播種後覆薄土即可。春季遭受低溫會開始分化花芽而抽苔。此時摘除花梗，可促進側芽生長以培育出較大的植株。

1 田園準備

〈每1平方公尺需要〉
石灰　3大匙
堆肥　4～5把

播種前一個月左右施用資材並拌入土中

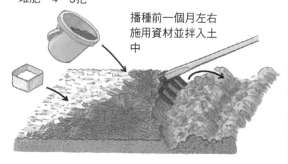

2 施用基肥

挖溝播種
（主要用於帶根鴨兒芹栽培。亦可用於青鴨兒芹栽培）

〈植溝長度每1公尺需要〉
化學肥料　3大匙
油粕　5大匙

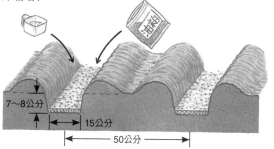

7～8公分
15公分
50公分

3 挖播種溝

挖溝播種時
於基肥上覆土，挖出與鋤頭同寬的播種溝

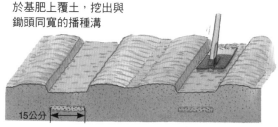

15公分

細心平整溝底

作畦播種時

用木板壓出寬2～3 公分，深0.5公分左右的播種溝

〈每1平方公尺需要〉
化學肥料　3大匙
油粕　5大匙

事先將肥料拌入整個畦面

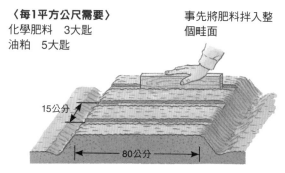

15公分
80公分

4 播種

於播種溝內均勻播種，覆薄土稍微蓋過種子，再以木板或鋤頭背面輕微壓平

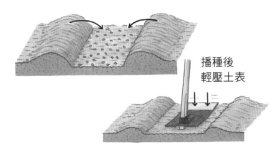

播種後輕壓土表

5 疏苗除草

疏苗數次，維持株距7～8公分

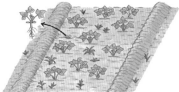

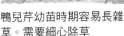

鴨兒芹幼苗時期容易長雜草。需要細心除草

進行春播時，植株感應到低溫後多少會開始抽苔。盡早摘除花梗以促進側芽生長

6 追肥

挖溝播種時
於播種溝側施用肥料，並略為拌入土中

〈播種溝長度每1公尺需要〉
化學肥料　2大匙

作畦播種時

第1次
當植株高度5～6公分時於株距間施用肥料，並略為拌入土中

竹棒

〈每列需要〉
化學肥料　½大匙

第2次
當植株高度10公分左右時，施與第1次相同份量的肥料

7 培土

栽培帶根鴨兒芹時
於1～2月摘除枯葉，並往根部大量覆土

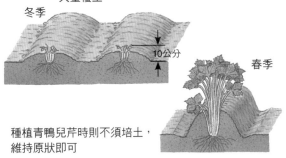

冬季　　10公分　　春季

種植青鴨兒芹時則不須培土，維持原狀即可

8 採收

帶根鴨兒芹
於嫩白的莖條長度10公分左右時，帶根挖起採收

青鴨兒芹

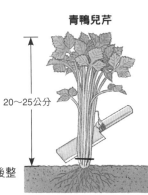

20～25公分

用鋤頭帶根挖起

植株夠高後整把割下

根部再次利用
鴨兒芹的再生力很強，割下葉片後可再次利用根部

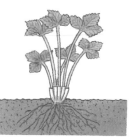

以4～5公分間隔將根部種植於盆中，很快就會長出新葉

由於割除莖葉後很快就會再長出新葉，可將其再次利用

→利用方式請參考第228頁

結球萵苣

萵苣類有許多親戚，但一般提到萵苣，指的都是口感清脆的結球萵苣。不只於沙拉上使用，亦能做為濃湯或醬油拌菜等食材使用。

品種 有『サナリス（Snaris）88』、『バークレー（Berkeley）』、『エムラップ（Emrap）』、『シスコ（Cisico）』、『シリウス（Sirius）』等優良品種。

栽培重點 其栽培適溫為 18～23 度，在涼爽氣候下容易種植。而另一方面，萵苣耐熱性不佳，當溫度達到 27～28 度後，甚至難以正常結球。

在高溫長日照狀況下播種容易抽苔，因此夏播時需要特別留意播種時機。

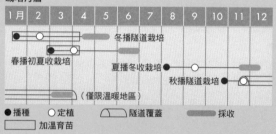

栽培月曆

	1月	2	3	4	5	6	7	8	9	10	11	12

冬播隧道栽培
春播初夏收栽培
夏播冬收栽培
秋播隧道栽培
（僅限溫暖地區）

● 播種　○ 定植　⌒ 隧道覆蓋　▬ 採收
▢ 加溫育苗

幼苗對寒冷的耐受性較強，但進入結球期後容易受到寒害，因此選擇適當的種植時期非常重要。

一般以夏播冬收栽培為主，育苗期於高溫下進行，因此需要特別注意催芽及發芽後管理，在幼苗期時，需將育苗箱放在樹蔭下等較為通風的陰涼場所。

利用地膜輔助極為有效。敷蓋地膜時用手指頭在株距間戳洞並施肥。

1 育苗

7～8公分

長出1片本葉時，疏苗並保持植株葉片不會互相接觸

以6～8公釐間隔播種。用篩子輕輕覆土，稍微蓋過種子即可

長出2片本葉時移植至育苗床

所需株數較少時以膠盆育苗較為便利

9公分

9公分

長出4～5片本葉時育苗完成

進行夏播時
先以紗布等資材包裹種子泡水一天一夜，打開紗布再重新包裹，放在涼爽處（18～20度）催芽後再播種，就能得到不錯的發芽率了

2 施用基肥

〈每1平方公尺需要〉
堆肥　5〜6把
油粕　5大匙
化學肥料　5大匙

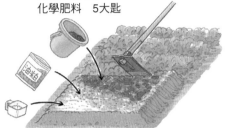

預先施用石灰並翻土，之後施基肥，翻土
20公分深左右

3 作畦

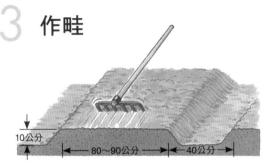

10公分
80〜90公分　40公分

作畦時維持畦面中央略高起，以增強排水能力

4 定植

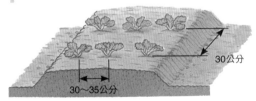

30公分
30〜35公分

於畦面種植3行植株
若要使用地膜則先敷蓋畦面後，於定植位置以手
指挖洞定植幼苗

5 澆水

定植後對植株根部澆水。若田土容易乾燥，每半
個月充份澆水一次

6 追肥

第1次
於定植2〜3週後進行
將肥料施用於株距間，
並以竹棒或木棒拌入土中

〈每1平方公尺需要〉
化學肥料　3大匙
（第1、2次均相同）

第2次
當植株中心葉片開始包起時，
依照第1次追肥的方式進行

7 保溫（秋 · 冬播種時）

於隧道頂端開小洞進行自然換氣。隨氣溫
升高增加換氣孔數量。注意保持溫度低於
25度

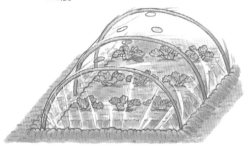

換氣不足會因高溫障礙
而結出變形葉球

8 採收

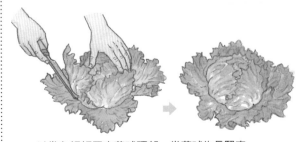

以掌心輕輕固定葉球頂部，當葉球生長緊密
時從葉球下方切取採收

→保存方式請參考第228頁

葉萵苣

葉萵苣比其他親戚（結球萵苣、長葉萵苣、萵筍）等生長速度更快，且有相當的耐寒和耐暑性，容易栽培。有多種帶有特殊色彩和味道的品種，是家庭菜園的人氣蔬菜。

品種 有自古相傳的『ウェアヘッド（Wearhead）』，及紅葉萵苣系的『レッドファイアー（Red Fire，紅火）』、『レッドウェーブ（Red Wave，紅卷）』、『ブロンズ（Bronze）』等，此外還有以葉片形狀和顏色以及味道為其特徵的『グリーンオーク（Green Oak，綠橡木）』、『レッドオーク（Red Oak，紅橡木）』、『フリンジーグリーン（Fringe Green，綠皺葉）』、『フリンジー

レッド（Fringe Red，紅皺葉）』等。購買混合了各品種種子的『綜合萵苣種子』能夠輕鬆享受到栽培樂趣，極為推薦嘗試。

栽培重點 播種時機廣且種子容易發芽，比結球萵苣容易栽培。但植株對酸性土壤的耐受性較差，因此在翻土時需順便施用石灰以調整土壤酸鹼值。

想培育出優秀幼苗就需薄覆土，在植株葉片互相重疊前疏苗。種植不同顏色的混合品種時，記得保留各種不同葉形和顏色的植株以豐富視覺享受。

栽培月曆

	1月	2	3	4	5	6	7	8	9	10	11	12
春播初夏採收栽培	●	○				▬	▬					
夏播冬季採收栽培				●	●	○			●	●		▬ ▬
秋播隧道栽培						●		●	○	○	⌒	
（僅限溫暖地區）												

● 播種　○ 定植　⌒ 隧道覆蓋　▬ 採收　☐ 加溫育苗

1 育苗

以7～8公釐間隔播種

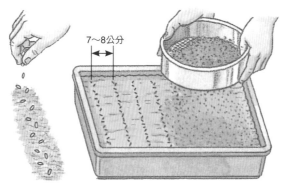

7～8公分

用篩子輕輕覆土，稍微蓋過種子即可

長出1片本葉時，疏苗並保持植株葉片不致互相接觸

長出2片本葉時移植至苗床

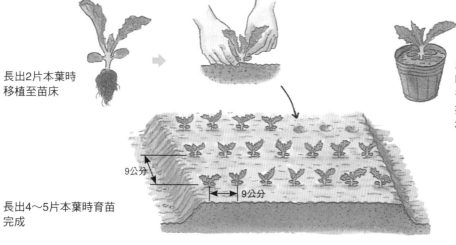

9公分

9公分

長出4～5片本葉時育苗完成

所需株數較少時，於3吋膠盆播4～5顆種子進行培育。從長出本葉開始疏苗2～3次，至長出3～4片本葉時保留1株

2 田園準備

〈每1平方公尺需要〉
堆肥　5～6把
化學肥料　5大匙
油粕　5大匙

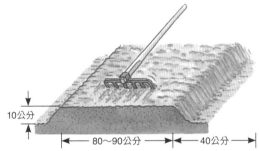

作畦時維持畦面中央略為隆起，以增強排水能力

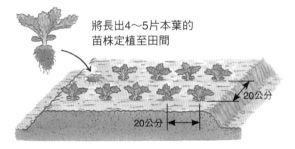

10公分

80～90公分　　40公分

3 定植

將長出4～5片本葉的
苗株定植至田間

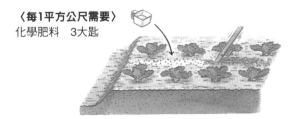

20公分

20公分

4 追肥

追肥2次，各於定植後2～3週
左右，及其半個月後進行

〈每1平方公尺需要〉
化學肥料　3大匙

將肥料施用於株距間，並以竹棒或木棒拌入土中

5 採收

一次採收
當植株中心葉片開始往內側捲曲時即
已進入採收適期。葉片數量大約25片
前後。從植株根部整株切下採收

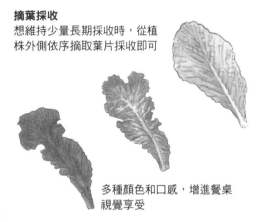

皺葉萵苣

紅葉萵苣

沙拉菜

摘葉採收
想維持少量長期採收時，從植
株外側依序摘取葉片採收即可

多種顏色和口感，增進餐桌
視覺享受

〈非常適於利用花盆及育苗箱栽培〉

以育苗箱栽培綜合萵苣的圖例
（15株左右）

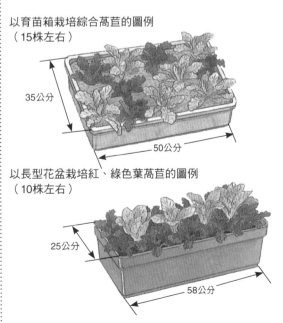

35公分

50公分

以長型花盆栽培紅、綠色葉萵苣的圖例
（10株左右）

25公分

58公分

→保存方式請參考第228頁

拔葉萵苣

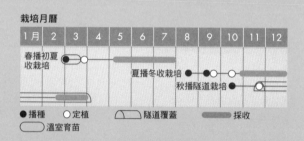

1月	2	3	4	5	6	7	8	9	10	11	12

春播初夏收栽培

夏播冬收栽培

秋播隧道栽培

● 播種　　○ 定植　　⌒ 隧道覆蓋　　▬ 採收
⌒ 溫室育苗

　生菜（サンチュ）為朝鮮半島名，在日本則由於摘取植株葉片利用此一原因，自古以來將它稱為「搔萵苣」。此外，也因為用它來包裹肉片等食材使用，因此又將它稱呼為「包菜」。

　依序摘取下位葉食用，可供長時間採收。植株具有耐暑和耐寒性，在夏季高溫下也能良好生長。容易栽培，適合於家庭菜園中種植。

品種 有『チマサンチュ（生菜裳）』、『アオチマ（青裳）』、『カルビーレット（Calbee Red）』等代表性品種。

栽培重點 初期生育力弱，成長遲緩，請在育苗箱中裝入優質用土後播種以培育出健壯的苗株。想持

續採收優質葉片，需要施用充足的優質堆肥做為基肥，並細心追肥以確保肥份不中斷。

　由於採收時依序摘取下位葉利用，因此採收方式非常重要。一次摘取太多葉片會使植株的生長勢變弱，需要觀察剩餘葉片的數量和顏色以決定每次摘取葉片的枚數及頻率。

1 育苗

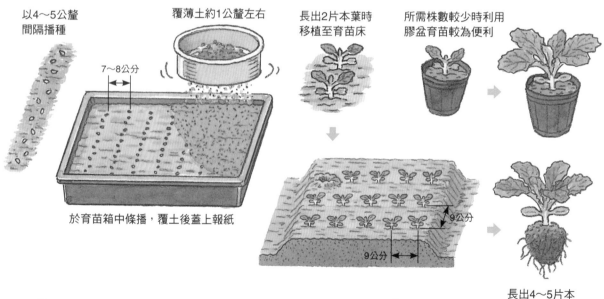

以4～5公釐間隔播種

7～8公分

覆薄土約1公釐左右

於育苗箱中條播，覆土後蓋上報紙

長出2片本葉時移植至育苗床

所需株數較少時利用膠盆育苗較為便利

9公分

9公分

長出4～5片本葉時育苗完成

2 施用基肥

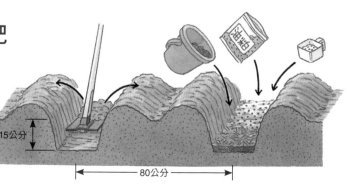

〈植溝長度每1公尺需要〉
堆肥　5～6把
油粕　5大匙
化學肥料　5大匙

15公分

80公分

3 定植

做出中央略高起的畦面，增強排水能力
並將植株定植於畦面

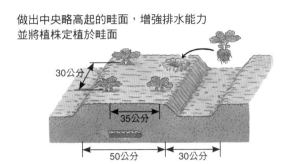

30公分
35公分
50公分　30公分

4 澆水

土乾時澆水。低溫
期間不可過度澆水

5 追肥

第1次
長出7〜8片本葉時
〈每株需要〉
化學肥料　1小匙

於植株周圍環型施
用肥料並拌入土中

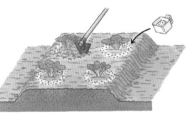

第2次
於第1次追肥的半個月
後進行
〈每株需要〉
化學肥料　1小匙

於畦面兩側施肥，
並往畦面培土

第3次之後
採收期間每隔2〜3週進行
〈每株需要〉
化學肥料　1小匙
油粕　1大匙

由於植株根系長
滿畦面，需於畦
面四處施用肥料

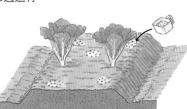

6 保溫

於隧道頂端開小洞進行自然換氣。隨氣溫升
高增加換氣孔數量。
注意保持溫度低於28度

植株會成長，因此隧道高度需與腰齊

7 採收・利用

當葉片長度15公分前後，
依序摘取植株下位葉使用

一邊觀察植株生長
狀況，保持每次摘
取2〜3片葉片以
內，持續採收使用

隨著採收進行，會
使枝條呈直立狀粗
壯生長

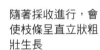

包裹烤肉・生魚片等食材食用。
此外也能用於燉煮、炒食、煮湯配料使用

紅菊苣

　　紅菊苣是一種以酒紅色葉身交雜白色葉脈的豐富色彩，及清脆口感和微微苦味而受到歡迎的蔬菜。雖然看起來很像紫甘藍菜，然而它其實與菊苣同種，在菊科中是萵苣的遠房親戚。廣泛分佈於法國、義大利，有結球、半結球、不結球等品種，僅有結圓型葉球的結球種輸入日本國內。

品種 市售品種非常少，代表性品種有『トレビスビター（Treviso Bitter）』、『ヴェチネア（Venezia）』等。種子純淨度較低，栽培時需要將植株無法同時開始結球這點銘記在心。

栽培重點 其耐暑性和耐寒性都很低，過早播種會因為夏季高溫難以生長，太晚播種則植株進入低溫期後會停止生長。結球後容易受到寒害，請挑選適當時機播種。

　　播種方式與萵苣相同，為種子薄覆土，置於涼爽處發芽。種子難以整齊發芽，因此需要以育苗箱播種發芽後再行移植。植株性喜肥沃土壤且不耐酸性，因此需要細心調整田土，不可使肥份中斷並注意排水順暢。

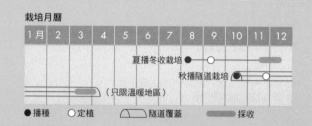

栽培月曆

1月	2	3	4	5	6	7	8	9	10	11	12

夏播冬收栽培 ●○━━

秋播隧道栽培 ●━○━

（只限溫暖地區）

● 播種　○ 定植　△ 隧道覆蓋　━ 採收

1 育苗

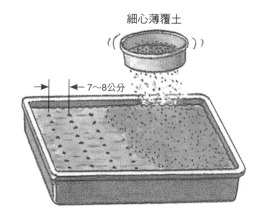

細心薄覆土

7～8公分

長出2片本葉時移植至育苗床

9公分

9公分

所需株數較少時於3寸膠盆種植即可

播種間隔
5～6公釐

發芽後疏除過於密集的幼苗

2 施用基肥

〈每1平方公尺需要〉
油粕　5大匙
化學肥料　5大匙
堆肥　5～6把

預先施用石灰並翻土，之後施基肥，翻土20公分深左右

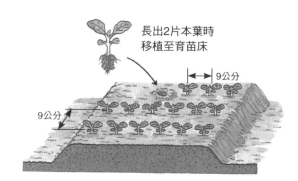

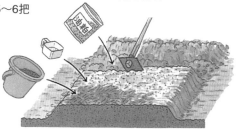

3 定植

作畦定植
作畦時維持畦面中央略為隆起，
以增強排水能力

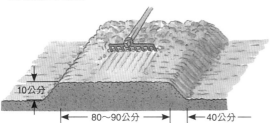

10公分

80～90公分　40公分

將長出4～5片本葉的
苗株定植至田間

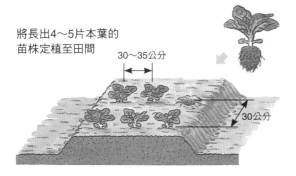

30～35公分

30公分

種植數行（田園空間較寬時）

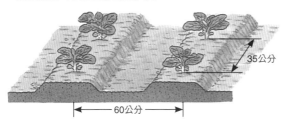

35公分

60公分

4 追肥

追肥2次，各於定植後2～3週左右，
及植株中心葉片開始往內側捲曲時進行

〈每1平方公尺需要〉
化學肥料　3大匙

於株距間施用肥料，並
以竹棒或木棒拌入土中

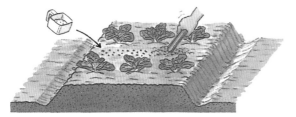

種植數行時於畦面兩側施用肥料，並往畦面培土

5 採收・利用

按壓葉球頂部，感覺到結
實緊密觸感即可採收

紅菊苣的結球速度不一，不像其他結球蔬菜
能夠統一結球，因此請在確認後依序採收結
球進度較快的植株食用

切菜時先分摘葉片，直
向下刀以保持每刀都帶
有白色葉脈部份

其紅白色對比及柔軟度，與
輕微的苦味達成良好陪襯，
是種高人氣的沙拉食材

〈高溫對策〉

澆水
若田土容易乾燥，每半個月
充份澆水一次

遮蓋資材
輕薄的不織布

因高溫障礙結出的變形葉球

〈防寒對策〉

於隧道頂端開小洞進行自然
換氣。隨氣溫升高增加換氣
孔數量。注意保持溫度低於
25度

芽球菊苣

栽培月曆

1月	2	3	4	5	6	7	8	9	10	11	12

寒冷地區

溫暖地區

●播種　△掘起 · 定植　　採收　　軟化

由於得將根株置於軟化床中萌芽才能形成白色芽球，要先培育出作為基礎的根株才行。因此在栽培芽球菊苣時需要花費相當的期間和工序。

其根株不僅可生產軟白芽球，將根部切碎磨成粉末，亦能作為咖啡的替代飲品使用。在料理上經常將它稱為「アンディーブ[註]」，容易和苦苣（エンダイブ）混淆，需要多加留意。

（註：アンディーブ為法文，寫作 Endive；苦苣的英文剛好就是 Endive，故容易搞混。第 136 頁介紹的苦苣，為台灣市面上買得到的明目菊苣。）

品種 有『フラッシュ（Flash）』、『ベア（Bear）』、『トーテム（Totem）』等品種。

栽培重點 於夏季至秋季培養根株，秋季之後挖出根株並置於軟化床中使其萌芽。由於培育出優良根株為其先決條件，因此需先對田土施用石灰，細心翻土之後再播種。發芽後需要細心疏苗及追肥，以確保苗株順利生長。

當秋季植株成熟度足夠後，小心挖起植株，注意不要傷到根部。軟化床溫度需要保持在 15 ～ 20 度左右，因此最好能在溫室或地下室中栽培，否則就要利用電熱加溫等方式下功夫栽培了。（註：由於適溫因素，台灣平地多半難以種植此種蔬菜，大概得在高冷地區才有辦法栽培。）

1 施用基肥

於播種半個月前仔細對田園翻土

挖溝施用基肥

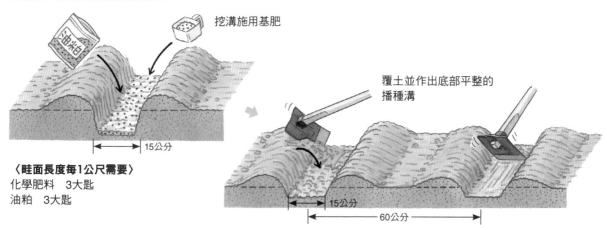

覆土並作出底部平整的播種溝

〈畦面長度每1公尺需要〉
化學肥料　3大匙
油粕　3大匙

15公分

15公分

60公分

2 播種

以2～3公分間隔播種

手工細心薄覆土，稍微覆蓋種子即可

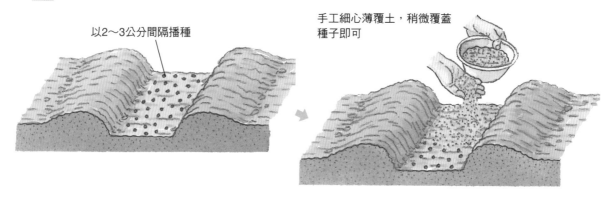

3 疏苗・追肥

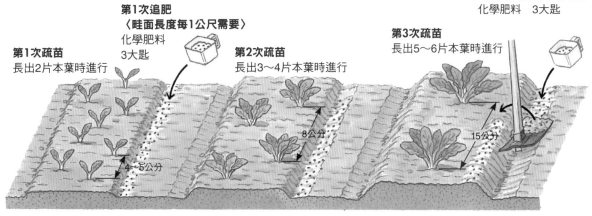

第1次疏苗
長出2片本葉時進行

第1次追肥
〈畦面長度每1公尺需要〉
化學肥料
3大匙

第2次疏苗
長出3～4片本葉時進行

第2次追肥
〈畦面長度每1公尺需要〉
化學肥料　3大匙

第3次疏苗
長出5～6片本葉時進行

8公分

4～5公分

15公分

於第1次及第3次疏苗後以化學肥料追肥，用鋤頭略為翻土並往畦面培土

4 挖掘根株

開始降霜時

保留地上莖約5公分左右，
割除其餘地上部以方便作業

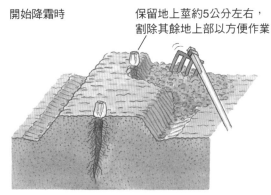

挖掘根株時避免傷害根系

搭設軟化床（箱子也行），
直立擺放根株後覆土

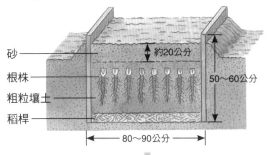

砂
根株
粗粒壤土
稻桿

約20公分

50～60公分

80～90公分

軟化床溫度維持15～20度左右，覆蓋農
膜及草蓆等資材保溫

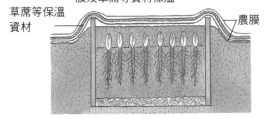

草蓆等保溫
資材

農膜

於地窖或溫室栽培更容易維持溫度穩定

5 根株儲藏・軟化

修整成相同大小

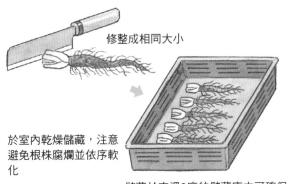

於室內乾燥儲藏，注意
避免根株腐爛並依序軟
化

儲藏於定溫0度的儲藏庫中可確保
萬無一失

6 採收・利用

軟化開始後經過
3～4週，將發育
至12～13公分的
芽球挖出，切除
根部使用

大而緊實的芽球為
優質品

→利用方式請參考第228頁

苦苣

苦苣是一種葉緣深裂，葉尖皺縮擁有特殊形狀的蔬菜，其爽快口感及些微的苦味，非常適合作為沙拉及肉類料理配菜。其綠葉的苦味強烈到有個「苦萵苣」這樣的渾名，因此一般於植株成長後遮光進行軟白化處理，降低苦味再加以利用。在料理時常將它稱為「シコレ(註)」，容易與同屬的チコリ混淆，需要多加留意。

（註：シコレ為法文 chicorée，チコリ則是是第 134 頁介紹的菊苣，英文為 chicory，發音非常相似。）

品種 有葉片皺縮程度較明顯的縮葉種和不明顯的寬葉種，但縮葉種的品質較佳。代表性品種為『グリーンカールド（Green Crurled）』，但一般僅以『苦苣（明目菊苣）』為名於市面販售。

栽培重點 植株性喜 15 ～ 20 度左右的冷涼氣候，由於其耐寒性較差，接近降霜期時將停止生長。需要注意不可延誤播種時機。栽培方式參考萵苣，取較寬株距並保持肥份充足，以培育出大型植株。植株苗壯生長後進行遮光處理，促進軟白化以減少苦味。軟白化處理在秋季需要 15 ～ 20 日，冬季則需要 30 日才能完成。

栽培月曆

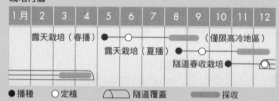

1月	2	3	4	5	6	7	8	9	10	11	12

露天栽培（春播）
露天栽培（夏播）
（僅限高冷地區）
隧道春收栽培

● 播種　○ 定植　⌒ 隧道覆蓋　▬ 採收

---

1 育苗

8公分

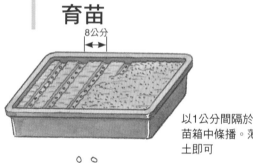

以1公分間隔於育苗箱中條播。薄覆土即可

發芽後疏除重疊的幼苗

長出2片本葉時移植至3吋膠盆

長出4～5片本葉時田間定植

---

2 田園準備 · 施用基肥

於酸性土壤容易生長不良，盡早對預定種植的田園施用石灰並深層翻土

石灰

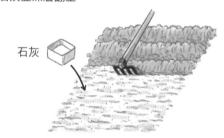

〈畦面長度每1公尺需要〉
堆肥　4～5把
化學肥料　3大匙
油粕　5大匙

10公分

90公分

3 定植

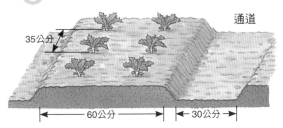

35公分

通道

60公分　30公分

定植後於植株根部週圍澆水

4 追肥

第1次
〈每株需要〉
化學肥料　½大匙

定植半個月後於植株周圍追肥

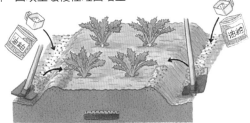

第2次　於第1次追肥20天後進行
於畦面兩側挖淺溝施用肥料，回填土壤後往畦面培土

〈畦面長度每1公尺需要〉
化學肥料　2大匙
油粕　3大匙

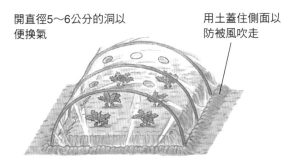

5 保溫

開直徑5～6公分的洞以便換氣

用土蓋住側面以防被風吹走

進行秋播春收栽培時，需覆蓋農膜隧道。
入春後，白天氣溫25～26度以上時進行換氣

6 遮光軟白

為減輕特殊苦味以提高品質，需要進行軟白化處理

秋季15～20日
冬季30日左右

利用黑色農膜等遮光資材以隧道狀遮蓋

最簡單的方式是用帶子綑綁外葉包覆。但這種方法只能使被包覆的葉片軟白化

採用盆植時，用夠大的瓦楞紙箱蓋住整個花盆遮光就可以了

7 採收・利用

僅取出軟白部份使用

內部葉片充足黃白化後即可採收

沙拉

搭配肉類料理

炒食

137

茼蒿

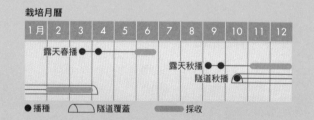

栽培月曆

1月	2	3	4	5	6	7	8	9	10	11	12

露天春播 ●●
露天秋播 ●●
隧道秋播 ●

● 播種　　⌒ 隧道覆蓋　　▬ 採收

茼蒿為火鍋必備蔬菜，也適合天婦羅和醬油拌菜，作為沙拉和擺盤裝飾材料方面也頗有人氣。無論使用在哪一方面，其魅力在於摘採後的新鮮度，是最適合於家庭菜園種植的蔬菜。其生長適溫雖為15～20度，但溫度適應幅度很廣，只需簡單進行防寒，於冬季也能得到高品質收成。

品種 有葉型大而柔軟的大葉種，裂痕較大的中葉種，及葉片小但香氣較強的小葉種等。會長出多數側芽的分蘗品系適合進行摘葉採收。

栽培重點 植株不耐乾燥，需挑選保水性較佳的田土栽種，施以充足的優良堆肥做為基肥，以促進根系擴張。

一般來說種子發芽率低，發芽不易整齊，需要細心挖播種溝，並小心進行覆土及播種後的鎮壓作業。先行育苗再定植也是個不錯的方法。

及時疏苗，細心追肥和培土，健壯培育後可採收大量葉片肥厚的高品質植株。

1 施用基肥

挖溝播種
〈播種溝長度每1公尺需要〉
堆肥　5～6把
油粕　3大匙
化學肥料　2大匙

回填土壤覆蓋

於畦面播種
堆肥　½水桶
油粕　5大匙
化學肥料　3大匙

對整個畦面施用肥料後翻土

2 播種

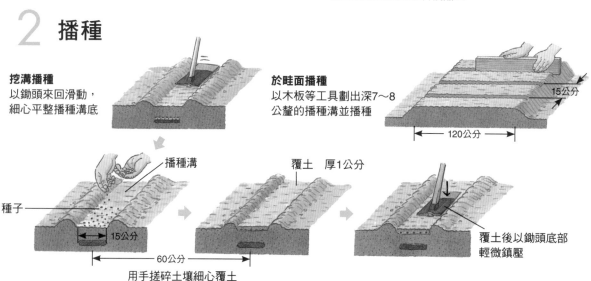

挖溝播種
以鋤頭來回滑動，細心平整播種溝底

種子

播種溝

15公分

60公分

用手搓碎土壤細心覆土

於畦面播種
以木板等工具劃出深7～8公釐的播種溝並播種

15公分

120公分

覆土　厚1公分

覆土後以鋤頭底部輕微鎮壓

3 疏苗

第1次
長出2片本葉時疏苗保
持株距2～3公分

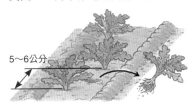

2～3公分

第2次
長出7～8片本葉時疏苗保持株距5～6公分

5～6公分

若要摘葉採收，
將株距加大為10
公分

4 追肥

挖溝播種時

第1次
〈畦面長度每1公尺需要〉
於第1次疏苗後進行
化學肥料　3大匙

第2次
第2次疏苗後，在第1次
追肥的相對側以同量肥
料追肥

於播種溝單側施肥，並稍微往溝中培土

於畦面播種時
在行距間施用肥料，並以竹棒拌入土中

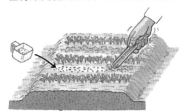

第1次
〈每1平方公尺需要〉
於第1次疏苗後進行
化學肥料　5大匙

第2次
第2次疏苗後，在行距
間以同量肥料追肥

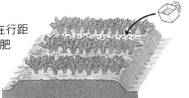

5 保溫

從初春播種時開始保溫

能自然換氣的隧道
資材

換氣孔

農膜

隧道支架

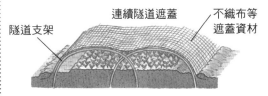

側面用土壤確實蓋住

寬180公分的農膜可搭建
高40公分左右，足以覆蓋
3行的隧道

秋播入冬後的防寒保溫

連續隧道遮蓋

不織布等
遮蓋資材

隧道支架

6 採收

疏苗採收
當植株長出7～8片本葉，高
度15公分左右時依序疏苗採
收並取得優質收成。保持株
距5～6公分

摘葉採收
長出10片本葉左右時，保留
3～4片下位葉並摘取主莖採
收

新長出的側芽

當側芽長到15公分左右
時亦予採收

摘葉採收方式可長期享受採收樂趣

〈利用花盆栽培〉

進行摘葉採收

於長盆中進行2行條播。每半個月1次以2大匙化學肥料，
或每10天以液肥追肥1次。

→保存方式請參考第228頁

芹菜

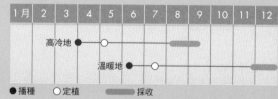

栽培月曆

1月	2	3	4	5	6	7	8	9	10	11	12

高冷地

溫暖地

● 播種　　○ 定植　　▬▬ 採收

它雖然是淡色蔬菜，但意外的含有很多胡蘿蔔素，為富含纖維質的健康蔬菜。其強烈的香氣及爽脆的口感，在肉類料理和沙拉食材方面頗有人氣。一般將它稱為「旱芹」。

品種 有『コーネル 619（康乃爾 619）』此一自古以來即富有盛名的品種，另有一種淡綠色容易栽培的『トップセラー（Top Seller）』。也有用來在煮湯時增添香氣，植株較小而容易栽培的中芹（註）。

（註：中芹即為台灣市面常見的芹菜。）

栽培重點 從夏季至冬季於長野縣等地出產的高冷地蔬菜，及冬季至春季於溫暖地栽培的溫室蔬菜等狀況可得知，芹菜相對不耐高溫和低溫，需要特別留意播種時間。

夏季時細心進行育苗管理，以培育出優質幼苗。在秋季低溫期前培育出夠大的苗株，再於事先施用充足基肥的田園定植。在各種蔬菜中，它是最重肥份的一種作物，因此需要施用較多腐熟堆肥及有機質肥料、化學肥料作為基肥，且一定要另外追肥。夏季時敷蓋稻草且注意時常澆水保持濕潤。

1 育苗

種子泡水一天一夜

倒出種子濾乾水份

用布包裹後在陰涼處（25度以下）放置2～3天

種子整齊發芽後，以0.7～1公分間隔播種，避免傷到嫩芽

覆蓋乾稻草（或2～3張報紙）

置於陰涼遮蔭處。嫩芽開始生長時及早撤除覆蓋物

9公分

用細目篩網薄覆土，略為蓋過種子即可

長出3片本葉時移植至苗床。種植株數較少時盆植即可

為了避免苗床受強光照射後升溫，以遮光資材覆蓋

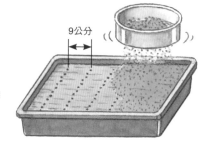

15公分

打開側面通風

15公分

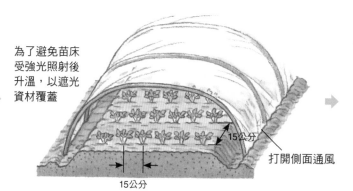

培育長出7～8片本葉的苗株

2 田園準備

〈每1平方公尺需要〉
堆肥　½水桶
石灰　3～5大匙

盡早整理前一期作物，施用石灰、堆肥並翻土25～30公分深

3 施用基肥

〈每1平方公尺需要〉
堆肥　½水桶
化學肥料　5大匙

雞屎肥　3～4把
油粕　5大匙

對整個畦面均勻施用堆肥及肥料並拌入土中

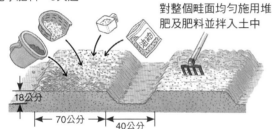

18公分

70公分　40公分

4 定植

盡量連根部土團一起從苗床上挖出苗株，小心定植

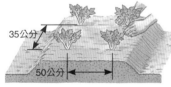

35公分

50公分

定植後於植株周圍充分澆水

種植迷你芹菜時密植即可

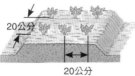

20公分

20公分

5 追肥

〈每株需要〉
油粕　2大匙
化學肥料　1大匙

每隔15～20天追肥以避免肥份不足

6 管理

對整個畦面敷蓋稻草預防乾燥。
入秋後移除

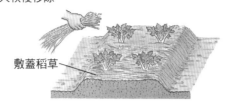

敷蓋稻草

植株需要大量水份，夏季持續放晴時充足澆水

7 病蟲害防治

摘除下位葉
摘除枯黃的
外側葉片

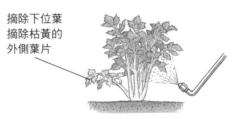

嫩葉及外側葉片葉底容易遭到蚜蟲入侵，並發生斑點病、葉枯病等病害，需噴灑藥劑防治

8 採收

想從植株尚小時長期利用，一開始就要進行密植

將生長至高度30～35公分左右的植株依序採收利用

一般於重量1.5～2公斤左右時採收

→利用方式請參考第228頁

水芹菜

水芹菜以其特殊香氣和爽脆口感受到大眾喜愛，是種擁有漫長栽培歷史的日本傳統蔬菜。旺盛生長於乾淨的水體周圍因而得名。為性喜濕潤的多年生植物，會在地底下長出地下莖旺盛發育。極為耐寒耐暑且容易栽培，只要抓準它的習性一定能夠成功種植。

品種 利用野生種進行栽培，並未分化出個別品種。但有各地篩選出的數個品系（如千葉的『八日市場』、『八日市場晚生』，宮城的『飯野川』、『仙台』，島根的『島根綠』、『松江紫』等）。

栽培重點 所需苗株較少時可自行至水域邊採集自生植株，或從市面購入野菜後扦插發根。所需數量

較多時，以前述方式培育母株，在夏季時截取大量延伸的地下莖前端和發根部分進行增殖育苗。

有水田種植、畦面種植、盆植等各種栽培方式，無論哪一種都需要適當的水份管理。

栽培月曆

1月	2	3	4	5	6	7	8	9	10	11	12

○ 定植　　━━ 採收

1 育苗

採集自生植株使用
挑選枝條粗而結實的植株使用

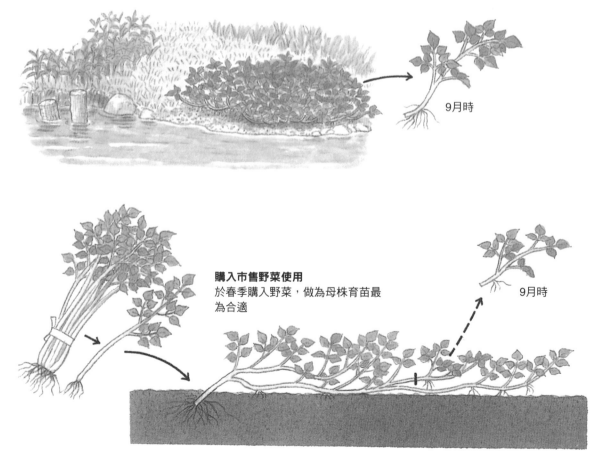

9月時

購入市售野菜使用
於春季購入野菜，做為母株育苗最為合適

9月時

142

2 定植

田園種植

定植後敷蓋稻草防止乾燥

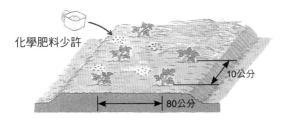

化學肥料少許

10公分

80公分

水田種植

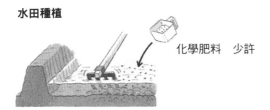

化學肥料　少許

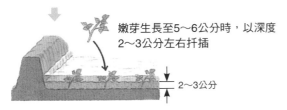

嫩芽生長至5～6公分時，以深度
2～3公分左右扦插

2～3公分

3 栽培管理

田園種植時

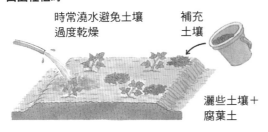

時常澆水避免土壤
過度乾燥

補充
土壤

灑些土壤＋
腐葉土

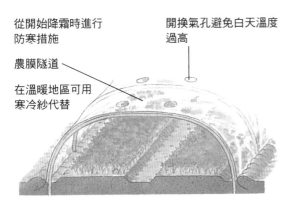

從開始降霜時進行
防寒措施

開換氣孔避免白天溫度
過高

農膜隧道

在溫暖地區可用
寒冷紗代替

水田種植時

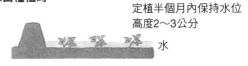

定植半個月內保持水位
高度2～3公分

水

夜晚

使葉尖高於水面約3公分

夜晚較冷時增高水位防寒

白天

使葉尖高於水面約10公分

白天保持淺水位

〈於箱中種植時〉

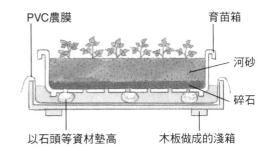

PVC農膜

育苗箱

河砂

碎石

以石頭等資材墊高

木板做成的淺箱

4 採收

旱植水芹
於田園或盆內種植
水芹菜時，摘取地
上部採收即可

摘取地上部

水田植水芹
將葉芽長度生長至15公
分的植株整棵連根拔取
採收，注意避免莖葉受
損

摘取地上部

→利用方式請參考第228頁

香芹

在希臘羅馬時代即已作為藥用及辛香料使用，含有豐富的維生素和礦物質，可作為擺盤裝飾、沙拉和芝麻拌菜等食材，切碎後可作為天婦羅麵衣，用途相當廣泛。

品種 主要分為卷葉和平葉種，一般以前者深綠色植株的パラマウント（派拉蒙）品系較為流通。進行夏秋採收時選擇『瀨戶パラマウント（瀨戶派拉蒙）』『カーリーパラマウント（Kali Paramount）』，全年採收時則有『ニュー カールサンマー（New Karl Summer）』等。而後者的平葉種葉片平整無皺縮，以『イタリアンパセリ（Italian Parsley，義大利香芹）』『パースレー

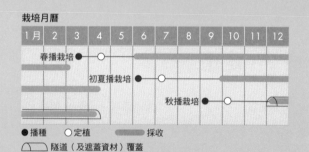

栽培月曆

	1月	2	3	4	5	6	7	8	9	10	11	12
春播栽培			●	○								
初夏播栽培						●	○					
秋播栽培									●	○		

● 播種　○ 定植　━ 採收
◯◯ 隧道（及遮蓋資材）覆蓋

（Parsley）』為名，擁有高人氣。

栽培重點 植株性喜冷涼，盛夏時生育遲緩，但在一般照顧狀況下容易度夏。冬季氣溫5度以上才能重新長出新葉片，但氣溫0度以下仍能過冬，因此於家庭使用栽培時，全年度皆可種植。

通常進行春播和秋播栽培。其種子難以發芽，在播種前需要用清水洗淨，去除發芽抑制物質。

從下位葉開始採收，能促進新葉片生長。

1 育苗

以每平方公分1顆種子為密度，往育苗箱中施撒種子

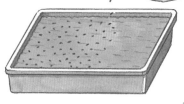

長出2片本葉時移植至3寸膠盆

所需株數較少時直接以膠盆育苗即可

培育完成的苗株
長出4～5片本葉後定植

2 施用基肥

〈畦面長度每1公尺需要〉
腐熟堆肥　5～6把
化學肥料　3大匙
油粕　5大匙

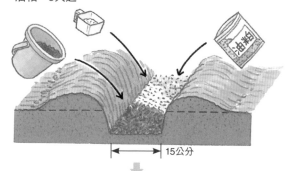

15公分

填平基肥溝並於其上作畦

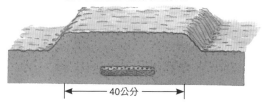

40公分

3 定植

避免將植株根部
埋得太深

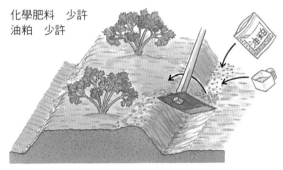

25公分

基肥　　　70公分

4 追肥

化學肥料　少許
油粕　少許

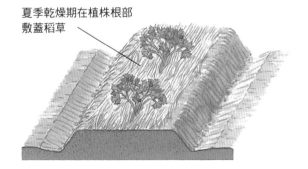

觀察生長情況，每15～20天在畦側施用肥料，
以鋤頭將肥料稍微拌入土中後，再連同崩落的
土壤一起往畦面培土

5 敷蓋稻草

夏季乾燥期在植株根部
敷蓋稻草

6 害蟲防治

黃鳳蝶幼蟲為其天敵。若種植株數較少，在幼
蟲尚未成長時每日捕殺

春・秋季發生蟲害時
噴灑殺蟲劑

發現成蟲出沒請多
加留意

7 採收

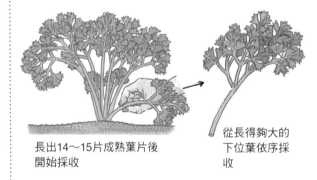

長出14～15片成熟葉片後
開始採收

從長得夠大的
下位葉依序採
收

〈盆植也可以〉

於長盆中種植2棵植株
每半個月施用1次化學肥料，並拌
入土中

表土固結時以竹棒等工具鬆土

→利用方式請參考第229頁

菠菜

菠菜含有多種維生素和礦物質，並且含有豐富的機能性成份，若以健康為第一考量，是種想盡可能全年度都進行栽培的重要蔬菜。耐寒性強，氣溫零度時仍能正常生長，能忍耐零下10度低溫。但植株不耐高溫，氣溫20度以上生育緩慢，因此想在夏季採收菠菜時需要仔細挑選品種和輔助資材，並於澆水等作業上多下功夫及努力。

品種 有自古以來進行栽培，葉緣深裂且植株根部呈紅色的東洋種，和葉片厚而圓潤的西洋種，以及雜種等三種主要品系。配合生育時期選擇適合品種，春播時需要挑選不易抽苔的春播品種，夏播時要挑選具有耐暑性的品種。

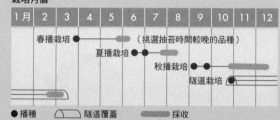

栽培月曆

1月	2	3	4	5	6	7	8	9	10	11	12

春播栽培 ●（挑選抽苔時間較晚的品種）
夏播栽培 ●●●
秋播栽培 ●●
隧道栽培 ●

● 播種　⬭ 隧道覆蓋　▬ 採收

栽培重點 菠菜植株對酸性的耐性很低，當土壤pH值5.2以下時難以生長，因此需要對田園施用石灰調整。雖然植株對土壤的適應性相當寬廣但不耐潮濕，種植於排水不良的田園中容易導致生育不良和病害，因此在雨季時需要保持田土表面排水順暢。

高溫期栽培需要避免植株受到雨淋及強烈日曬，請以農膜及遮光資材進行防護。

1 田園準備

對整片田園施用腐熟堆肥和石灰後深層翻土

在排水不良處，容易發生立枯病

秋播時會碰上颱風好發季節，請多挖排水溝，為整座田園做好排水對策

2 施用基肥

〈畦面長度每1公尺需要〉
化學肥料　5大匙

在基肥溝上覆土，並以鋤頭平整溝底

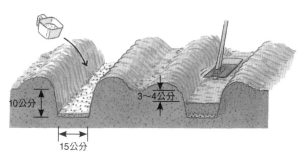

10公分
3～4公分
15公分

良好

播種溝底平整且覆土厚度平均，可使發芽及生育程度一致

不佳

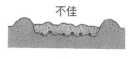

播種溝底凹凸不平，或覆土厚度不均會使發芽及生育程度不一致

3 播種

播種前對整條播種溝充分澆水

挖播種溝播種

播種時保持每2平方公分左右播1顆種子

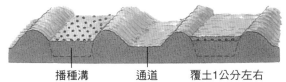

播種溝　　通道　　覆土1公分左右

於畦面播種

取15公分間隔,以木板劃出寬2公分深1公分左右的條播溝,並以1.5～2公分間隔條播

覆土1公分左右,完成後充份澆水

4 疏苗

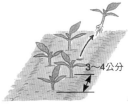

3～4公分

5～6公分

第1次
長出1片本葉時,疏苗維持株距3～4公分左右

第2次
植株高度7～8公分時,疏苗維持株距5～6公分左右

〈隧道覆蓋〉

遮雨(夏季)
遮光資材或開滿小洞的農膜

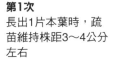

使用遮光資材雖能抑制土溫使發芽整齊,但生育過程中會因光線不足而導致植株瘦弱徒長。利用開滿小洞的農膜遮蓋雖然多少會有些雨水噴進隧道內部,但換氣度佳,比較方便使用。

5 追肥

於第1次、第2次疏苗後,於畦面間施用化學肥料並稍微拌入土中

〈**畦面長度每1公尺需要**〉
化學肥料　3大匙

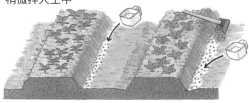

6 病蟲害防治

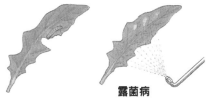

夜盜蟲
植株周圍雜草越多,受害程度越高。蓋上遮蓋資材或噴灑殺蟲劑

露菌病
密植時容易發生。盡早噴灑殺菌劑。

7 採收

植株高度25公分前後採收。成長到30公分左右,植株較市售蔬菜更為高大時仍能充份享受其風味

東洋種　　　　　　雜種

→利用方式請參考第229頁

蓋上寒冷紗防蟲

寒冷紗(亦可使用遮蓋資材)

若單純遮蓋葉片,害蟲可能會鑽過網目產卵,最好以半圓型隧道覆蓋

保溫①　　　遮蓋資材

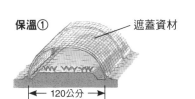

120公分

保溫②　　　開洞農膜

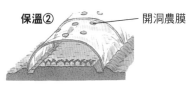

紫蘇（回回蘇）

紫蘇是和風料理不可缺少的香味蔬菜。根據採收時期和使用部位不同，有各種不同用途。培育方法非常簡單，也很適合利用花盆栽培，種植於庭院和陽台等處方便就近取用。

品種 較常使用的為綠色的『青紫蘇』和紅紫色的『紅紫蘇』，另有皺葉的『皺葉青紫蘇』和『皺葉紅紫蘇』等品種。如果要採收種莢使用，以『うら赤（單面紫蘇）』最為合適。

栽培重點 培育幼苗，等長出4片本葉後田間定植。在每年均種植紫蘇的田園中，四月前後散逸的種子會自行發芽，亦可將其移植作為幼苗使用。但在此種情況下苗株會逐漸退化，需要挑選葉片形狀

栽培月曆

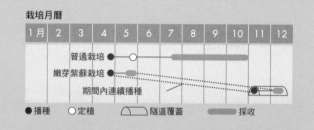

	1月	2	3	4	5	6	7	8	9	10	11	12

普通栽培
嫩芽紫蘇栽培
期間內連續播種

● 播種　○ 定植　⌒ 隧道覆蓋　▬ 採收

顏色等特徵較優秀的苗株進行栽培。

花芽在短日照狀態時進行分化，從傍晚至夜晚9點左右開啟燈光照射能防止分化，秋季也能採收得到優質的大片紫蘇葉。

而在害蟲（烈黑小卷蛾、紫蘇野螟）對策方面，需趁早捕殺或噴灑藥劑防治。

1 育苗

於育苗箱中條播。新鮮種子處於休眠期，3月前不會發芽。

種子間隔5～7公釐

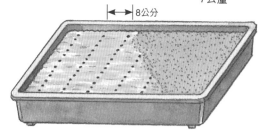

8公分

本葉開始張開時疏苗

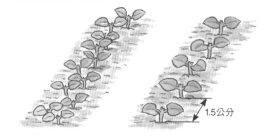

1.5公分

長出2片本葉後移植至苗床

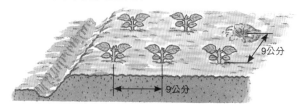

9公分

9公分

當4片本葉大幅展開後，對苗床充足澆水再盡量帶土團挖出苗株

2 田園準備

〈每1平方公尺需要〉
腐熟堆肥　5～6把
化學肥料　3大匙
油粕　5大匙

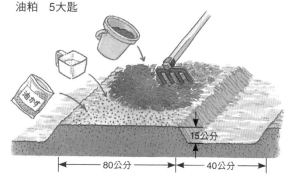

15公分

80公分

40公分

3 定植

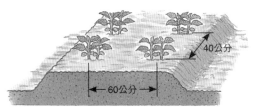

40公分

60公分

植株初期生育遲緩，且可供採收的葉片較少，因此於每個植穴內種植2棵。之後可以保持同時培育，或於互相重疊時疏苗並保留1株。

4 追肥 · 敷蓋稻草

當植株高度15～20公分時於畦面兩側追肥，以鋤頭將肥料拌入土中後往畦面培土。之後每半個月少量追肥一次

〈每株需要〉
化學肥料 1大匙

植株不耐乾燥，於入夏前敷蓋稻草

5 採收 · 利用

紫蘇葉（大葉）

青紫蘇葉可用來墊生魚片或炸成天婦羅。紅紫蘇葉則可為酸梅或醃薑染色

當主幹長出10片以上的葉片時，從下位葉依序摘取採收

紫蘇花穗

開花

紫蘇種莢

當著生於花軸上的花蕾，從下方開始綻放30%左右時，搭配生魚片或炸成天婦羅食用

當花軸下方開始結實，上方仍有少許花朵綻開時，可炸成天婦羅或取下種莢搭配醃漬物食用

紫蘇種子（種莢）

挑選種子飽滿的種莢做為燉煮或佃煮食材使用

〈簡易紫蘇芽種植方式〉

介質
河砂8
泥炭土2

①以5～6公釐間隔播種（薄覆土），並蓋上報紙

②於整齊發芽後去除報紙，使芽株接受陽光照射

③施一次液肥。剪下位葉片採收

墊盤或做為湯料使用

青芽
長出本葉前採收

紅芽（紫芽）
長出2片本葉後採收

黃麻菜（國王菜）

「國王菜」這個名字源自阿拉伯語「ملوخية」，是一種富含鈣質、維生素 B1、B2 的健康蔬菜。沒有怪味，切斷後會流出黏液。

品種 未曾出現品種分化，購入市售的「黃麻菜」種子栽培即可。

栽培重點 植株性喜高溫，於氣候足夠溫暖的 4～5 月時播種育苗。於播種兩天前將種子泡在溫水中，之後再行播種，可促進發芽平均順暢。市面上也有人販售幼苗，購入幼苗用於栽培能更為輕鬆。

植株不耐低溫，定植時若田土溫度過低，最好先敷蓋地膜後再種植。它的枝條較為柔軟，在強風吹拂的地方請架設支柱作為保護。想持續採收柔軟的優質枝葉，需要促進生長勢良好的側枝大量生長。因此要多次追肥，預防肥料不足與植株疲憊，費心進行肥培管理。

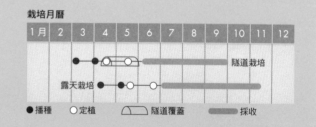

栽培月曆

1月	2	3	4	5	6	7	8	9	10	11	12

隧道栽培
露天栽培

●播種　○定植　⌒隧道覆蓋　━採收

1 育苗

種子細小，細心覆土
1～2公釐即可

5～6顆

隨育苗進度疏苗
並保留1株

當植株高度15公分左右時即可田間定植

2 田園準備

〈植溝長度每1公尺需要〉
堆肥　5～6把
化學肥料　3大匙
油粕　5大匙

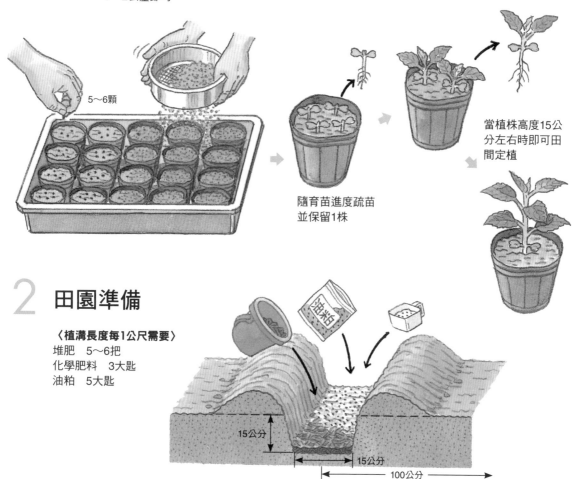

15公分

15公分

100公分

3 定植

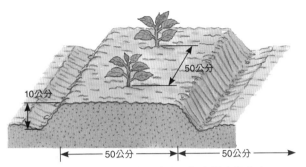

田土乾燥時對植株根部少量澆水。初春過度澆水會使土溫降低，導致生育不良。

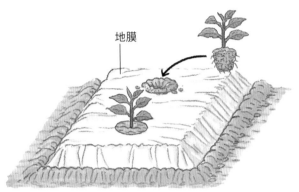

地膜

植株不耐低溫，需要敷蓋地膜提高土溫。想要提早採收則需進行隧道栽培

4 追肥

〈**每株需要**〉
化學肥料　1大匙
油粕　1大匙

定植經過20天左右，每半個月追肥一次

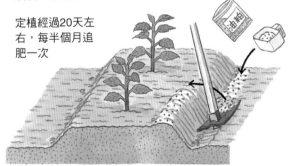

想持續採收柔軟枝葉，需要促進生長勢良好的側枝大量生長。進行多次追肥，確保肥分不中斷。

5 管理

為預防乾燥，需敷蓋稻草並充分澆水

敷蓋稻草

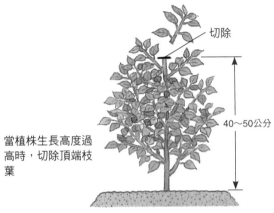

切除

40～50公分

當植株生長高度過高時，切除頂端枝葉

6 採收

當植株生長至高度50公分左右時，以剪刀或用手從枝條上摘取長約15～20公分的嫩芽使用。植株會大量分枝長出更多的嫩芽，進而提升採收量

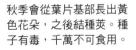

秋季會從葉片基部長出黃色花朵，之後結種莢。種子有毒，千萬不可食用。

→利用方式請參考第229頁

蜂斗菜

自生於山野中，是少有的日本原產野菜。在自家庭院及樹蔭底下，或是田園角落栽種幾棵，幾乎不需要打理就能夠長年採收，非常方便。除其葉柄外，另外可以享受到於初春時採收的蜂斗菜花苞的獨特風味。

品種 獨立成品種的有『愛知早生』『水斗菜』及大型的『秋田蕗』等少數品種。若無法取得這些根株，可採取郊外自生植株作為種株使用。

栽培重點 定植適期為8月下旬～9月。盡可能完整掘起植株，將結實的地下莖分切成3～4段（每段長度10～15公分），作為種根排列後種植。蜂斗菜不耐炎熱的夏季日照，較適合於樹蔭底下等半遮陰環境種植。

想採收到優良的蜂斗菜，需在茂盛生長時施以若干追肥，並於植株葉片互相重疊時疏苗。

每隔4～5年左右挖出植株並分株移植，使植株生長勢充足恢復。

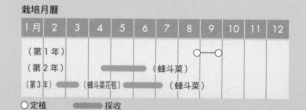

栽培月曆

1月	2	3	4	5	6	7	8	9	10	11	12

（第1年）

（第2年）　　　　　　　　　（蜂斗菜）

（第3年）　（蜂斗菜花苞）　　　（蜂斗菜）

○定植　　　━━ 採收

1 挖掘根株

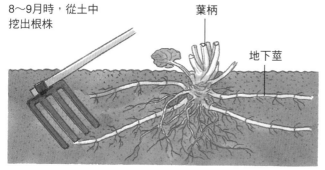

8～9月時，從土中挖出根株

葉柄

地下莖

挖出根株時盡可能保留地下莖

將地下莖切成3～4段，每段長度10～15公分左右

2 施用基肥

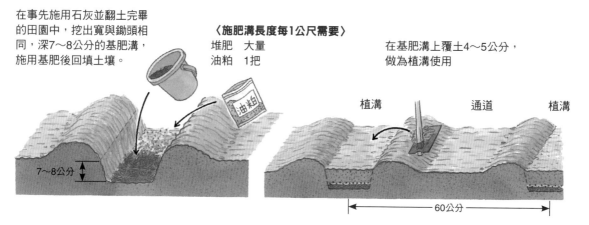

在事先施用石灰並翻土完畢的田園中，挖出寬與鋤頭相同，深7～8公分的基肥溝，施用基肥後回填土壤。

〈施肥溝長度每1公尺需要〉
堆肥　大量
油粕　1把

在基肥溝上覆土4～5公分，做為植溝使用

7～8公分

植溝　　　通道　　　植溝

60公分

3 定植

定植後覆土

將地下莖平行排列於溝面進行定植

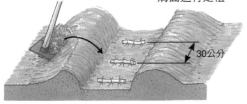

30公分

覆土厚度3～4公分，注意不可過厚

敷蓋稻草

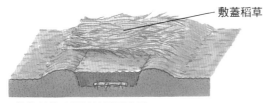

敷蓋稻草以預防乾燥及防暑

4 追肥 · 澆水

於春季至秋季，在畦面的通道側施用油粕並以鋤頭拌入土中，追肥3～4次

〈畦面長度1公尺需要〉
油粕　3～4大匙

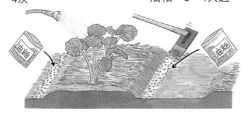

入夏後追加敷蓋稻草，田土過乾時記得澆水

5 遮光

可以種一排玉米或高粱等植株較具高度的農作物阻擋陽光

遮光用寒冷紗

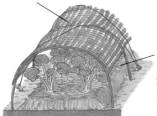

下方保持較大空隙

種植在樹蔭等半日照場所不需遮光

以遮蓋資材等蓋在隧道上部

6 疏除植株

第二年起，整片田園將會被葉片覆蓋。當葉片互相重疊時，清除植株，保持間隔一行左右

7 採收

5～6月左右，當葉柄生長且尚未變硬前，依序割取採收

在2月左右採收蜂斗菜花苞。可享受其獨特風味

〈各種蜂斗菜〉

愛知早生
葉柄特別長的品種

常見於山林或庭院的山菊雖亦為菊科，但和蜂斗菜不同屬，是完全無關的植物。

水斗菜
葉梗軟，苦味較淡

秋田蕗
高2公尺，葉片直徑80～100公分的巨型蜂斗菜

→利用方式請參考第229頁

蘘荷

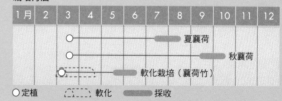

栽培月曆

1月	2	3	4	5	6	7	8	9	10	11	12
		○				夏蘘荷					
		○					秋蘘荷				
		○			軟化栽培（蘘荷竹）						

○定植　　軟化　　採收

地下莖於土中四處生長，且會在地上冒出莖狀葉芽。夏季至秋季著生的蘘荷花苞可作為食材利用。地上莖開始成長時遮光進行軟化栽培，可栽培出頗為稀有的蘘荷竹利用。

品種 日本傳統品種有群馬的『陣田早生』，長野的『諏訪一號』、『諏訪二號』等。一般將早生種稱為夏蘘荷，晚生種稱為秋蘘荷，前者採取花苞使用，後者則於栽培蘘荷竹時使用。

栽培重點 3月左右挖掘出根株，並進行田間定植。一開始需要自行購入根株使用。（註）

性喜半日照且微濕的環境，適合於樹蔭底下種植。為保持溫度適宜，需要敷蓋稻草（或落葉、乾草等）。

種植第二年起才能正式進行採收。由於植株為多年生植物，可持續多年採收，但在種植4～5年後芽點過度增長，會因此而無法得到較優質的收成，需要用鋤頭挖溝疏苗。

（註：臺灣市面上難以買到根株，或許需向曾引種的台中農改場詢問。）

1 田園準備

〈每1平方公尺需要〉
堆肥　1水桶
石灰　3～5大匙

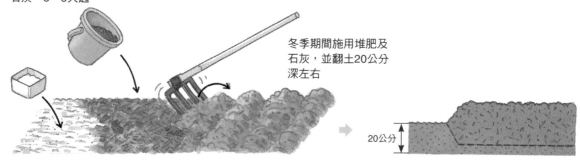

冬季期間施用堆肥及石灰，並翻土20公分深左右

20公分

2 掘出根株

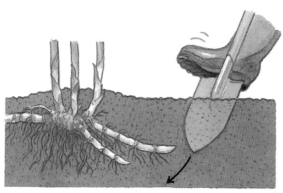

挖掘植株時盡可能連根挖起

用鏟子深深插入植株周圍土壤後掘出根株

第一次種植時，購買市售根株使用

選擇帶出三個芽點左右的結實地下莖

ミョウガ

包裝內含防乾劑

3 定植

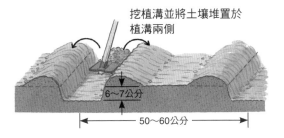

挖植溝並將土壤堆置於植溝兩側

6～7公分

50～60公分

30公分

8～9公分

每一植位種植3根左右的根株，每一根株種植時稍微分開。定植完畢後覆土8～9公分深

4 追肥

第1次
當植株高度生長至20～30公分時進行

〈畦面長度每1公尺需要〉
化學肥料　3大匙

第2次
於第1次追肥的1個月後進行

〈畦面長度每1公尺需要〉
化學肥料　3大匙

生育過程中於畦間追肥兩次並略為拌入土中。當植株生長擴散至整個畦面後，對整個畦面施用化學肥料，注意避開葉片。

5 敷蓋稻草 · 澆水

開始冒芽後對整個畦面敷蓋稻草或乾草

若田土容易乾燥，於乾燥期時澆水

6 採收

蘘荷花

○　×

過遲採收將導致開花

於花苞膨起，內部生長結實時盡早採收。開花將導致品質大幅下降

軟化蘘荷
（蘘荷竹）

切成細針狀，可墊在生魚片底下，或幫湯品增添風味。或是炒熟做成芝麻拌菜等料理。

高度長到50公分左右

〈軟化蘘荷製作方式〉

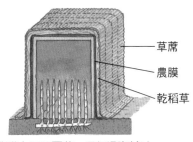

草蓆

農膜

乾稻草

在農膜上厚厚覆蓋一層保溫資材以保持溫度及遮光

著色方法
引入日光
（每天移除部分覆蓋物5～6小時，使外部空氣和微弱光線進入箱中）

第1次
嫩芽生長5～6公分時

第2次
嫩芽生長15公分左右時

空心菜

空心菜原為南方的水生植物，性喜濕潤土壤，非常耐暑。在葉菜類蔬菜產量較低的盛夏時期也能持續茂盛生長。但植株不耐低溫，初春時期生育遲緩，至秋季溫度降低時生長勢快速衰退，遭受霜害後更會變黑枯死。

品種 原本為濕地性植物，但出現了陸生性及兩棲性的系統分化，葉片形狀也分為柳葉系和長葉系等，但尚未獨立成特定品種。

栽培重點 育苗時以隧道進行保溫，若於田間直播請等氣候足夠溫暖後敷蓋地膜再行播種。種子吸水力差，需要好幾天才能發芽，最好先將種子泡水一天一夜，等種子吸飽水後再播種。若有較健壯的植

株，可切取 10 公分左右的嫩芽，插在土中進行增殖。

若田土容易乾燥除時常澆水外，夏季請對植株根部敷蓋稻草及乾草等，以預防田土過度乾燥。

栽培月曆

1月	2	3	4	5	6	7	8	9	10	11	12

●播種　○定植　━━━採收

1 育苗

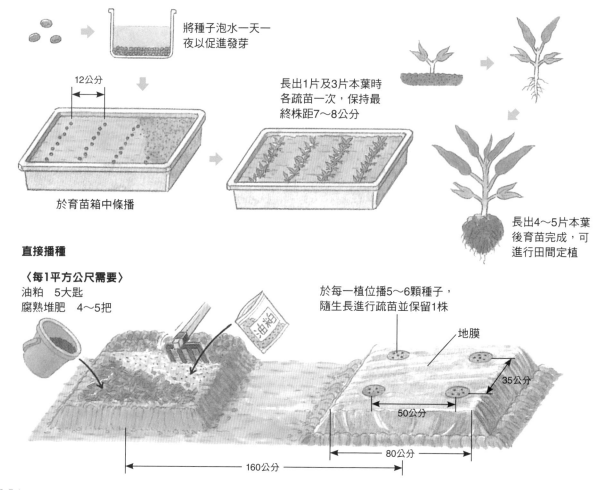

先行育苗

將種子泡水一天一夜以促進發芽

12公分

於育苗箱中條播

長出1片及3片本葉時各疏苗一次，保持最終株距7～8公分

長出4～5片本葉後育苗完成，可進行田間定植

直接播種

〈每1平方公尺需要〉
油粕　5大匙
腐熟堆肥　4～5把

於每一植位播5～6顆種子，隨生長進行疏苗並保留1株

地膜

35公分

50公分

80公分

160公分

2 田園準備（先行育苗時）

〈畦面長度每1公尺需要〉
油粕　5大匙
堆肥　4～5把

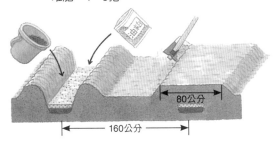

80公分
160公分

3 定植（先行育苗時）

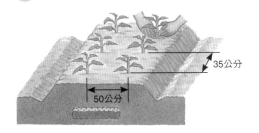

35公分
50公分

4 追肥・敷蓋稻草

第1次
〈每株需要〉
化學肥料　2大匙
油粕　5大匙

敷蓋稻草

當植株高度15公分前後時，挖淺溝施肥後翻土，並在植株根部敷蓋稻草

第2次後
〈每株需要〉
化學肥料　2～3大匙

植株成長後，根據葉片顏色及採收量，四處施用肥料即可。大約半個月追肥一次

5 採收

用剪刀剪下

一開始採收時保留2～3片植株的基部葉片，並採下其他部分使用

當植株枝條大量蔓生之後，適當剪下約15公分左右的挺立嫩芽

6 利用方式

將莖葉當作兩種蔬菜分開使用

稍微汆燙

水煮

醬油拌菜

芝麻拌菜

用油或奶油炒空心菜

切成小段於煮湯或濃湯時作為湯料使用

大黃

在希臘、羅馬從西元前開始，就將大黃作為藥品使用，於歐洲及俄國的家庭菜園中很常見。其強烈的酸味非常適合製作果醬，也適合做成蜜餞或派的內餡。

品種 有紅莖種和綠莖種，盡量挑選顏色較深的紅莖種較為合適。雖有『維多利亞』『Mammoth Red』等品種，但在國內難以取得其他品種，只能直接購入名稱為大黃的市售品使用。

栽培重點 從自行育苗，或是向已栽培大黃的朋友等處索取根株開始種植。大黃植株為強健的多年生植物，種植後能持續採收數年以上。

植株不耐潮濕土壤，種植在該類土壤中生長勢將逐漸衰退，甚至可能就此消失，因此需要挑選排水良好的田園種植。定植時施以粗粒堆肥和肥料，夏季追肥 1～2 次。7 月時會抽苔，需盡早摘除花蕾，除此之外不太需要照顧就能順利培育。

栽培月曆

	1月	2	3	4	5	6	7	8	9	10	11	12
第 1 年			●	●					○ ○			
第 2 年												
第 3 年												

● 播種　○ 定植　▬▬▬ 採收

1 育苗

種子有3～4片羽葉，乍看之下很像蕎麥種子

於3寸膠盆中播5～6顆種子並覆土

長出1～2片本葉時疏苗，並保留一株植株

長出4～5片本葉時田間定植。充份澆水後再將植株從盆中取出以避免根系受損。

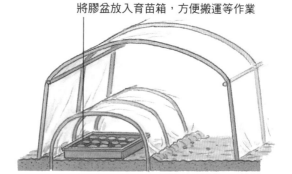
將膠盆放入育苗箱，方便搬運等作業

發芽需要一定時間且初期生育遲緩，若想提高第1年採收量可在溫室內育苗

2 田園準備

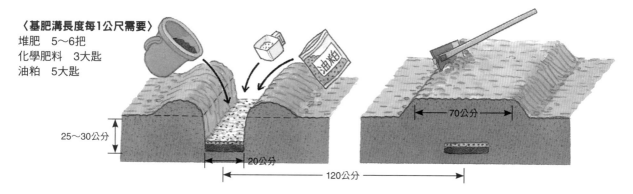

〈基肥溝長度每1公尺需要〉
堆肥　5～6把
化學肥料　3大匙
油粕　5大匙

油粕

25～30公分

20公分

70公分

120公分

3 定植

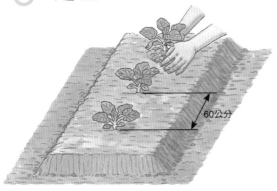

若使用溫室培育幼苗提早定植，最好先敷蓋地膜

用小刀割開切口
後定植幼苗

黑色地膜

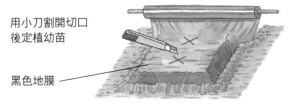

4 追肥

〈每株需要〉
化學肥料　1大匙

夏季追肥1～2次
挖溝施肥後培土

5 摘除花蕾

植株於7月抽苔。保留花蕾
發育會影響葉片生長，需盡
早摘除

切除

6 冬季追肥・培土

〈每株需要〉
堆肥　4～5把
油粕　3大匙

根系茂盛生長，在冬季休眠期中需
要充份施肥

初春發芽前事先培土，可使植株長出帶有漂亮紅色葉梗
的柔軟葉片

7～10公分

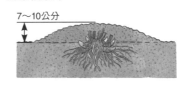

根據土壤狀態調節土
量。排水佳的土壤需
要厚覆土

7 採收・利用

葉片含有大量草酸，不適合食用

採收

切斷

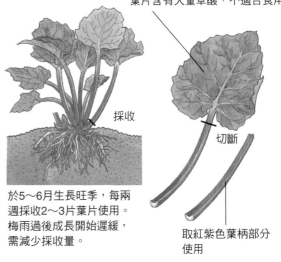

於5～6月生長旺季，每兩
週採收2～3片葉片使用。
梅雨過後成長開始遲緩，
需減少採收量。

取紅紫色葉柄部分
使用

可作成帶有清爽酸味的果醬，
蜜餞，雪酪等

雪酪

果醬

蜜餞

荏胡麻

於彌生時代即已開始栽培，由其種子榨出的油在食用及工業用途上廣泛使用，但在菜籽油等油品登場，以及石油做為工業用油大量利用後，銷聲匿跡了一段時間。自從大眾認為荏胡麻油對健康有益後，連同其葉片使用再次受到重視。

品種 未曾獨立出特定品種，種子顏色分為黑色、白色，枝條顏色則有紅、綠色等，有野外自然生長也有自家留種栽培的各種植株。一般購買市面上販售的『荏胡麻^(註)』種子栽培即可。

（註：荏胡麻的中文學術名稱是紫蘇，因容易與市面上販售的紫蘇混淆，購買種子榨油時請搜尋『野生紫蘇』種子。種來摘葉使用時，請購買『韓國芝麻葉種子』。紫蘇油和荏胡麻油為相同物品。）

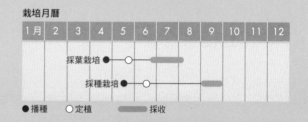

栽培月曆

1月	2	3	4	5	6	7	8	9	10	11	12
		採葉栽培● ○————▬▬▬									
			採種栽培● ○————————▬▬▬								

● 播種　○ 定植　▬▬ 採收

栽培重點 植株強健，甚至能夠自然生長，和其他蔬菜相比栽培相當容易。

摘葉使用於4月播種，採收種子則於5月時播種。均先於育苗箱內播種，再移植至畦面種植。也可以利用穴盤播種，培育至長出5～6片本葉後再行田間定植。

採取葉片使用時需要注意追肥和澆水。生長茂盛後莖葉大幅長高，會使得葉片較為脆弱，需要適當疏除枝條和葉片。

1 育苗

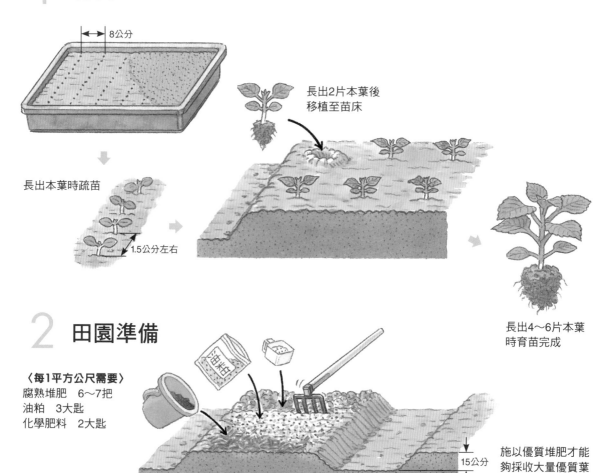

8公分

長出2片本葉後移植至苗床

長出本葉時疏苗

1.5公分左右

長出4～6片本葉時育苗完成

2 田園準備

〈每1平方公尺需要〉
腐熟堆肥　6～7把
油粕　3大匙
化學肥料　2大匙

施以優質堆肥才能夠採收大量優質葉片

15公分

80公分　60公分

3 定植

定植後於植株周圍
充份澆水

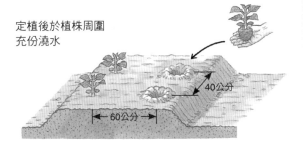

40公分

60公分

4 追肥

第1次
〈每株需要〉
化學肥料　1大匙

當植株高度15～20公分左右時
於畦面兩側施用肥料，以鋤頭拌
入土中再往畦面培土

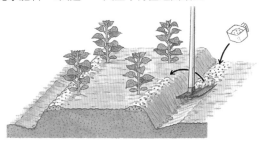

第2次後
〈每株需要〉
化學肥料　1大匙

開始進入生長茂盛期，觀
察生長勢和葉片顏色每半
個月追肥一次

於植株周圍各
點施用肥料

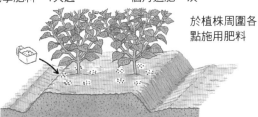

5 敷蓋稻草 · 澆水

夏季過於乾燥將不易長出優質葉片，
若田土容易乾燥請敷蓋稻草並充足澆水

6 採收 · 利用

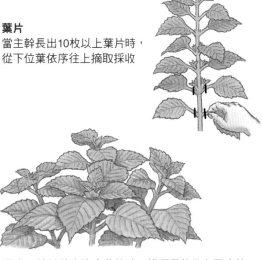

葉片
當主幹長出10枚以上葉片時，
從下位葉依序往上摘取採收

長出分枝並著生許多葉片時，挑選柔軟且有厚度的
葉片摘取採收

包裹烤肉食用，或跟
韓國泡菜和醬油、
食鹽等一起醃漬

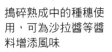

種子
採收種子進行榨油利用時，請等種子成熟後再割取
採收。與利用葉片不同，可在寬廣土地進行粗放栽
培。地力較低的田園也能提供相當的收成。

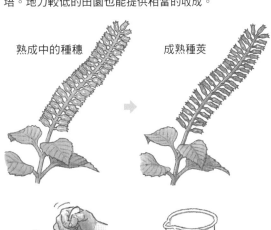

熟成中的種穗　　　　　成熟種莢

搗碎熟成中的種穗使
用，可為沙拉醬等醬
料增添風味

成熟種子烤過後再
壓榨，就能得到富
含 α-亞麻酸，成為
人氣話題的荏胡麻
油。

洋蔥

洋蔥的獨特香味和強烈的刺激性臭味，可去除肉類及魚類的腥味，及增添甘甜味等，能使用於多種料理。具有相當高的儲藏性並可進行連作，對家庭菜園極具魅力。

品種 有早生（於短日照狀況下肥大）和晚生（長日照狀況下才會肥大）等多種品種，早生種有『ソニック（Sonic）』、『マッハ（Mach）』『貝塚早生』，中生種有『OL黃』、『ターボ（Turbo）』，中晚生種有『淡路中甲高』、『アタック（Attack）』等代表性品種。此外還有生食用，紅紫色的『湘南レット（Red）』、『猩猩赤』等品種。

栽培重點 極早生種和晚生種的栽培適期約有20

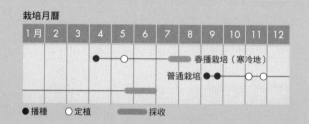

栽培月曆

1月	2	3	4	5	6	7	8	9	10	11	12	
			●	○								春播栽培（寒冷地）
								●●		○	○	普通栽培

●播種　　○定植　　━━採收

天左右的不同。若過早為晚生種進行播種，春季將會大量抽苔而導致栽培失敗。因此需要注意品種特性挑選適合時間播種。

施以大量含有磷酸成份的基肥，於冬季前促進根系發育。避免種植過深，於定植後需鎮壓植株根部土壤。若要儲藏洋蔥慢慢使用，需觀察植株倒伏狀態並盡早拔出洋蔥。

1 育苗

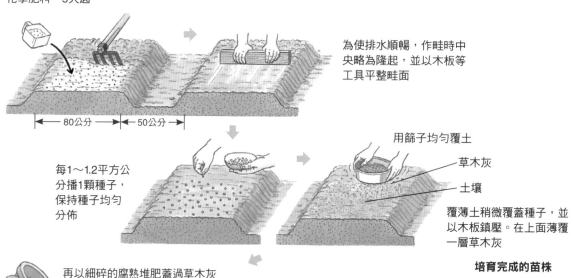

〈每1平方公尺需要〉
石灰　5大匙
化學肥料　5大匙

事先對整個畦面施用石灰和化學肥料並充分翻土

為使排水順暢，作畦時中央略為隆起，並以木板等工具平整畦面

├─ 80公分 ─┤├─ 50公分 ─┤

每1～1.2平方公分播1顆種子，保持種子均勻分佈

用篩子均勻覆土

草木灰

土壤

覆薄土稍微覆蓋種子，並以木板鎮壓。在上面薄覆一層草木灰

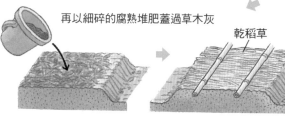

再以細碎的腐熟堆肥蓋過草木灰

乾稻草

最後蓋上乾稻草或遮蓋用資材以防止雨水和強風吹打。

於葉片高度6～7公分和10公分左右時，疏除互相重疊的植株後追肥，並以篩子覆土蓋住肥料

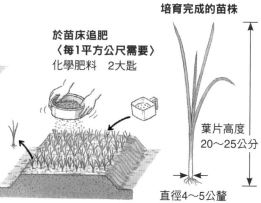

於苗床追肥
〈每1平方公尺需要〉
化學肥料　2大匙

培育完成的苗株

葉片高度
20～25公分

直徑4～5公釐

〈作高畦種植時〉　　　〈進行條植時〉

注意：盡量使用腐熟堆肥。避免使用未完全發酵的堆肥

2 施用基肥

〈每1平方公尺需要〉
腐熟堆肥　4～5把
化學肥料　5大匙
過磷酸鈣　5大匙

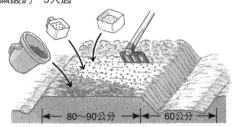

←北（西）南（東）→

〈每1平方公尺需要〉
化學肥料　2大匙
過磷酸鈣　2大匙
腐熟堆肥　少許

保留北（西）側的土壤

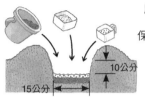

15公分　10公分

挖出與鋤頭同寬的
基肥溝並施用基肥

為使肥料不致直接與
根部接觸，覆土5公分
左右

3 定植

用手指戳洞種下植株，
並夯實根部土壤

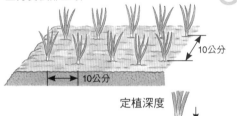

10公分

10公分

定植深度

保持白色部分
露出地表　2～2.5公分

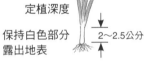

北（西）　　南（東）

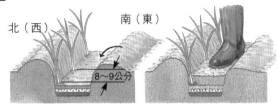

8～9公分

盡可能保持植株直
立，盡量使根部平
貼土表

擺好苗株覆土並踏實土
壤，使根部與土壤貼合

4 追肥

〈每1平方公尺需要〉
化學肥料　3大匙

於株距間施肥，
並以竹棒等工具
將肥料略為拌入
土中

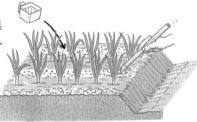

〈植列長度每1公尺需要〉
化學肥料　2大匙（第1～2次追肥份量相同）

第1次　12月中・下旬
第2次　3月上旬

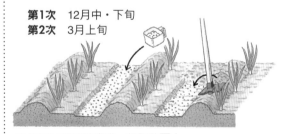

沿植列以鋤頭挖淺溝，施肥後覆土

5 採收・儲藏

當八成左右的植
株均已倒伏時，
趁晴天將洋蔥全
數拔起

放置3～5天等莖葉大致
乾燥後收起儲藏

在通風良好的地方可
用5顆洋蔥為單位吊
掛儲存

若無可懸吊的場所，切除
莖葉後將洋蔥球莖放在網
籃中，置於通風良好的地
方儲存。

→利用方式參考第229頁

蕗蕎

糖醋蕗蕎是大家熟知的咖哩名配角，也可以將它用味噌醃漬，或於水煮後拌醬油醋食用，採收嫩鱗莖可做為珠蔥的替代品生食，有多種使用方式。

最適合種植於砂質壤土中，但其土壤適應度非常寬廣，在田園周圍或傾斜地都能栽培，且不太需要打理，亦能進行連作為其魅力。

品種 無法採得種子，以種球維持故不常見到品種分化，大致上只有『八ツ房（八房）』、『ラクダ（駱駝）』、『玉ラッキョウ（玉蕗蕎）』『九頭龍』等(註)。以『駱駝』為代表性品種，鱗莖呈大粒的長卵型，頗具人氣而於各地大量栽培。而『玉蕗蕎』鱗莖個頭較小，與『九頭龍』一起做為

栽培月曆

1月	2	3	4	5	6	7	8	9	10	11	12
						普通栽培 ○○					
						原地栽培2年 ○○					

○定植　　■採收

醋醃食用的花蕗蕎食材使用。

（註：台灣只有大球小球兩種。）

栽培重點 生育期漫長，需要考慮前後期作物挑選適當田園，於取得優良種球後再行種植。

於同一植位一起種下大量種球，第1年不進行採收，原地栽培2年後雖可使鱗莖數量增加，但不易肥大，可採收到大量個頭較小的鱗莖。

1 種球準備

於6月採收，
充份乾燥的大球

一球一球摘下並除去枯葉

種球準備完成

2 田園準備

盡早完成前期作物清除作業，
並充足翻土

植株只需少量肥分即可
正常生長，不需施用基肥

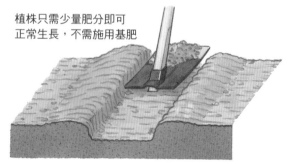

挖出與鋤頭同寬，深4～5公分的植溝

3 定植

種植單球（普通）
雖數量較少但能採收到較大的鱗莖

種植3球
能採收到大量個頭較小的鱗莖

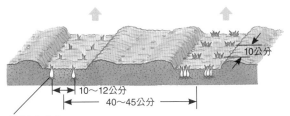

10公分

10～12公分
40～45公分

將種球垂直插入土中

在種球上方覆土約2～3公分厚

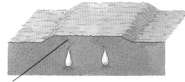

4 追肥

在貧瘠土壤中也能良好生長，一般可不須施以任何肥料。但葉片顏色太淡時於2～3月前後追肥並略為拌入土中

〈畦面長度每1公尺需要〉
化學肥料2大匙

5 培土

於 3～4月植株旺盛生長時培土

若不培土會增加圓球和長型鱗莖成形機率，會降低良球率

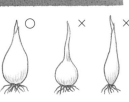

6 採收

隔年6月下旬至7月上旬，當鱗莖肥大呈長卵形，且球心翠綠色幾近消失時，在葉片完全乾枯前採收。

用鐮刀割除葉片並以鋤頭挖出鱗莖

盡可能將鋤頭鏟入根系底下挖出鱗莖

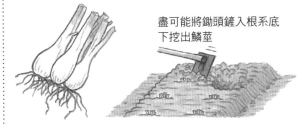

7 利用方式

將提前採收的嫩球沾味噌生吃

或切成薄片混合柴魚片沾醬油也很好吃

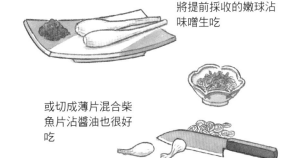

糖醋醃漬
①於清水中搓揉洗淨除去薄皮
②灑鹽醃漬並以大石頭壓住
③一個月後換到糖醋汁中再次醃漬

醬油醋醃漬
燙熟後泡在醬油醋中醃漬

大蒜

大蒜的特殊氣味來自大蒜素，它富含醣類和維生素 B1，自古以來一直作為辛香料和滋養強身食材使用。由於無法採收種子，需利用蒜球鱗片做為種球栽培。

品種 各地區適合種植的品種不盡相同，寒地有『寒地系ホワイト（White）』，高冷地有『ホワイト六片』，溫暖地有『ホワイト』、『福地ホワイト』、『上海ホワイト』等，選擇適合品種進行栽培非常重要。

栽培重點 種球於 9 月上旬前為休眠狀態，請等種球結束休眠後再進行定植。以腐熟堆肥做為基肥，注意避免隨肥料將害蟲帶入植土。若從單一植株長

出兩根葉芽，請盡早摘除側芽。春季生長茂盛時可能會抽苔，看見花梗也要盡早摘除。

於晴天時進行採收作業。大蒜可食用部分不只有蒜球，在長出嫩葉的狀態時採收即為青蒜，於抽苔後花梗生長時採收即為蒜苔，用途非常多元。

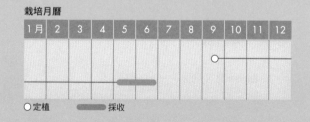

栽培月曆

1月	2	3	4	5	6	7	8	9	10	11	12

○定植　　■■■ 採收

1　田園準備

〈每1平方公尺需要〉
石灰　3～5大匙
油粕　3大匙
化學肥料　3大匙

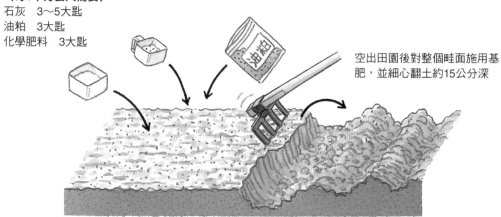

空出田園後對整個畦面施用基肥，並細心翻土約15公分深

2　種球準備

剝除外側薄皮　　　　小心剝下蒜瓣　　　　將蒜瓣獨立分開

3 定植

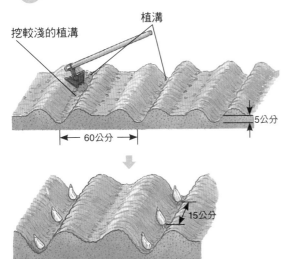

挖較淺的植溝

植溝

60公分

5公分

15公分

在種球上方覆土5～6公分左右

5～6公分

4 追肥

第1次　10月
於植列單側施用肥料並略為拌入土中

〈畦面長度每1公尺需要〉
化學肥料　1大匙
油粕　3大匙

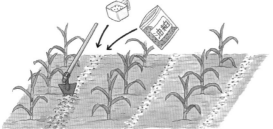

第2次　12月
施肥量與第一次相同。於畦間施用肥料並略為拌入土中

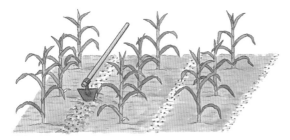

第3次　2月下旬
施肥量和方式與第二次相同

5 疏除側芽 · 疏蕾

當植株長出分球且長出側芽時將其摘除

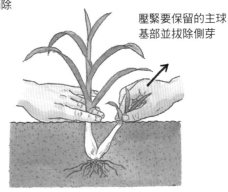

壓緊要保留的主球基部並拔除側芽

入春時可能會抽苔，請趁早摘除從葉尖長出的花苞。摘下的花苞可食用

6 採收 · 儲藏

以2／3莖葉開始枯黃時作為採收基準

拔出蒜球後立即切除根部，將蒜球擺置田間2～3天使其乾燥。若過晚處理，根部會硬化而難以切除，需要多加留意。

乾燥後每7至10球綁成一串，吊掛在通風良好的屋簷下等場所，依序使用

→利用方式參考第230頁

長蔥

其葉片區分為葉身（蔥葉）和葉鞘部（蔥白），長蔥主要食用部位為蔥白，而青蔥（第170頁）雖主要取蔥葉食用，但也會使用柔軟的葉鞘部。

品種 在關東地區有『千住合柄』、『深谷』、『石倉』、『金長』等自古流傳的代表性品種，此外在各地亦有大量優秀的地區性品種和品系，也已培育出許多改良品種。

栽培重點 蔥能夠耐受高溫、乾燥和低溫，算是一種強健的植物，但對濕潤土壤的耐受度很低，適合於通氣良好的土壤種植。不易發生連作障礙，為了方便培土，需要挖深坑種植。不只能進行土壤改良，且能夠順便種植農作物，非常方便。

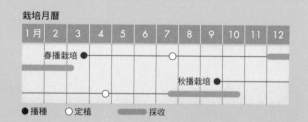

栽培月曆

1月	2	3	4	5	6	7	8	9	10	11	12

春播栽培 ●
秋播栽培 ●

● 播種　○ 定植　▬▬ 採收

盡可能將苗株培育成大苗，大小均一後再定植。

由於進行挖溝種植，需要進行排水對策以避免下雨時雨水滯留在田園中。若過早或過量培土容易使植株因潮濕而受損，因此於生育前半只需少量培土，於氣候轉冷後再大量培土。

1 育苗

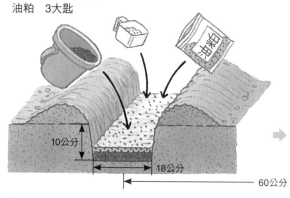

〈畦面長度每1公尺需要〉
腐熟堆肥　3把
化學肥料　3大匙
油粕　3大匙

10公分

18公分

60公分

放入肥料，回填土壤高度5～7公分

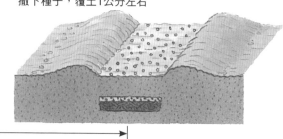

仔細平整播種溝底，以1公分間隔於播種溝內均勻撒下種子，覆土1公分左右

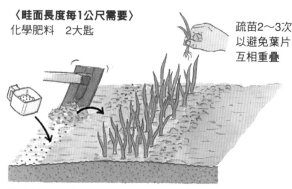

〈畦面長度每1公尺需要〉
化學肥料　2大匙

疏苗2～3次以避免葉片互相重疊

挖溝施肥並略為培土

秋播苗在初春時會抽苔，（日本稱為蔥坊主）需要摘除

疏苗並逐漸增大株距

保持最終株距2～3公分左右

育苗完成的苗株
直徑粗細最好能有1公分左右

摘除下位枯葉後定植

2 定植

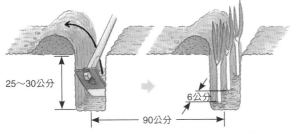

25～30公分

90公分

6公分

挖掘結實的植溝。若事先翻土將使植溝容易崩塌，因此不需翻土

種植時盡可能保持種苗垂直

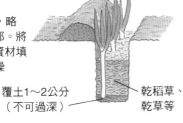

覆土1～2公分，略微蓋過植株基部。將稻草及乾草等資材填入溝中預防乾燥

覆土1～2公分（不可過深）

乾稻草、乾草等

3 追肥・培土

第1次（追肥・培土）
〈植溝長度每1公尺需要〉
化學肥料　3大匙
油粕　5大匙

第2次（追肥・培土）
於第1次追肥一個月後進行。

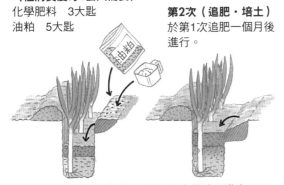

於溝肩追肥，拌入土中後填入溝中

第3次（追肥・培土）
於第2次追肥的一個月後進行。肥料份量與第2次相同

最後一次（培土）
於採收30～40天前進行

將該側土壤也用於培土

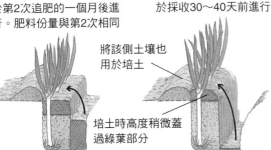

培土時高度稍微蓋過綠葉部分

4 病蟲害防治

由於苗床和畦面容易發生各種病蟲害，早期發現立即噴灑藥劑

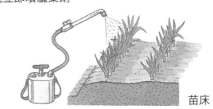

苗床

畦面

蔥類葉表覆有一層蠟質因此藥劑難以附著，噴藥時一定要加入延展劑

5 採收

小心用鋤頭挖出土壤，避免傷害到蔥白部分。蔥白完全露出後用手拔出

優質長蔥
病害及葉片折損較少

蔥白和蔥葉分界非常明顯

暫時儲存
若因為田園作業關係需要全數採收時，可先將採收下來的長蔥移放至其他地點，用土壤覆蓋葉鞘部分儲藏並依序使用

蔥白潔白，長而緊實

→保存方式參考第230頁

青蔥

相對於利用軟白葉鞘部的長蔥，將主要利用翠綠葉身部位的蔥稱為青蔥。以起源於京都九條的『九條蔥』最具有代表性。可摘取相當幼嫩的幼蔥使用，亦可培育至粗細與長蔥相當後才採收，無論用哪一種方式栽培，都以軟嫩葉片和良好風味為其賣點。

品種　栽培細～中等粗細青蔥時，需挑選耐暑的『九條淺黃系』、『黑千本』、『堺奴』和耐低溫的『小春』，而培育粗大青蔥時則有冬季使用的『九條太』等品種。

栽培重點　每個植位定植的株數、株距和施肥量會因為種植的是細蔥或粗蔥而有所不同。種植細蔥

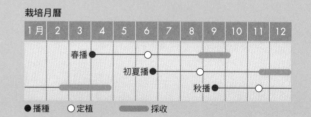

栽培月曆

1月	2	3	4	5	6	7	8	9	10	11	12
	春播●			○							
	初夏播●					○					
					秋播●				○		

● 播種　　○ 定植　　■■■ 採收

時，需對田園施用充足的堆肥及肥料，每個植位栽種 5～7 株左右，定植時需要較大株距。而種植粗蔥時栽培方式與長蔥相同，不需施基肥而是挖深溝種植，觀察生長狀況，以追肥作為施肥重點。細蔥只需少量培土，而粗蔥則以培育出 15 公分的蔥白為目標。

青蔥適合盆植，若僅割取蔥葉可採收數次。

1 育苗

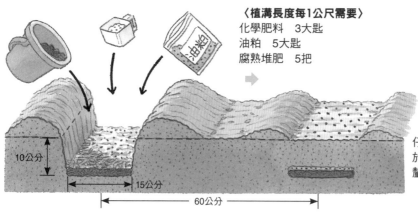

〈植溝長度每1公尺需要〉
化學肥料　3大匙
油粕　5大匙
腐熟堆肥　5把

10公分

15公分

60公分

仔細平整溝底，以間隔1公分左右於播種溝均勻播種，覆土5～6公釐左右

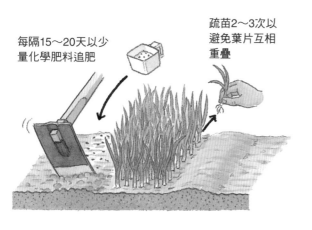

每隔15～20天以少量化學肥料追肥

疏苗2～3次以避免葉片互相重疊

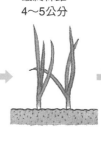

適當疏苗保持葉片不致過於密集

最終株距4～5公分

育苗完成的苗株

直徑1公分左右，至少要比鉛筆還粗

2 定植・管理

〈培育細蔥〉

施用基肥
為整個畦面施用肥料，
並翻土15～20公分深

〈每1平方公尺需要〉
油粕　5大匙
化學肥料　5大匙

定植
每一植位種植5～7株

對植株基部覆土
2公分左右

通道　　　　　　　　通道

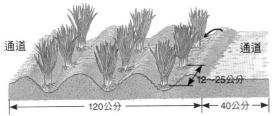

12～25公分
120公分　　40公分

追肥・培土

〈植列長度每1公尺需要〉
油粕　5大匙
化學肥料　3大匙

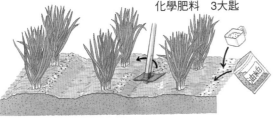

每個月在植列中間施用肥料3次左右，拌入
土中並稍微往植株基部培土

〈也可利用花盆栽培〉

植株互相重疊時疏苗
並追肥

割下蔥葉後會再次長出
新芽，可採收2～3次

於需要時採收

〈培育粗蔥〉

不需基肥，挖溝種植

定植
每一植位種
2～3株

為植株基部覆土2公分左右

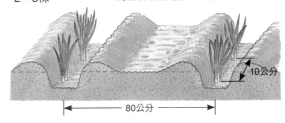

10公分

80公分

追肥・培土
開始茂盛生長後每個月
追肥3次，於植列單側
交互施用肥料並培土

〈植列長度每1公尺需要〉
油粕　5大匙
化學肥料　3大匙

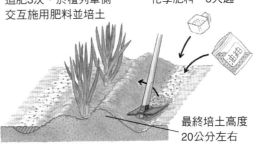

最終培土高度
20公分左右

3 採收

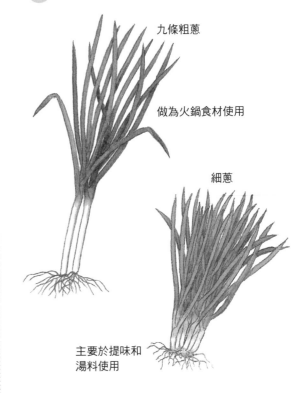

九條粗蔥

做為火鍋食材使用

細蔥

主要於提味和
湯料使用

171

珠蔥

珠蔥容易分株並長出許多細小蔥葉，其葉片柔軟且香氣十足，是作為增添風味和涼拌味噌醋醬時的重要食材。植株不抽苔也不開花，無法採收種子。因此需利用肥大種球進行栽培。

品種 在關西地區主要利用自家增殖方式栽培，大致上只有早生種（秋冬季採收）及晚生種（春季採收）等。購買市售種球也是一樣的。

栽培重點 種球莖葉枯黃之後會休眠到 7 ～ 8 月左右，需要等種球甦醒並開始冒芽才能進行田間定植。

在定植之前，需先將可能受到病害污染的外皮細心剝除，並挑選足夠飽滿的種球使用。想要得到大量優良收成，請在前一期作物整理完畢後盡早對整片田園施以堆肥並充足翻土。定植時注意不要深植，保持葉尖露出地表。

當植株高度長到 25 ～ 30 公分左右時即可適當採收。若種植株數較少時最好採取割葉採收方式，持續採收數次，以維持長時間利用。

栽培月曆

1月	2	3	4	5	6	7	8	9	10	11	12
						露天栽培（早生種）○					
							（晚生種）○				

○定植　　　▬採收

---

1 種球準備

每年定期栽培時

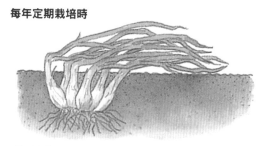

於5月中・下旬，植株根部會形成球狀鱗莖，之後葉片枯萎。挖出種球放在通風良好的地方保存。

第一次種植時

購買市售種球使用

2 施用基肥

〈每1平方公尺需要〉
化學肥料　5大匙

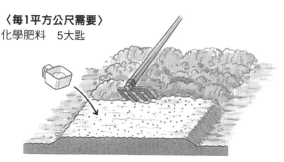

提早為整片田園施用石灰及堆肥，並充分翻土。接近定植時期時在預定作畦的位置施肥及翻土。

定植前堆土作畦

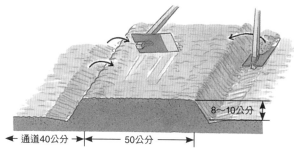

8～10公分

← 通道40公分 →　←　50公分　→

3 定植

稍微出芽時為最適當的
定植時間

7～8月左右開始出芽

摘除包覆在外側的
薄膜，並分割成每
株2～3球

〈 注意正確的定植深度 〉

×過淺

種植深度太淺容易
使植株根部搖晃，
無法長出筆直的珠
蔥

×過深
在低窪濕地需要特別
注意

種植深度太深會導致萌芽
遲緩，生育不良

○

5～6公分

葉尖稍微露出
地表

以2～3球為
單位種植

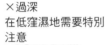

用手指頭將球
根插入土中

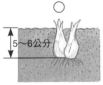

15公分

30公分

4 追肥

第1次
植株高度15公
分左右時於植列
間施用肥料，並
略為拌入土中

〈畦面長度每
1公尺需要〉
油粕　2大匙
化學肥料　1大匙

第2次
於第1次追肥的半
個月之後進行。
之後觀察
狀況決定

〈畦面長度每
1公尺需要〉
化學肥料
2大匙

挖淺溝施肥並往畦面培土

5 採收

**若已計畫栽培下一
期作物**
將植株連
根拔起

想持續進行採收
保留3至4公分
地上部，割下
葉片使用

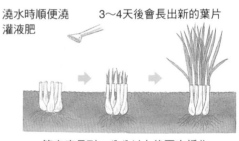

3～4公分

當葉片高度長到20公分左右時再採收並加以利用

澆水時順便澆
灌液肥

3～4天後會長出新的葉片

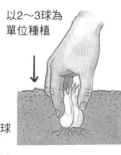

等高度長到15公分以上後再次採收

〈 也非常適合盆植 〉

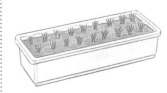

株距7～8公分，每個
植位密植3至4球，擺
在方便採收的位置依
序採收使用

各植列輪流採收，改變花盆放
置方向保持新長出的葉片能接
受日照。

→利用方式請參考第230頁

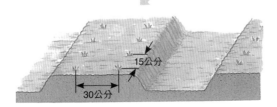

韭蔥

韭蔥的法文名為 Poireau，而尚未成熟的韭蔥則叫做 Poireau Sienne。雖於明治初期輸入日本，但比不過在日本廣泛種植的長蔥，因此生產量無法提升。其肉質柔軟富有香氣，久煮後容易釋出黏液，於燉煮、焗烤時使用能夠發揮獨特風味，因此人氣逐漸上升。

品種 有一種早生且容易栽培，名為『American Flag（花旗）』的品種。但市面上難以購得標記品種名的種子，因此購買名為『韭蔥』的種子種植即可。

栽培重點 土壤 pH 值 7.7 ～ 7.8 左右最適合韭蔥生長，比日本蔥更喜好鹼性環境，因此需要事先為苗床及田園施用充足石灰。

育苗及種植方式與長蔥相似，但其葉片類似大蒜較為扁平，且葉身往左右側固定方向開展，定植時注意幼苗擺放方向。

此外，其葉片交接處容易卡住土壤，培土時需要多加留意。

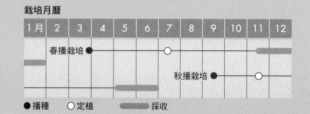

栽培月曆

	1月	2	3	4	5	6	7	8	9	10	11	12
春播栽培		●					○					
秋播栽培			●						○			

●播種　○定植　▬採收

1 苗床準備

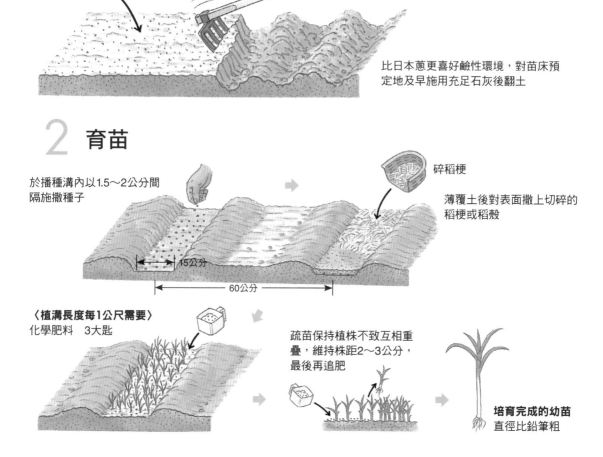

石灰

比日本蔥更喜好鹼性環境，對苗床預定地及早施用充足石灰後翻土

2 育苗

於播種溝內以1.5～2公分間隔施撒種子

碎稻梗

薄覆土後對表面撒上切碎的稻梗或稻殼

15公分

60公分

〈植溝長度每1公尺需要〉
化學肥料　3大匙

疏苗保持植株不致互相重疊，維持株距2～3公分，最後再追肥

培育完成的幼苗
直徑比鉛筆粗

3 定植

用鋤頭細心挖出植溝。將挖出的土壤堆置於溝邊單側

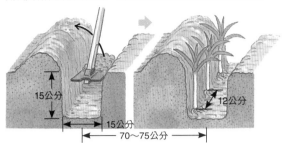

種植時讓植株側面垂直緊靠溝壁，並調整方向使葉片往通道側橫向生長

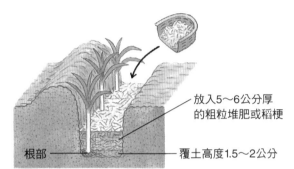

放入5～6公分厚的粗粒堆肥或稻梗

根部 — 覆土高度1.5～2公分

對根部覆土，並在上方放入防止乾燥用的堆肥等資材

4 追肥・培土

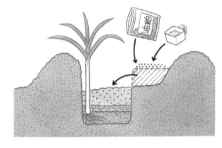

〈植溝長度每1公尺需要〉
化學肥料
3大匙
油粕　5大匙

第1次
春播時於初秋，秋播時於初春時期追肥，先在溝側施用肥料，拌入土中後填入溝中

第2次
於第1次追肥的1個月後進行，施肥量與前一次相同並培土

第3次（僅培土）
於採收的30～40天前堆高兩側土壤。

5 摘蕾

冬季低溫會促進花芽分化並於初春時抽苔，請趁早摘除花蕾以促進植株本體生長

花

若未摘除初春長出的花苞，開花後可做為花材使用

6 採收

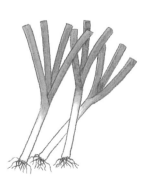

生長過程中採收的植株稱為Poireau Sienne（英文稱為Baby Leek）

葉鞘嫩白部份生長至20～30公分左右即可採收

→利用方式請參考第230頁

韭菜

富含維生素 A，並含有其他維生素和大量鈣質，在和風料理和中華料理中大量使用。

其耐寒性強且病蟲害少，非常容易栽培。此外，由於韭菜是多年生植物，種植之後每年都可以採收，對家庭菜園非常具有魅力。

品種 大致上分為葉片較寬的大葉韭菜，和葉片較小的傳統韭菜。但種植時幾乎都會選用大葉的グリーンベルト（Greenbelt）系進行栽培。代表性品種有『グリーンロード（Green Road）』、『ワイドグリーン（Wide Green）』、『廣斤韭菜』等。

栽培重點 由於可長期採收，因此需要細心準備田園，施用充足的優質堆肥作為基肥後再種植苗株。

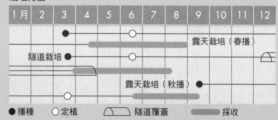

栽培月曆

1月	2	3	4	5	6	7	8	9	10	11	12

露天栽培（春播）
隧道栽培
露天栽培（秋播）

● 播種　　○ 定植　　⌒ 隧道覆蓋　　▬ 採收

於夏季抽苔，放任使其開花雖然能享受賞花樂趣，但想要採收到大量優質韭菜葉仍需割除花蕾及花梗。

種植 3 ～ 4 年後會因根系過度密集而不易長出優良葉片，需掘起植株分割後再重新種植。

1 田園準備

〈每1平方公尺需要〉
堆肥　5～6把
石灰　4大匙

對整片田園施用堆肥和石灰並充分翻土

2 育苗

〈每1平方公尺需要〉
堆肥　4～5把
油粕　5大匙
化學肥料　3大匙

以木板等資材劃出條播溝，取1公分左右間隔播種，覆土厚度5公釐左右

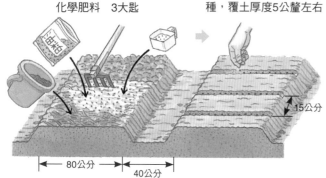

80公分　40公分

在行距間施用化學肥料並拌入土中
〈每行需要〉
化學肥料　1大匙

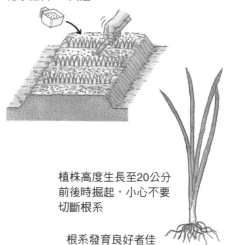

15公分

植株高度生長至20公分前後時掘起，小心不要切斷根系

根系發育良好者佳

3 施用基肥

〈植溝長度每1公尺需要〉
化學肥料　3大匙
油粕　3大匙
堆肥　4～5把

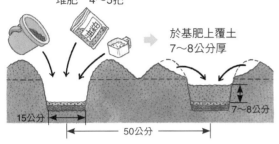

於基肥上覆土
7～8公分厚

15公分
50公分
7～8公分

4 定植

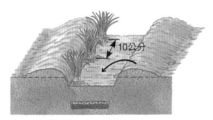

10公分

每個植位種植3～4棵苗株

5 追肥

觀察生育狀況，每個月追肥1
次左右。若田土容易乾燥則
需敷蓋稻草以預防夏季乾燥

〈畦面長度每1公尺需要〉
化學肥料　2大匙
油粕　3大匙

6 採收

春季～初夏
植株高度20～25公分
左右時開始採收

從離地高度4～5公分處割下

7 割除～採收

生長勢變弱時割除老葉及抽苔
莖，促進新芽整齊發育。經過
15天左右可再次採收

4～5公分

施用少許化學肥料

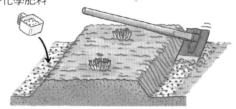

割除老葉後立即追肥以促進
生長勢良好的新芽發育，可
連續採收2～3年

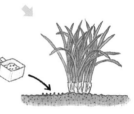

〈摘苔〉

7月下旬～8月
植株於夏季抽苔，及早
摘除以防止植株疲勞

開花狀態

8 植株更新

於植株大量增長，根系互
相糾纏時挖出植株，分割
成每小株帶2～3芽，並以
第1年的管理方式將植株
改種到別的地點。

→保存方式請參考第230頁

韭菜花

取韭菜的抽苔莖及花苞食用，稱為韭菜花。栽培時不使用一般葉韭菜，利用容易抽苔的專用品種進行栽培。

品種 有全年都能長出花芽並抽苔的『テンダーボール（Tender Ball）』、『ハナニラ（韭菜花／年花韭菜）』等。

栽培月曆

	1月	2	3	4	5	6	7	8	9	10	11	12
第1年		●━━━━○					△					
第2年後				━━━━━━━━━━━━━								

●播種　○定植　△割除　━━━採收

栽培重點 春季時於育苗床播種育苗，初夏時以2～3棵為一個單位定植。割除當年的抽苔莖，等植株成長苗壯後再開始採收。植株疲勞後換上新的植株繼續種植。

1 育苗

〈每1平方公尺需要〉
油粕　4～5大匙
堆肥　5～6把
化學肥料　3大匙

條播種子

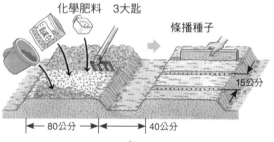

←80公分→　←40公分→

15公分

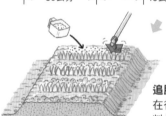

追肥
在行距間施用少許化學肥料並拌入土中

2 田園準備

〈植溝長度每1公尺需要〉
堆肥　4～5把　　化學肥料　2大匙
油粕　5大匙

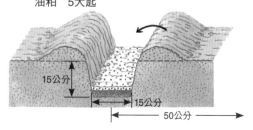

15公分

15公分

←——50公分——→

3 定植・追肥

2～3棵一起定植於同一植位

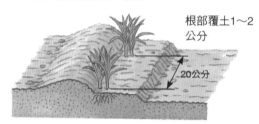

根部覆土1～2公分

20公分

於扎根並開始旺盛成長，及1個月後左右為植溝長度每1公尺施2大匙油粕

4 採收・植株更新・追肥

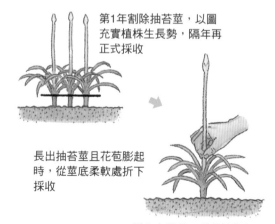

第1年割除抽苔莖，以圖充實植株生長勢，隔年再正式採收

長出抽苔莖且花苞膨起時，從莖底柔軟處折下採收

採收完畢後，若葉片顏色不佳需適當追肥

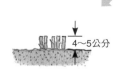

持續採收1年（約5～6次）後植株會逐漸耗弱，可培育新的植株並更新

4～5公分

蘿蔔嬰

白蘿蔔種子發芽後，取其長長的胚軸和子葉（長得像張開的貝殼）食用。於低溫時期進行加溫栽培，一整年都能種植採收。

品種 以胚軸潔白的白蘿蔔『大阪四○日』最佳，亦有『蘿蔔嬰』種子販售。

栽培重點 事先將種子泡水，種子發芽後再密播於苗床或容器中。在遮光狀態下培育出長而潔白的胚軸，最後再照光促使子葉綠化。

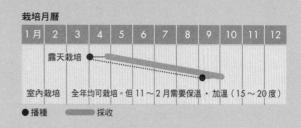

栽培月曆

1月	2	3	4	5	6	7	8	9	10	11	12

露天栽培

室內栽培　　全年均可栽培。但11～2月需要保溫 · 加溫（15～20度）

● 播種　　　　採收

1 篩選種子 · 催芽

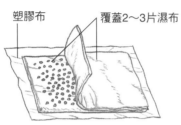

塑膠布　　覆蓋2～3片濕布

泡水一天一夜。去除因飽滿度不足而浮起的種子

將種子分開攤在濕布上催芽

略為發芽時

2 播種

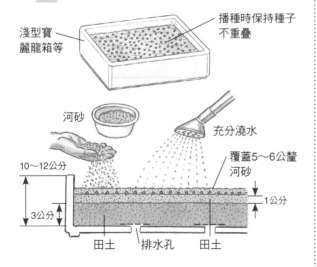

淺型寶麗龍箱等

播種時保持種子不重疊

河砂　　充分澆水

覆蓋5～6公釐河砂

10～12公分

3公分

1公分

田土　　排水孔　　田土

3 遮光

瓦楞紙箱

胚軸生長至8～10公分前遮光以促進生長

最佳溫度為20～25度

冬季夜晚擺在底下有熱水的浴缸蓋子上或被爐裡，白天放在日照良好的窗邊等溫暖地點

4 加土 · 照光

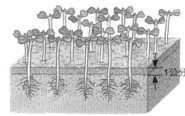

1公分

慢慢增加光照強度，避免突然的強光照射

於胚軸長3～4公分時於株距間倒入1公分厚左右的河砂，維持芽苗筆直成長，防止倒伏

生長至8～10公分左右時照光以促進子葉綠化

5 採收

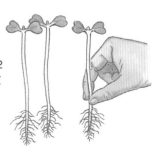

於胚軸長度10～12公分左右拔取採收

蘆筍

　　蘆筍是一種從古希臘時代就開始栽培利用的古老蔬菜。為多年生植物，以前一年培育苗壯的根株萌芽的嫩莖進行使用。由於它是深根性植物，適合於土層深厚，排水良好的田園種植。定植後可持續採收 7～10 年。

品種 有『瑪莉華盛頓』『加州 500』等於美國育成的代表性品種。此外也挑選出了不少生長勢強，枝條粗壯且產量較大的品系，如一代交配的優良品種『ウェルカム（Welcome）』、『シャワー（Shower）』、『アクセル（Accel）』、『グリーンタワー（Green Tower）』等於市面販售。

栽培重點 需要施用基肥，並且在冬季莖葉枯黃後施用大量粗粒堆肥進行追肥，以促進根系發育良好。

　　定植隔年長出的嫩芽不予採收，以充實植株為主要目的。雖然枝條很細但葉片生長非常茂盛，因而容易被風吹倒，要盡早架設堅固支柱，並綁上膠帶或繩索以提供足夠的支撐力。

　　蘆筍有種名為莖枯病的嚴重病害，一旦發現請立即噴灑藥劑，冬季將割除的莖葉帶到種植地點外焚燬以防止傳染。

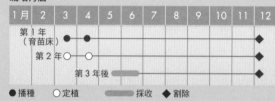

栽培月曆

	1月	2	3	4	5	6	7	8	9	10	11	12
第1年（育苗床）	●	●										◆
第2年	○	○										◆
第3年後					▬▬▬							◆

●播種　○定植　▬▬採收　◆割除

1 育苗

播種前將種子泡在浴缸等溫水內一天一夜

需要株數較少時

於育苗箱內條播

依序疏苗保持葉片不致重疊

長出3～4片本葉時移植至4寸盆

莖葉於入冬後枯萎，需割除地上部

需要株數較多時

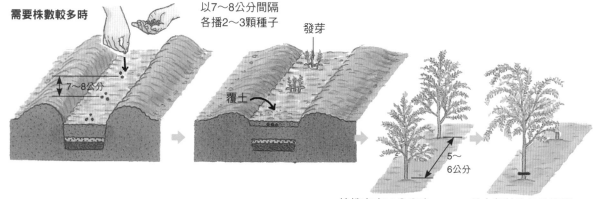

以7～8公分間隔各播2～3顆種子

發芽

7～8公分

覆土

5～6公分

植株高度10公分時疏苗並保留1株

地上部於入冬後枯萎，需從接地處割除

2 施用基肥

〈植溝長度每1公尺需要〉
油粕　7～8大匙
堆肥　7～8把

回填土壤10公分
左右

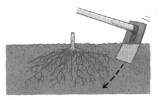

30～
40公分

40公分

120公分

3 挖掘苗株 ‧ 定植

於隔年春季掘出植株，盡量保持
根系完整

使用育苗箱育
苗時，從軟盆
中取出根株

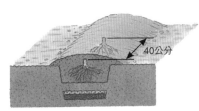

40公分

定植並覆土5～6公分厚

4 春 ‧ 夏季管理

架設支柱
於兩側架設支
柱，並綁上膠帶
或繩索以預防倒
伏

追肥‧培土
從5月起每個月1
次，於畦側追肥
3～4次並往畦面
培土

〈**每株需要**〉
油粕　3大匙

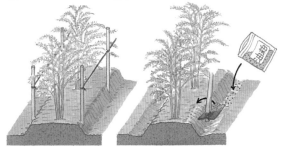

5 冬季管理

割除莖葉
焚燬割除的莖葉，避免病原
菌隨之過冬

追肥〈每株需要〉
堆肥　½桶
油粕　1把

6 採收

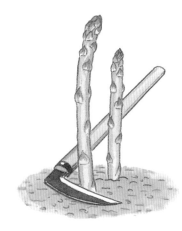

一般方式
定植兩年後，從地表
割下新長出的嫩芽並
採收。當生長勢較強
的嫩芽出現後就停止
採收，使剩餘嫩芽繼
續生長，並讓植株累
積明年繼續發芽的養
份。

長期採收方式
每次只採收少量嫩
芽，如此一來等枝條
成熟後，能夠持續長
出新的嫩芽，可少量
長期採收。

7 採收後管理方式

蘆筍枝條容易被風吹倒，在側面掛上膠帶或繩索
預防倒伏

枝條生長後為每一株
保留10～12根枝條，
並疏除之後長出的瘦
弱枝條。夏季至冬季
進行與4～6相同的管
理和採收方式。種植
7～8年後植株生長勢
開始衰退，可更換新
的植株繼續種植。

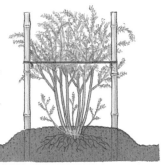

→保存方式請參考第230頁

芽菜

使農作物種子在陰暗處發芽，取其胚乳及胚軸食用。又叫做 Sprout，能在短時間內全年度進行生產，最為適合於廚房花園培育。

品種 使用吉豆（黑小豆）、綠豆、大豆、紅豆、豇豆等豆類及苜蓿、白蘿蔔、紫蘇、芥菜、向日葵、蕎麥等種子。

栽培重點 有①種子選別、②容器選定、③種子和清水比例、④沖洗、洗滌、⑤遮光等操作關鍵。

此外，想要讓種子能在短時間內整齊發芽，需要控制溫度保持 25 ～ 30 度左右，因此當溫度不足時需進行加溫培育。雖然在低溫狀況下多等幾天也能夠發芽，但在該種狀況下容易產生發芽程度不均或

品質低落等狀況。

若出現顏色不佳或產生異味等狀況，其原因是由栽培時氧氣不足所導致的。為了避免此種狀況發生，需要充分瀝乾水份，避免瓶內水份混濁。此外也要細心沖洗和洗滌。

栽培月曆

1月	2	3	4	5	6	7	8	9	10	11	12

全年均可播種・收成

● 播種　　　收成

〈豆類芽菜栽培〉

1 篩選種子

去除雜質及遭受害蟲啃蝕、外觀缺陷及帶有害蟲的種子

撈除浮在水面，充實度不足的種子

2 水洗 ・ 浸泡

用充足清水沖洗

浸泡吸水

將種子浸泡在其體積10倍的水中靜置一晚

3 洗滌

瓶口罩一塊紗布

倒出舊水，用活水再次洗滌種子

4 濾乾水份 ・ 靜置

斜放以促進濾乾水份的效率

保持黑暗
擺在流理台底下，或瓦楞紙箱裡等不會照到陽光的地點

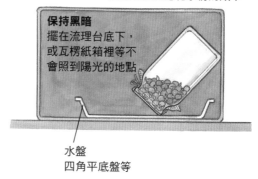

水盤
四角平底盤等

2 水洗・浸泡

沖洗2～3次

浸泡一晚（10～12小時）吸水。最好能換水1～2次

將種子浸泡在其體積10倍的水中靜置一晚

※浸泡・洗滌方式與豆類相同

3 靜置

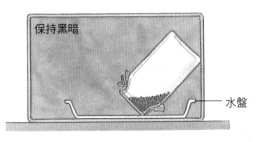

保持黑暗

水盤

4 綠化

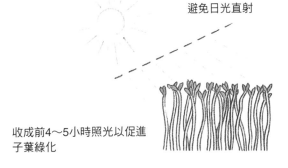

避免日光直射

收成前4～5小時照光以促進子葉綠化

5 收成

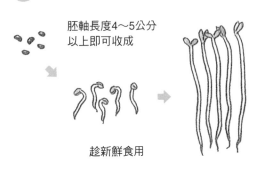

胚軸長度4～5公分以上即可收成

趁新鮮食用

---

5 再次洗滌

每天仔細水洗兩次

確實濾乾水份

當浸泡量較多，瓶裝無法充份洗淨時，利用碗公類的大型容器較為便利

泡水的種子

紗布、紙巾等

竹篩或塑膠篩

開了氣孔的保鮮膜

盆子　棉布

6 收成

胚軸長度5公分以上即可收成

趁新鮮食用

〈苜蓿芽培育〉

1 篩選種子

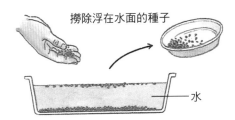

撈除浮在水面的種子

水

白蘿蔔

白蘿蔔是種廣泛使用的食材，在蔬菜消耗量中持續佔據榜首位置。性喜冷涼氣候，雖不具耐暑性，但有耐寒性，非常強健。土壤適應性寬廣，能在非常貧瘠的土地種植，是種容易栽培的蔬菜。

品種 全國各地有多數傳統品種，且大量進行品種改良，因此培育出許多品種。於日本全國廣為普及的『耐病総太り』，也就是所謂的綠頭白蘿蔔，但還有許多類似品種，如秋播春收的『おふくろ（老媽）』、『天風』，及夏收的『おしん（阿信）』、『YR青山』等。另有非常多地區性品種，網購種子進行栽培也是很有趣的。

栽培重點 疏苗時，基本上需保留子葉筆直生長的

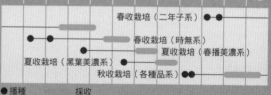

栽培月曆

1月	2	3	4	5	6	7	8	9	10	11	12

春收栽培（二年子系）
春收栽培（時無系）
夏收栽培（春播美濃系）
夏收栽培（黑葉美濃系）
秋收栽培（各種品系）

● 播種　　採收

植株。

其主要病害：病毒病的病原病毒經由蚜蟲傳播，在高溫期特別需要注意防治對策。初期蓋上遮蓋資材，能夠有不錯的預防效果。如果發現蚜蟲出現，及早噴灑藥劑防治。

1 田園準備
前期作物整理完畢後，施用石灰並翻土

〈每1平方公尺需要〉
腐熟堆肥　5～6把
化學肥料　2大匙
油粕　4大匙

播種半個月或更久前施用優質腐熟堆肥和肥料，並細心翻土30～35公分深

× 未腐熟堆肥會導致蘿蔔根部分岔，絕對不可使用

去除石頭和木片等會影響根部生長的障礙物

2 播種

每個植穴播4～5顆種子，覆土1～1.5公分深

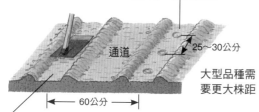

25～30公分

通道

大型品種需要更大株距

60公分

挖出與鋤頭同寬，深約3公分左右的播種溝

直徑5～6公分

用易開罐等道具往地表按壓，順著地面上的圓形印記播種，種子就不會黏在一起了

3 疏苗 · 培土

發芽整齊　　　　　第1次

長出1片本葉時疏苗並保留3棵植株。疏苗後以手指頭往根部略為培土

疏苗時保留子葉形狀漂亮的苗株

 ○　 ×　 ×　 ×

生育初期子葉形狀整齊的植株根部形狀會比較漂亮，不整齊或過大的植株其根部的形狀也較容易長歪

第2次　　　　　**第3次（最終疏苗）**
長出6～7片本葉時疏苗並保留1棵

長出3～4片本葉時疏苗並保留2棵植株。往根部略為培土以確保根部不會鬆動

4 追肥

第1次

〈每株需要〉
化學肥料　1小匙
油粕　　　1小匙

第2次疏苗後於植株周圍施用肥料，並略為拌入土中

第2次
〈每株需要〉
化學肥料　1大匙
油粕　　　2大匙

第3次疏苗後於畦面單側施用肥料，拌入土中並以鋤頭往畦面培土

第3次

〈每株需要〉
化學肥料　2大匙

第2次追肥半個月後於相對側施用肥料，拌入土中並以鋤頭往畦面培土

5 病蟲害防治

使害蟲不易靠近的方法

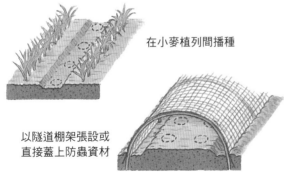

在小麥植列間播種

以隧道棚架張設或直接蓋上防蟲資材

在畦面敷蓋銀色或黑白農膜再挖洞播種

蘿蔔有鑽心蟲以及會傳播病毒的蚜蟲等害蟲。多加留意，於發現後及早噴灑藥劑

葉底也要仔細噴藥

6 採收

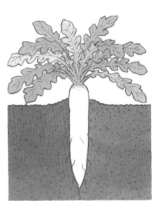

往上方茂盛生長的葉片開始往周圍張開，外葉垂下時即為採收適期。過晚採收會蓬心（空洞化）

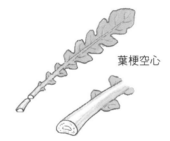

葉梗空心

根部空心

將葉梗基部上方2～3公分處切開看看。若該處有空洞，則根部一定也有空洞。

〈日本的代表性傳統品種〉

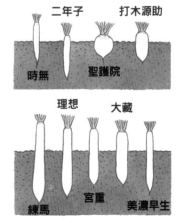

二年子　　　打木源助

時無　　　聖護院

理想　　　大藏

練馬　　宮重　　美濃早生

→保存方式請參考第230頁

蕪菁

品種 蕪菁有許多品種，大致上分為從朝鮮半島引進日本的歐洲型，及從中國引進日本的亞洲型。前者主要在東日本栽培，而後者大多分佈於西日本。

有各種大小形狀，且分為白、紅、紅紫色等顏色，有許多各具特色的品種，可根據個人喜好種植。一般廣為人知的是關東地區的金町系，有『金町小蕪』、『豐四季』、『耐病ひかり（耐病光）』，關西則有『聖護院』、『聖護院大丸蕪』、『本紅赤丸蕪』等，此外還有帶有地方色彩的『飛驒紅蕪』、『河內赤蕪』、『津田蕪菁』、『伊予緋蕪菁』、『長崎赤蕪』及其他多種品種。

栽培月曆

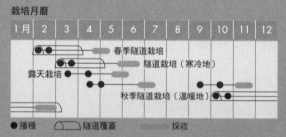

	1月	2	3	4	5	6	7	8	9	10	11	12

春季隧道栽培
隧道栽培（寒冷地）
露天栽培
秋季隧道栽培（溫暖地）

● 播種　　隧道覆蓋　　　採收

栽培重點 一般來說，蕪菁性喜冷涼氣候，不耐夏季酷暑。但大多具有耐寒性，不少紅色系比白色系更為強健。根據不同品種變更播種及疏苗時機。

選擇較為潮濕的田園種植，並施用優質堆肥，追肥確保肥份不中斷，為栽培出優質蕪菁的訣竅。

1 田園準備

石灰

盡早對田園施用石灰，並細心翻土20公分深

〈每1平方公尺需要〉
化學肥料　5大匙
油粕　8大匙

播種前數日對整片田園施用肥料，並再次翻土約15公分深

2 挖掘播種溝

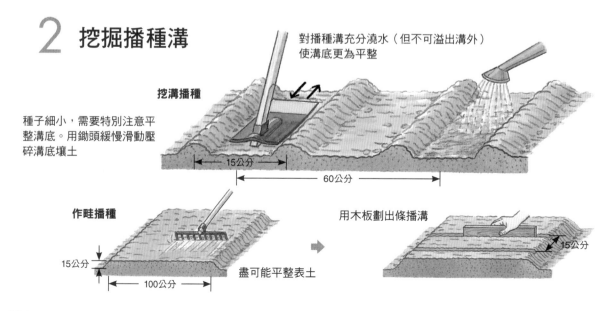

對播種溝充分澆水（但不可溢出溝外）使溝底更為平整

挖溝播種

種子細小，需要特別注意平整溝底。用鋤頭緩慢滑動壓碎溝底壤土

15公分
60公分

作畦播種

15公分
100公分
盡可能平整表土

用木板劃出條播溝
15公分

3 播種

挖溝播種時
以1.5～2公分間隔於播種溝中仔細播種。
覆土1公分厚

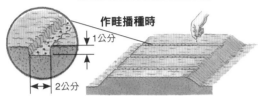

1公分

2公分

作畦播種時

4 隧道保溫

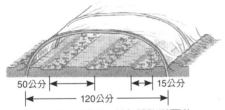

50公分　　15公分

120公分

於2月上～下旬播種，並架設隧道覆蓋。
寬180公分的農膜，足夠覆蓋3行播種溝

發芽後最好暫時保持密閉，長出1～2片本葉後
白天打開側邊，或在頂部開小洞換氣

5 疏苗

整齊發芽狀態　➡　長出1片本葉時
第1次疏苗

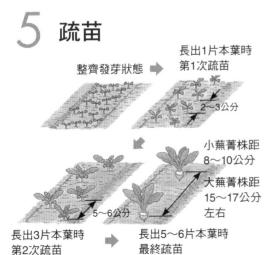

2～3公分

小蕪菁株距
8～10公分

大蕪菁株距
15～17公分
左右

5～6公分

長出3片本葉時　➡　長出5～6片本葉時
第2次疏苗　　　　最終疏苗

6 追肥

挖溝播種時

〈畦面長度
每1公尺需要〉
化學肥料
5大匙

於第2及第3次疏苗
後，在畦面單側施
用肥料，拌入土中
再往植株根部培土

作畦播種時

〈每1平方公尺需要〉
化學肥料　5大匙

第2次疏苗後，於畦
間追肥並略為拌入
土中

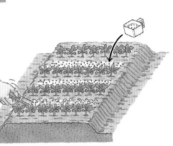

7 害蟲防治

幼年時期起容易遭到小菜蛾、夜盜蟲、
蚜蟲等害蟲食害

噴灑殺蟲劑

葉底也要仔細噴藥

在葉片上直
接蓋上遮蓋
資材

8 採收

觀察根部發育狀況，邊疏
苗邊採收食用。未成熟的
蕪菁葉片也很美味

→保存・利用方式請參考第231頁

小蕪菁

蕪菁有許多根部大小和顏色不同，富有地區性色彩的品種，根據用途及個人喜好於各地進行栽培。是一種可利用各種栽培方式全年度於全國各地栽培，極度推薦各位種植的蔬菜。

品種 有自古以來頗具名氣的『金町小蕪』，此外也有經過改良，容易栽培且根部形狀漂亮的『たかね（高根）』『とよしき（豐四季）』『耐病ひかり（耐病光）』等可供選擇種植。

栽培重點 植株性喜肥沃且乾溼度變化不大的土壤，想種出優質的小蕪菁，需要事先將優質有機資材（如腐熟堆肥或泥炭土、椰纖等）與田土充份混合後再進行栽培。

栽培月曆

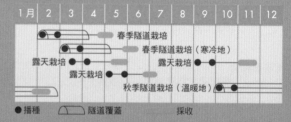

	1月	2	3	4	5	6	7	8	9	10	11	12
				春季隧道栽培								
					春季隧道栽培（寒冷地）							
露天栽培							露天栽培					
			露天栽培									
					秋季隧道栽培（溫暖地）							

●播種　〰隧道覆蓋　　採收

進行隧道栽培時，能比其它疏菜更早播種，在四月下旬左右就能享受採收樂趣。播種後 20 天左右，除澆水 1～2 次之外均可保持隧道密閉。如此一來不易發生蟲害，管理非常簡單。

最佳種植時期為秋播栽培。不僅植株生育良好，且受過霜凍的的小蕪菁味道也特別鮮美。

1 田園準備

石灰　腐熟堆肥

於冬季期間對田園施用石灰及腐熟堆肥，並細心翻土20公分深

將翻起的壤土堆成小山狀，於播種前保持壤土受寒風吹拂使其細碎化

2 施用基肥 ‧ 挖掘播種溝

〈播種溝長度每1公尺需要〉
化學肥料　3大匙
油粕　5大匙

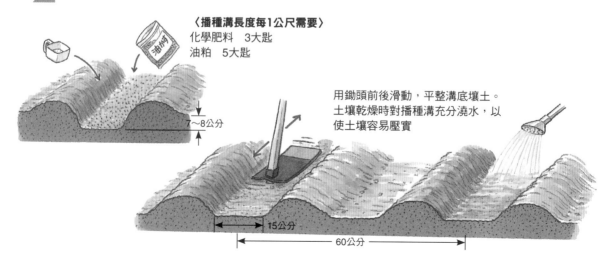

用鋤頭前後滑動，平整溝底壤土。
土壤乾燥時對播種溝充分澆水，以使土壤容易壓實

7～8公分

15公分

60公分

3 播種

播種時保持密度為每1.5～2公分 1顆種子

由於種子細小，可從高處以指尖揉搓播下，以確保播種整齊

播種後細心覆土5～6公釐厚，並以鋤頭底部輕輕壓平

4 疏苗

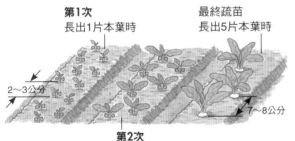

第1次
長出1片本葉時

2～3公分

第2次
長出3片本葉時
（保持葉片不會重疊即可）

最終疏苗
長出5片本葉時

7～8公分

5 追肥

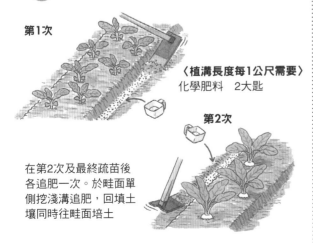

第1次

〈植溝長度每1公尺需要〉
化學肥料　2大匙

第2次

在第2次及最終疏苗後各追肥一次。於畦面單側挖淺溝追肥，回填土壤同時往畦面培土

6 採收

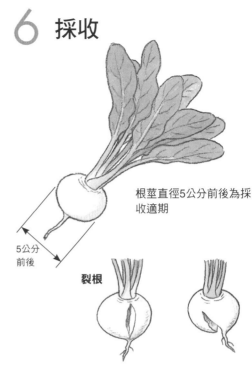

根莖直徑5公分前後為採收適期

5公分前後

裂根

在土壤過度乾燥時發生，常於低溫期至回暖期間出現。過遲採收也可能導致此種狀況發生

〈在2月播種，以春季首先採收為目標的隧道栽培〉

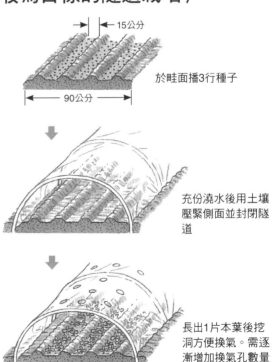

15公分

於畦面播3行種子

90公分

充份澆水後用土壤壓緊側面並封閉隧道

長出1片本葉後挖洞方便換氣。需逐漸增加換氣孔數量

→保存・利用方式請參考第231頁

櫻桃蘿蔔

櫻桃蘿蔔是一種生育速度快，種植後短時間內即可採收的歐洲系蘿蔔，又被稱為「二十日大根」。有多種不同形狀及顏色，最適合做成沙拉食用。在狹窄的田園、庭院甚至花盆中均可簡單進行栽培，也非常適合初學者嘗試種植。

品種 以紅色圓形蘿蔔為代表性種類，有『コメット（Comet）』、『レッドチャイム（Red chime）』、『櫻桃蘿蔔』等。另有白色圓形的『白櫻桃蘿蔔』，白色長條形的『アイシクル（Icicle）』、『雪小町』，及紅白色紡錘形的『紅白』、『法國早餐』等。除此之外也有混合五種顏色種子販賣的小包裝種子，是種從選擇栽培品種開始就非常有趣的蔬菜。

栽培重點 雖與白蘿蔔相同性喜冷涼氣候，但其根莖較小，栽培時的生育天數較短，因此適合種植的時間跨度也較為寬廣。

但其根莖若於夏季高溫時進入肥大期容易生長不良，需要多加留意。隨時觀察葉片顏色少量追肥，並細心疏苗。可利用遮蓋資材迴避小菜蛾、菜蟲侵襲。

栽培月曆

栽培月曆	1月	2	3	4	5	6	7	8	9	10	11	12
春收												
初夏收												
秋收												
冬收												

●播種　　隧道覆蓋　　採收

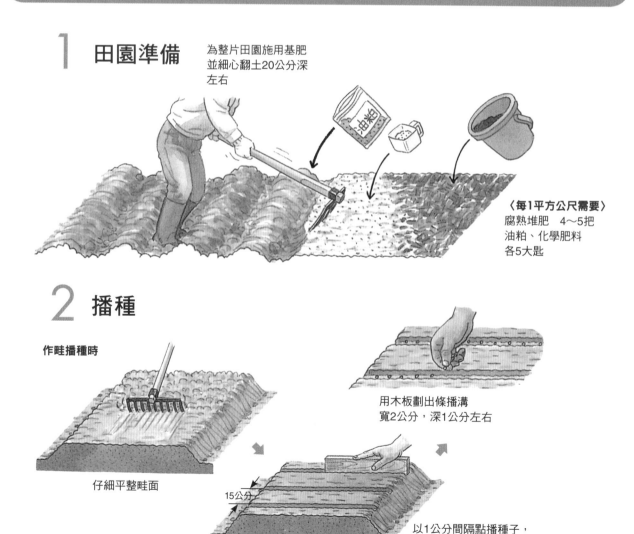

1 田園準備

為整片田園施用基肥並細心翻土20公分深左右

〈每1平方公尺需要〉
腐熟堆肥　4～5把
油粕、化學肥料
各5大匙

2 播種

作畦播種時

仔細平整畦面

用木板劃出條播溝
寬2公分，深1公分左右

15公分

以1公分間隔點播種子，
覆土1公分左右

挖溝播種時

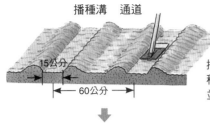

播種溝　通道

15公分

60公分

挖出比鋤頭寬度稍寬的播種溝，並仔細平整溝底

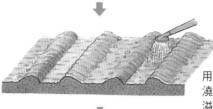

用灑水壺將溝面澆滿水。若水位溢出溝面會增加覆土難度。

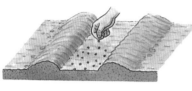

均勻播種，種子間隔2公分左右

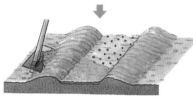

覆土1公分左右。之後以鋤頭底部鎮壓。

3 疏苗

第1次
種子均勻發芽後，疏除葉片嚴重重疊的幼苗

第2次
長出1片本葉時

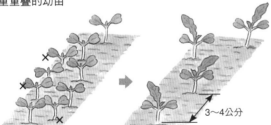

3～4公分

第3次
長出3片本葉時

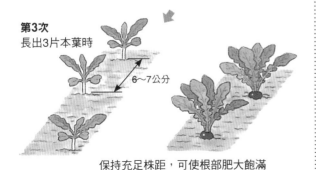

6～7公分

保持充足株距，可使根部肥大飽滿

4 追肥

作畦播種時
〈每1平方公尺需要〉
化學肥料　3大匙

於條距間施肥，並以竹棒拌入土中

第3次疏苗後

竹棒

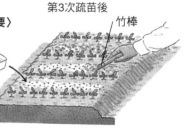

挖溝播種時
〈植溝長度每1公尺需要〉
化學肥料　3大匙

於植溝兩側施用肥料，以鋤頭拌入土中

第3次疏苗後

5 採收 · 利用

白色細長形

紅色圓形　　　　紅白相間形

現採櫻桃蘿蔔整根生吃

製作西洋泡菜
以醋3：水1比例，加入少許食鹽、砂糖、胡椒粒、月桂葉等調味料，煮沸後即為西洋泡菜液。加入各人喜好的蔬菜一起醃漬

配合喜歡的沾醬食用
如搭配以美乃滋和蕃茄醬混合而成的黃金醬（aurore sauce），或加入芹菜珠的酸奶油醬等

〈根部發育不良原因〉

正常　　　　株距過窄等狀況

管理不良時，圓形櫻桃蘿蔔仍可能會發育不良或裂根

高溫期播種

採收過遲或土壤水份變化過大

辣根

品種 雖然辣根可依葉片形狀和根部顏色及形狀區分為數種不同品系，但未曾見到品種分化。大致上可區分成赤芽種和青芽種，赤芽種的葉梗基部略帶紅色，雖然生產量大，但據說辛辣成份較少。一般購買容易入手的市售辣根做為種根使用。

栽培重點 氣候寒冷的生產地（如北海道及長野縣等地）會在前一年秋季將粗1公分，長15公分左右的辣根埋在土中保存，春季後再進行田間定植。但在一般家庭菜園中，等春季後再購入市售辣根種植即可。

溫暖地區可在秋季敷蓋畦面後直接定植。

隨著植株成長，會從根部附近長出許多根出葉，

並在植株周圍擴散生長。適當摘葉以避免葉片重疊。

辣根生長非常旺盛，不太需要在意管理問題。但它容易發生蟲害，害蟲過多時噴灑殺蟲劑防治。

栽培月曆

	1月	2	3	4	5	6	7	8	9	10	11	12

○定植　　採收

1 田園準備

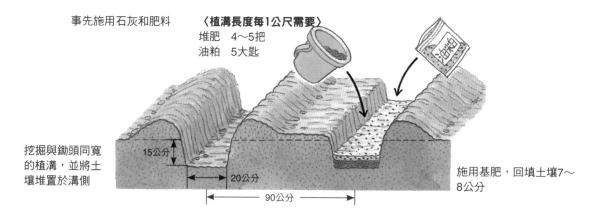

事先施用石灰和肥料

〈植溝長度每1公尺需要〉
堆肥　4～5把
油粕　5大匙

挖掘與鋤頭同寬的植溝，並將土壤堆置於溝側

15公分　20公分　90公分

施用基肥，回填土壤7～8公分

2 種根準備

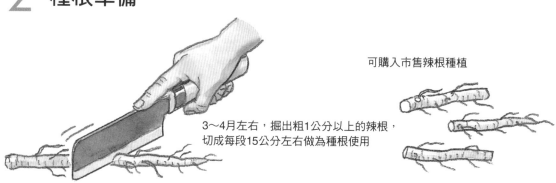

3～4月左右，掘出粗1公分以上的辣根，切成每段15公分左右做為種根使用

可購入市售辣根種植

3 定植

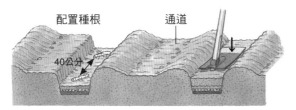

配置種根　　通道

40公分

在種根上覆土7～8公分，以鋤頭輕輕壓平

4 疏苗

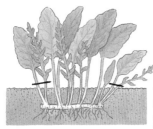

會長出許多葉芽，保留3至4芽後摘除其餘葉芽。

葉形變化
一開始長出的葉片呈深裂羽毛狀

種植較長時間後長出的葉片會產生凹凸狀的皺褶

5 追肥・敷蓋稻草

第1次
夏季結束前後

〈每株需要〉
化學肥料　1大匙

田土易乾時需敷蓋稻草

於畦面單側施用肥料，略為拌入土中並往畦面培土

第2次
春季植株開始旺盛成長後，於第1次追肥的相對側進行

〈每株需要〉
化學肥料　1大匙

6 害蟲防治

當葉片上出現明顯的啃食痕跡時，需要噴灑殺蟲劑。辣根生長勢很強，不會使產量過度降低

容易受到夜盜蟲、小菜蛾、菜蟲等害蟲啃食

7 採收

栽培過程中依序挖出部份根部使用

冬季地上部枯萎時即已形成粗大的地下根系。此時掘出植株能採收大量辣根。

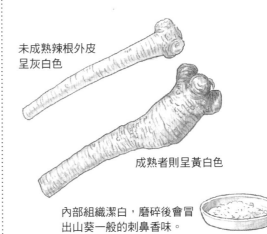

未成熟辣根外皮呈灰白色

成熟者則呈黃白色

內部組織潔白，磨碎後會冒出山葵一般的刺鼻香味。

甜菜

將生長得如同蕪菁一般肥大的甜菜根輪切後，能看到漂亮的深紅色同心圓紋路。雖然甜菜根有獨特的土腥味，但事先處理後就能去除，是種意外地擁有多種料理用途的疏菜。

品種 有摘菜食用的葉用甜菜，和製糖原料用的糖用甜菜。雖然它們都是親戚（同種），但用途完全不同，購買種子時要稍微留意。分為早生種、晚生種及顏色不同的數種品種，一般購買根部顏色呈深紅色，品質優良的『底特律深紅甜菜根』等品種栽培即可。

栽培重點 甜菜性喜冷涼氣候，夏季酷熱會使生育變差，冬季低溫則會使品質變差，因此主要在春季

及秋季進行栽培[註]。植株不耐酸性環境，需要事先施用石灰，充份翻土後再播種。

（註：臺灣平地主要在秋冬栽培）

莧科植物的特性是能從單一種子長出複數新芽，當種子發芽後只需保留 1 根嫩芽，並疏除其他嫩芽。直徑 7～8 公分，且根部表面凹凸較少的甜菜根比根部生長過大的植株更為優良。

1 施用基肥

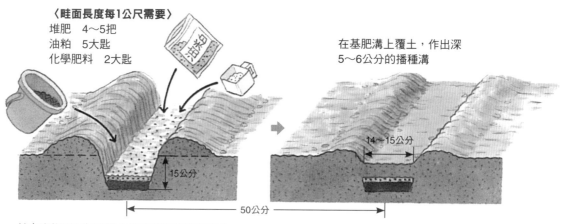

〈畦面長度每1公尺需要〉
堆肥　4～5把
油粕　5大匙
化學肥料　2大匙

在基肥溝上覆土，作出深5～6公分的播種溝

15公分

14～15公分

50公分

於事先施用石灰並翻土的田園開溝施用基肥

2 播種準備

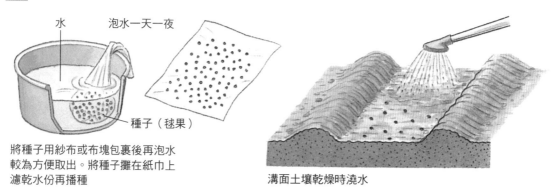

水　　泡水一天一夜

種子（毬果）

將種子用紗布或布塊包裹後再泡水較為方便取出。將種子攤在紙巾上濾乾水份再播種

溝面土壤乾燥時澆水

3 播種

播種時保持種子間隔4～5公分

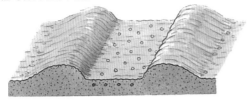

覆土2～3公釐厚，並以鋤頭
底部輕輕鎮壓

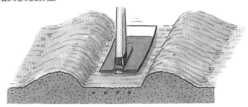

取細碎腐熟堆肥或長度切短成
3～4公分的稻梗覆蓋播種溝預
防乾燥

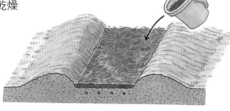

4 疏苗

第1次

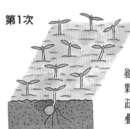

雖然看起來像單一種子，但每
顆種子會長出2～5根嫩芽，
疏苗並保留一根即可。葉片重
疊時，疏除苗株保持一定株距

第2次

6～7公分

植株高度5～6公分左右

第3次（最後一次）

15公分

植株高度14～15公分左右

5 追肥 ‧ 培土

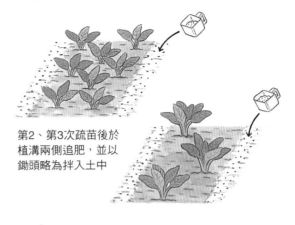

第2、第3次疏苗後於
植溝兩側追肥，並以
鋤頭略為拌入土中

6 採收 ‧ 利用

採收後環切做為
沙拉食材

加一小撮鹽帶皮水煮，以文火煮
30～40分鐘後放涼

拌美乃滋食用

人工剝皮

煮成濃湯或奶油燉菜

沙拉或醋醃食材

胡蘿蔔

胡蘿蔔富含胡蘿蔔素及維生素 A，是黃綠色蔬菜的代表性種類。原本喜好冷涼氣候，但其溫度適應性寬廣，且根部不易受到氣溫影響，只要對露出土表的根莖覆土，很容易就能夠越冬。

品種 以根莖長度區分成 3 寸型、5 寸型、長根型等，一般種植以容易栽培產量豐富的 5 寸型為主。有『向陽二號』、『ベーターリッチ（Better Reach）』、『黑田 5 寸』等代表性品種，關西則有討喜的『金時』。另有『ベビーキャロッド（Baby Carrot）』、『ピッコロ（Piccolo）』等小型品種。

栽培重點 需注意根瘤線蟲危害。避免於前一期發生過蟲害的田土中栽培^{（註）}。

栽培月曆

1月	2	3	4	5	6	7	8	9	10	11	12

春播　　　　早春播
夏播（秋收）
夏播（春收）

●播種　　🔲隧道覆蓋　　採收
迷你胡蘿蔔可於花盆種植

（註：可在休耕期種植萬壽菊或孔雀草，種植胡蘿蔔前再耕除做為綠肥使用，可有效降低根瘤線蟲危害。與上述植物間植也能取得不錯的防線蟲效果。）

胡蘿蔔的種子很輕，不易整齊發芽，因此需要仔細挖掘播種溝，覆薄土後輕微壓實。特別是在夏季播種時，可等到下雨過後，或土壤乾燥時先將整條播種溝澆濕再播種。若使用加工成球狀的粉衣種子播種，能大幅降低發芽失敗率。

疏苗過遲使植株生長互相干擾，會使根部肥大遲緩，且形狀也會變差，需要特別留意。

1 田園準備

盡早細心翻土15～20公分深左右。事先篩除小石塊和木片等雜物

〈每1平方公尺需要〉
腐熟堆肥　4～5把
石灰　3大匙

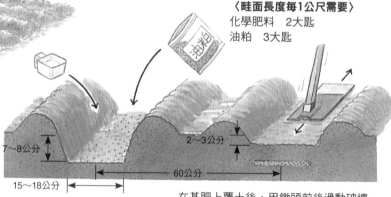

〈畦面長度每1公尺需要〉
化學肥料　2大匙
油粕　3大匙

7～8公分
2～3公分
60公分
15～18公分

在基肥上覆土後，用鋤頭前後滑動破壞土塊，平整溝底

2 播種

以1.5～2公分間隔對整條播種溝仔細撒下種子

土壤過乾時，事先對播種溝澆水，等足夠濕潤後再播種

覆土4～5公釐厚，以鋤頭底部輕壓

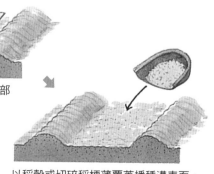

以稻穀或切碎稻梗薄覆蓋播種溝表面，防止乾燥或雨水沖刷

3 隧道覆蓋（早春播種）

進行3行條播，並架設寬1.8公尺的農膜隧道。
發芽後暫時保持密閉

長出1片本葉後
開始換氣

打開隧道側面方便換氣。可以插根棒子
預防農膜滑落

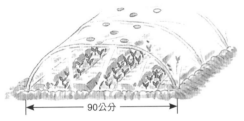

|← 90公分 →|

可在隧道頂部以15公分左右間距開直徑5公分前後的換氣孔（若農膜明年還要使用，屆時在開洞部份補上一塊長條型農膜蓋住洞口即可）

4 疏苗・除草

第1次
植株高度4～5公分

6～7公分

第2次
根部直徑肥大至
5～7公釐左右

胡蘿蔔初期生育遲緩，容易被雜草湮沒。看到雜草就勤勞地拔除吧。

10～12公分

5 追肥・培土

〈畦面長度每1公尺需要〉
油粕　2大匙
化學肥料　2大匙

第1次
第2次疏苗完畢後

第2次
第1次追肥經過20～25天後進行。
對胡蘿蔔肩部培土，高度1公分左右

〈品質減損原因〉

歧根（分岔）
生長區域有障礙物

線蟲危害
由根瘤線蟲引起

開裂
土壤太乾太濕或過晚採收

6 採收

雖然一般以5寸胡蘿蔔長度12～13公分、3寸胡蘿蔔長度8～9公分為基準，但不需太在意，依序採收使用即可

〈利用花盆種植小型品種〉

利用長盆栽種兩排迷你胡蘿蔔，隨時享受新鮮好滋味

當根莖直徑1公分左右時，從較肥大的植株依序採收。將它們插在盛水的杯子裡，品嘗現採的美味吧。

→保存方式請參考第231頁

197

牛蒡

牛蒡含有豐富的纖維素，有腸胃道清潔和益生菌繁殖的效用，在中國及西歐等地也極為重視這些功效並加以利用。只要變更種植品種和採收時期，就能長期享受到新鮮牛蒡。

品種 長根種較為常見，有『柳川理想』『滝野川』等，而短根種則有『大浦』『萩』等。而像『サラダむすめ（沙拉娘）』之類的短根早生種及長根的『ダイエット（Diet）』等，則是改良過適合做為沙拉食材使用的品種。

栽培重點 牛蒡喜歡深厚且排水良好的耕土層，因此需要選擇適當田園，深層翻土之後再開始栽培。

牛蒡種子不易發芽，需要事先泡水處理。具有好

光性，播種後覆土不可太厚。

初期生育緩慢，需要細心除草和追肥以確保生育良好。管理方面不算困難，但是要注意蚜蟲防治。觀察根部肥大狀況，家庭菜園種植在未成熟時即可開始採收，而根部足夠肥大的牛蒡則於過冬後逐次挖取並長時間使用。

栽培月曆

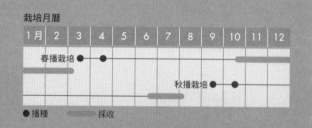

	1月	2	3	4	5	6	7	8	9	10	11	12
春播栽培			●	●								
秋播栽培								●	●			

● 播種　　採收

1 深耕田土

牛蒡根會筆直生長，想種出容易掘起的牛蒡，就得先確保耕土層深度充足

①

② 70～80公分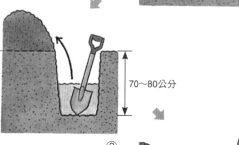

③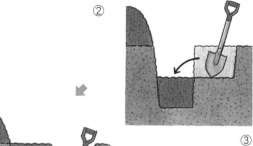

④

重複進行③和④後再進行下一個步驟

2 播種準備

〈每1平方公尺需要〉
石灰　3～5大匙
過磷酸鈣　3大匙

播種前施用肥料，略為翻鬆表土並充份混合

挖出深7～8公分的播種溝

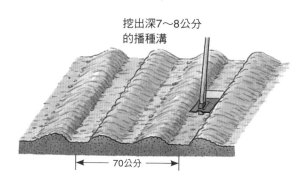

← 70公分 →

3 播種

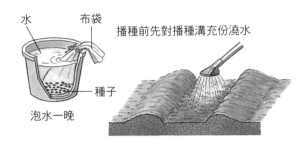

水　布袋
種子
泡水一晚

播種前先對播種溝充份澆水

每點播
6～7顆種子

種子為好光性，覆薄土稍微蓋過種子即可

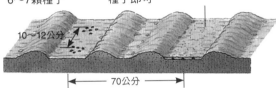

10～12公分

70公分

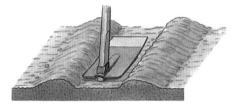

覆土後用鋤頭底部用力壓平，
避免種子被雨水沖走

4 疏苗

第1次
長出1片本葉時
疏苗並保留2株

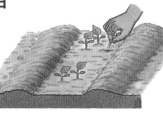

第2次
長出3片本葉時疏苗並保留1株

疏苗時的優秀植株判別方式

如果植株葉片筆
直朝上生長

葉片向外擴張，生育
遲緩或過佳的植株

優秀

不良

根部也會筆直
生長

根部可能產生分叉或變形。
根部無法肥大發育

5 追肥

第1次
在第1次疏苗後搗
碎畦肩施肥，再將
耕土堆成原來的形
狀

〈畦面長度每1公尺需要〉
腐熟堆肥　5～6把
油粕　3大匙
化學肥料　2大匙

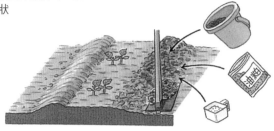

第2次
〈畦面長度
每1公尺需要〉
第2次疏苗後
化學肥料
3大匙　油粕　3大匙

第3次
於長出5片本葉時進行
施肥量與第2次相同

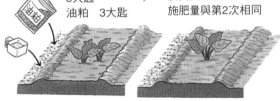

於第1次追肥的相對側追肥

6 採收

家庭菜園種植可提早採收未
成熟牛蒡食用，根部足夠肥
大的牛蒡則於過冬後逐次挖
取，長時間享受採收樂趣

於10月下旬左右開始挖
掘。12月左右葉片開始
枯萎，此時為正式採收
期。可持續採收到三月
左右

葉片尚未枯萎
時，先割除葉
片再挖出牛蒡

一般狀態

嫩牛蒡
根莖直徑約1公
分左右，可作為
嫩牛蒡採收及使
用

盡量挖掘到根部尖端之
後再採收。市面上也有
採收牛蒡專用的工具。
大量種植時利用機械
（挖溝機）作業

→保存・利用方式請參考第231頁

薑

薑，是一種具有殺菌作用及醫療效果和除臭等多種功效，具有悠久栽培歷史的古老農作物。雖然薑種塊價格不低，但它是種能夠豐富飲食生活，適合於家庭菜園種植的蔬菜。此外只要改變採收方式，就能夠從初夏至秋季進行長時間使用。

品種 根據根部（塊莖）大小可區分為大薑、中薑、小薑等。大薑有『近江』、『印度』，中薑有『房州』，小薑則有『谷中』、『金時』、『三州』等。一般家庭菜園主要利用小薑栽培，依據不同的採收時期和方式又可分為芽薑（矢生薑）、嫩薑（葉生薑、矢根薑）、老薑（薑母）和粉薑等，推薦長期採收使用。

栽培月曆

1月	2	3	4	5	6	7	8	9	10	11	12
		芽薑 ○									
		粉薑 ○									

○ 定植　　採收

栽培重點 首先要確保能取得優良薑種，請先向種苗預訂。定植間隔大致上為 8～10 公分。若田園狹窄，或想提早採掘時，盡量進行密植栽種也無妨。薑不喜乾燥，在乾燥田園中栽培需要敷蓋稻草並注意澆水。秋季採收嫩薑時需注意盡量不要傷害到未採收的剩餘塊莖。

1 薑種塊準備

取得妥善保存，過冬後足夠飽滿的薑塊

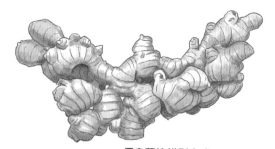

優良薑塊辨別方式
①薑塊飽滿且色澤漂亮
②有漂亮而飽滿的芽點

徒手將薑塊掰成每片
約50公克大小

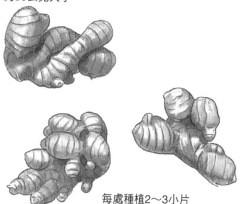

每處種植2～3小片

2 田園準備

〈每1平方公尺需要〉
石灰　2大匙
腐熟堆肥　4～5把

於冬季期間翻土，使土壤充份受到冷風吹拂

3 施用基肥

施用基肥後
覆土作植溝

〈畦面長度每1公尺需要〉
化學肥料　3大匙
油粕　5大匙
堆肥　5～6把

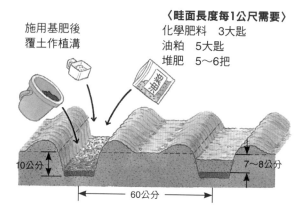

10公分
7～8公分
60公分

4 定植

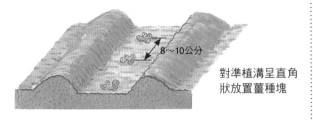

8～10公分

對準植溝呈直角
狀放置薑種塊

5～7公分

覆土後，作畦
並使畦面稍微
隆起

低溫狀態不易出芽，想提早採收需要先催芽再行田間定植。發芽適溫為25～30度

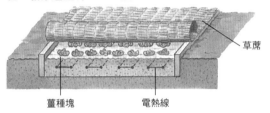

草蓆

薑種塊　　　電熱線

5 追肥

第1次
植株高度15公分左右時，於畦面兩側
施用肥料並略為往畦面培土
〈畦面長度每1公尺需要〉
化學肥料　2大匙

第2次
於植株高度30～40公分時進行
〈畦面長度每1公尺需要〉
化學肥料　3大匙

第3次
於前次追肥1個月
後進行
肥量和方式
與前一回相同

6 敷蓋稻草 ・ 澆水

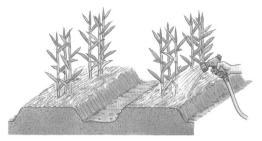

薑不耐旱，梅雨季過後要在植株根部敷蓋稻草。
土壤過乾時充份澆水

7 採收

根據各人喜好，可享受多種採收方式

芽薑
長出3～4片葉片時，將薑塊留
在土裡並割下長出葉片的嫩薑
頭部份使用。薑塊會繼續長出
新芽，可持續進行採收

嫩薑
在日本稱為矢根薑，
也叫谷中薑。拔取稍
微開始肥大的新生塊
根使用

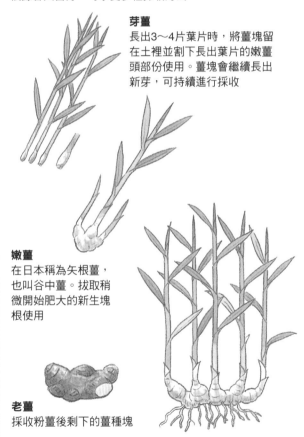

老薑
採收粉薑後剩下的薑種塊

粉薑
在日本又被稱為根薑／新
薑。於晚秋時期，根莖足
夠肥大時挖掘採收

→保存方式請參考第231頁

馬鈴薯

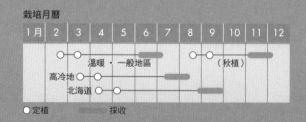

1月	2	3	4	5	6	7	8	9	10	11	12
			溫暖 · 一般地區						（秋植）		
高冷地											
北海道											

○定植　　　　採收

處於低溫環境下也很容易生長，只需要 3 個多月就能得到種薯的 15 倍收成，生產力非常強悍。雖然容易栽培，但它屬於茄科作物，需要避免和番茄、茄子等作物連作。特別注意絕對不可以和擁有共通疫病的番茄鄰接栽培。

品種 春植使用『男爵』『メークィーン（May Queen）』、『ワセシロ（早生白）』『インカのめざめ（印加的甦醒）』，秋植則以『デジマ（出島）』『にしゆかた（西豐）』、『ウンゼン（雲仙）』等最為適合。另外有適合各種用途（如燉煮、沙拉、炸薯條、烤馬鈴薯等）及薯塊顏色、花色等不同的美觀品種。

栽培重點 由於馬鈴薯具有休眠性，因此提早甦醒，發芽過長及仍在休眠尚未開始冒芽的薯塊均不適合作為種薯使用。請選擇新芽長度適中且發育飽滿的薯塊使用。此外，購買未罹患病毒病的專用種薯也是重要關鍵。

根據各地的種植適期進行定植。整理葉芽數量並追肥和培土，也別忘記細心進行病蟲害防治。

1 種薯準備

縱切薯塊，盡量保持左右芽點平均
靠近尖端的芽點較具優勢，生長速度較快

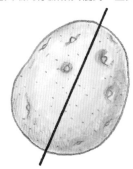

靠近底部的芽點小，生長遲緩或根本不生長

70～80公克左右的薯塊可切成2大片使用，更大的則可切成3至4片使用

2 田園準備 · 施用基肥

〈畦面長度每1公尺需要〉
堆肥　3把
化學肥料　4大匙

於秋季至冬季期間細心翻土。最好不要灑石灰（鹼性環境容易產生馬鈴薯病害之一的瘡痂病）

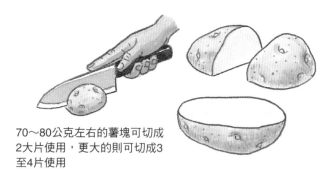

挖出與鋤頭同寬的植溝，並將土壤堆在溝側

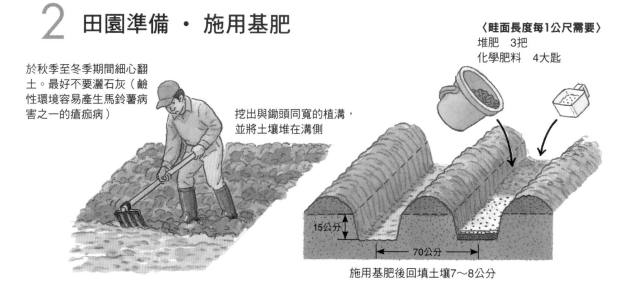

15公分

70公分

施用基肥後回填土壤7～8公分

3 定植

切口朝上可能在斷面蓄積水份，容易造成薯塊腐爛

配置種薯時注意將切口朝下

在種薯上覆土5～8公分，並以鋤頭略為壓實

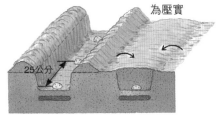

25公分

土壤較輕時覆土要厚，較重時覆土要薄

5～8公分

4 疏芽

馬鈴薯會長出許多葉芽，保留生長勢最好的兩條葉芽並疏除其他葉芽。壓緊植株根部以防拔出種薯，斜向拔下葉芽即可。難以摘除時可用剪刀剪除

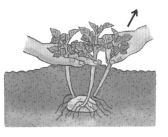

5 追肥・培土

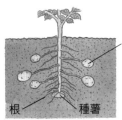

新長出的薯塊

從種薯上方生長出的根莖前端會肥大形成新的薯塊，培土是非常重要的步驟

根　　種薯

第1次
〈每株需要〉
化學肥料　1大匙

沿畦面施肥，並以通道土壤往植株根部培土約4～5公分高

第2次
於第1次作業經過約20天後，進行與第一次相同的追肥、培土作業

15～20公分

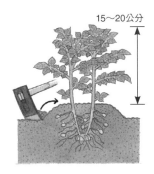

6 病蟲害防治

葉片潮濕時會長出黑褐色斑點，此種疫病極為可怕，請盡早噴灑殺菌劑。此類病害還會傳染到番茄上

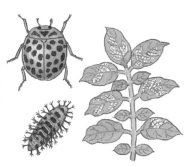

馬鈴薯瓢蟲（茄二十八星瓢蟲）會對葉片造成很可觀的食害。請趁幼蟲時期盡早防治

7 採收

當薯塊開始肥大後，伸手尋找並挖出薯塊享受新鮮美味

薯塊完全肥大時，以鋤頭鏟入土中掘出

8 儲藏

隨意堆疊容易腐爛。濕地種植的馬鈴薯腐爛速度更快，需特別留意

最好在連續晴天挖出薯塊，於陰涼處風乾薯塊表面後，用較淺的容器堆積保存。

→保存・利用方式請參考第232頁

地瓜

地瓜能忍耐乾旱和酷暑，是種生長非常旺盛的農作物。含有豐富的纖維和維生素，近年增加了多種各色品種，增加了許多用途。雖然在任何土壤都能種植，但外皮漂亮的美味地瓜只能從排水透氣良好的田園中產出，適合地點仍有其局限性。

品種 容易種植且滋味甜美的『紅東』為代表性品種。另外有可以提早採收，味道香甜適合做為烤地瓜食材的『高系 14 號』，表皮和果肉均呈黃白色，做為日式燒酎原料而著名的『コガネセンガン（黃金千貫）』，含有大量胡蘿蔔素，果肉呈鮮豔橘色的『ベニハヤト（紅隼人）』，質地較粉且甜度高，也被稱為金時的『紅赤』，及可做為蒸地瓜

栽培月曆

1月	2	3	4	5	6	7	8	9	10	11	12

提早採收栽培

一般栽培

○ 定植　　採收

想進行提早採收栽培時，在溫暖地區種植早生品種進行敷蓋栽培

等加工方式食用，紫色的『山川紫』、『紫娘』等。

栽培重點 作畦時需要注意排水和透氣，為避免過度茂盛，栽培時需要抑制氮肥吸收。因此在肥沃度一般的田園種植時不需施基肥。除葉片顏色過淡時需要少量追肥外，種植期間幾乎不用施肥。此外，可用黑色地膜提高土溫並防止雜草滋生。

1 苗株準備

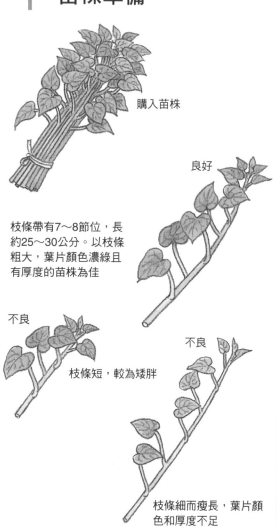

購入苗株

良好

枝條帶有7～8節位，長約25～30公分。以枝條粗大，葉片顏色濃綠且有厚度的苗株為佳

不良

枝條短，較為矮胖

不良

枝條細而瘦長，葉片顏色和厚度不足

2 田園準備

排水及透氣性良好的田土才能種出優質地瓜。及早翻鬆土壤非常重要

〈畦面長度每1公尺需要〉
草木灰　1把
米糠　　1把

撒入適量粗粒堆肥或乾燥雜草及落葉等

作畦時將土壤從兩旁往裡頭堆高

若種植於蔬菜田裡，當之前剩餘肥料較多時，只需灑草木灰即可

3 作畦・敷蓋

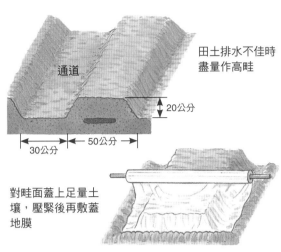

田土排水不佳時盡量作高畦

通道

20公分

30公分　50公分

對畦面蓋上足量土壤，壓緊後再敷蓋地膜

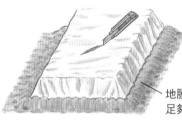

用小刀等在地膜上斜切出開口

地膜側邊需要用足夠的土壤壓緊

4 定植

一般種植時最好能保持在這個程度。避免葉片受損

這幾個點是會長出根系並形成地瓜的重要節位。一定要將它們埋在土中，將葉片露出地表

×

若插入土壤部分過深，容易影響地瓜著生

用土壤封閉住地膜上的切孔。孔洞過大不僅容易使田土乾旱，也容易遭受老鼠危害

定植時的株距大致保持30公分

5 除草・追肥

當地瓜藤生長不良，葉片顏色過淡時少量追肥

化學肥料

盡早拔除生長在植株根部附近和通道上的雜草

6 採收

徒手搜尋挖掘（8～9月）

正式採收（10～11月）

除去地膜

用鐮刀割除地瓜藤並置於田園外

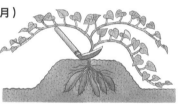

用鋤頭深鏟入土中挖出地瓜

7 儲藏

小心搬運要儲藏的地瓜，避免地瓜從藤蔓上脫落

脫落後會產生傷口，容易受損

竹筒等

堆高土壤，盡早排開雨水

一開始10～14天左右保持良好透氣

稻殼

地瓜

乾稻草

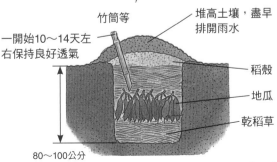

80～100公分

盡可能在台地且地下水位較低的地方挖掘儲藏室

→保存・利用方式請參考第232頁

芋頭

在繩文時代，芋頭比稻米更早傳入日本。相較於山野中自然生長的山藥，芋頭在有人居住的地方（人里）才會進行栽培，因此又被稱為里芋。

品種 雖然以採收子芋使用的『石川早生』『土垂』為主，但也有母芋和子芋兩用的『赤芽』、『唐芋』，葉梗和芋頭兩用的『ヤツガシラ（八頭）』和採收葉梗食用的『蓮芋』、『赤芽』及採收母芋食用的『タケノコイモ（竹筍芋）』等，有多種不同用途的品種。

栽培重點 芋頭是最為容易產生連作障礙的蔬菜，每次種植至少需要間隔 3 ～ 4 年。此外，它非常不耐乾旱，在夏季持續日照下會發生枯葉，進而造成生育不良。

性喜高溫，生長適溫為 25 ～ 30 度。敷蓋地膜能有效提高春季發育速度。新長出的芋頭著生於種芋上方，若培土高度不足，會使子芋葉芽冒出土壤表面，造成子芋肥大不良。如果以地膜敷蓋栽培，一開始就要在芋頭植株上多覆土，或暫時掀開地膜進行培土。

採收後想取下子芋，只要將植株提起並以啤酒瓶用力敲打植株基部後即可使子芋脫落，非常簡單。

栽培月曆

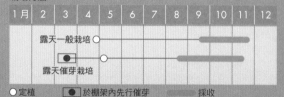

	1月	2	3	4	5	6	7	8	9	10	11	12

露天一般栽培

露天催芽栽培

○ 定植　　●於棚架內先行催芽　　━━ 採收

1 種芋準備

芽點

優良　　　　不良

足夠肥大且形狀漂亮，芽點未受損，重量約40～50公克左右的芋頭塊最適合做為種芋使用（圖例為『石川早生』）

2 催芽

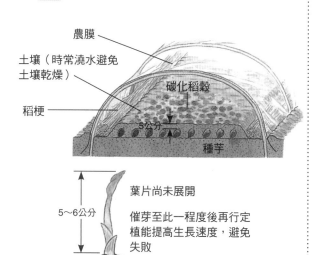

農膜

土壤（時常澆水避免土壤乾燥）

碳化稻穀

稻梗

5公分

種芋

葉片尚未展開

5～6公分

催芽至此一程度後再行定植能提高生長速度，避免失敗

3 施用基肥

〈畦面長度每1公尺需要〉
油粕　3大匙
堆肥　4～5把
化學肥料　3大匙

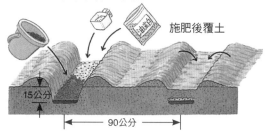

施肥後覆土

15公分

90公分

4 定植

堆肥、化學肥料各少許

配置種芋時將芽點朝向斜上方，株距30～40公分

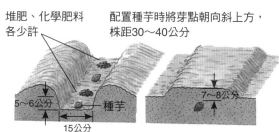

5～6公分

種芋

15公分

7～8公分

〈敷蓋地膜種植〉

種芋事先催芽時

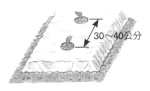

30～40公分

種芋未催芽時

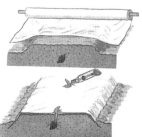

當葉芽接觸地膜，再
將它們拉出地膜外

5 追肥

第1次（5月下旬～6月中旬）
第2次（6月下旬～7月中旬）

植株生長茁壯後
除去地膜

掀開地膜進行作業

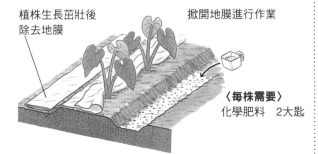

〈每株需要〉
化學肥料　2大匙

培土前先在畦肩挖淺溝追肥

6 培土

第1次
於第1次追肥後進行

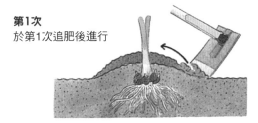

將通道土壤往植株根部培土並蓋住肥料

不良　　　　優秀

若培土或疏芽不足，
容易長出許多細長的
不良品

第2次
於第2次追肥後
進行

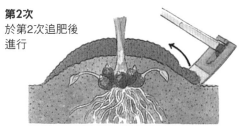

培土作業時將子芋葉
芽壓倒埋入土中

7 採收

徒手搜尋挖掘
在8月中旬，當芋頭生長至直徑2公分
左右時徒手挖掘尋找，可享受新鮮美味
的蒸小芋頭

挖掘作業
在11月時，事先割除地上部莖葉再挖出
地底下的芋頭

8 儲藏

進入嚴寒期前覆土10公分
以上

開始儲藏時覆土約
5～6公分

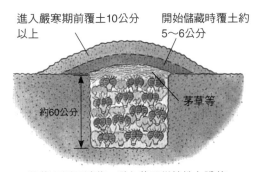

茅草等

約60公分

將芋頭倒置儲藏，避免芋頭從植株上脫落

→保存方式請參考第232頁

山藥

人們口中的山藥，其實是日本山藥、長形山藥、銀杏芋、大和芋的統稱。雖然有多種外型和口感，但它們都有獨特的黏性，作為優秀的滋補強身食品，自古以來擁有高度人氣。

其肥大薯塊（塊根）擁有莖和根的中間性質，用以吸收養份和水份的吸收根分佈於地表附近的淺層土壤中。

品種 大致上可分前述的幾個品種群。雖然還有被稱為扇形和楔形等形狀的品系，但由於遺傳性狀不甚明確，因此尚未冠上品種名。

栽培重點 為了預防線蟲等害蟲，需要嚴格遵守3～4年輪耕間隔，在薯塊生長範圍內充分翻鬆土

栽培月曆

	1月	2	3	4	5	6	7	8	9	10	11	12
長形山藥（一般栽培）			○									
銀杏芋（一般栽培）			○									
（催芽栽培）	●			○								

○ 定植　　● 於棚架內催芽　　採收

壤。

雖然薯塊分割後從任何部位都能長出新芽，但生長勢會隨位置而不同，需要斟酌分割大小。架設支柱使藤蔓莖葉能夠立體生長，確實增加能接受陽光照射的葉片面積。藤蔓下垂後，會在葉脈上著生零餘子，零餘子過度生長會造成植株生長勢衰退，因此要盡量避免藤蔓下垂，使它們往上方生長。

1 田園準備

〈**每1平方公尺需要**〉
堆肥　5～6把

緩效性化學肥料
6大匙

由於容易發生連作障礙，須選擇3～4年期間未種過山藥的田園種植。盡早為田園深層翻土。山藥不耐酸性，也請記得施用石灰

2 種薯準備

用竹棒等工具劃出切割線後用手折斷即可

頭部部分約50～60公克

長形山藥

後段肥大部分約80～100公克

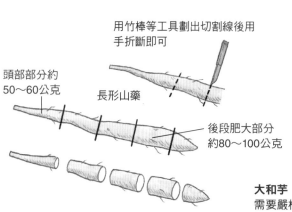

於棚架事先催芽再進行田間定植，可促進生育速度

大和芋
需要嚴格遵守種薯切割方式和大小

每塊50～70公克

銀杏芋
縱向等份分切

每塊50～70公克

3 定植

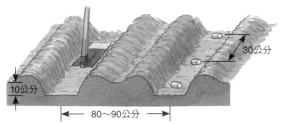

田土排水不良時盡量作高畦

30公分

10公分

80～90公分

區分種薯的頭部及胴體等部位後各別分行種植，能使萌芽整齊，方便日後管理。較細的薯塊株距相對緊密

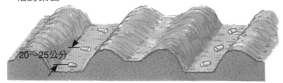

20～25公分

覆土不可太厚

5～6公分

4 追肥

第1次〈每株需要〉
化學肥料　1大匙
油粕　3大匙

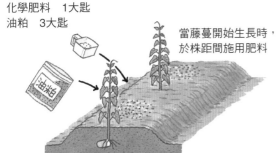

當藤蔓開始生長時，於株距間施用肥料

第2次之後〈畦面長度每1公尺需要〉
化學肥料　3大匙

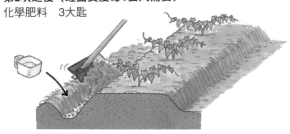

當藤蔓長度1公尺時及秋季時各追肥一次，在畦面單側挖溝追肥並回填土壤

5 敷蓋稻草 ・ 架設支柱

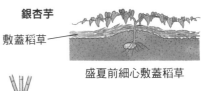

銀杏芋

敷蓋稻草

盛夏前細心敷蓋稻草

架設支柱
將3～4條藤蔓一起綁在支柱上方

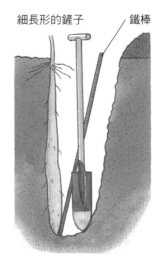

長形山藥
盡可能架設較高的支柱並誘使藤蔓往上生長。藤蔓垂下時會長出零餘子（零餘子亦可食用）

6 採收

細長形的鏟子　　鐵棒

從晚秋至春季間採收長形山藥。等地上部枯萎後再採收也無妨。山藥容易折斷，需使用方便的工具小心挖掘

銀杏芋需趁冬季莖葉尚未枯萎前採收。寒冷地區最好在晚秋前採收完畢，避免一直擺在田裡不管

〈從零餘子栽培種薯〉

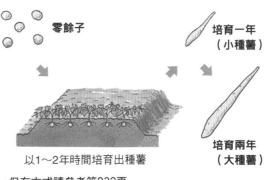

零餘子

培育一年
（小種薯）

以1～2年時間培育出種薯

培育兩年
（大種薯）

→保存方式請參考第232頁

慈姑

由於慈姑會長出與其塊莖大小完全不符的巨大葉芽，因此被稱為「芽出たい^{（註）}」，是日本新年料理中不可缺少的食材。

（註：發音與めでたい，意指值得慶賀。）

品種 塊莖呈藍白色，採收量最多的是『アオクワイ（青慈姑）』，另一種塊莖較小但較無苦味的『姬クワイ（姬慈姑）』則是關西地區較常種植的品種。雖然慈姑和中華料理中經常使用的荸薺非常相像，但其實科別不同，注意不要混淆了。

栽培重點 選擇水田及水邊等適合地點進行栽培，配合生育時期進行水量管理。

栽培月曆

1月	2	3	4	5	6	7	8	9	10	11	12

○ 定植 ▬ 採收

1 定植前準備

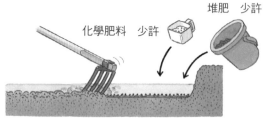

化學肥料 少許　堆肥 少許

對預定種植地點事先注水，並以水田整平要領充分攪拌底土。於11月、2月共進行兩次

2 定植

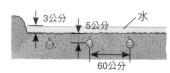

3公分　5公分　水
60公分

定植後注水約3公分深

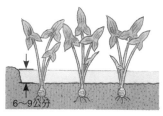

6～9公分

莖葉會逐漸生長，需將注水高度增加至6～9公分。特別在8月下旬～9月上旬，塊莖開始肥大時要保持足夠水深

進入旺盛肥大期後，減少水量以促進塊莖肥大

3 管理

①追肥
8月上旬和9月上旬共兩次

②摘葉
放任生長會長出太多葉片，使地下匍匐莖生長狀況變差。保留6～8枚葉片即可，摘除其他葉片

〈每株需要〉
化學肥料　½大匙

摘下的葉片埋在植株周圍的土裡

③割除
於11月中旬割除地上部。
如此就能去除包裹在塊莖外的薄皮，使顏色更加好看

4 採收

塊莖足夠肥大後放乾水田，挖出塊莖

長出新芽的塊莖為優質品

長豇豆（菜豆）

由於豆莢幼年時期生長方向朝上，因此在日本有個「捧げ（奉上）」的俗名。嫩莢食用方式與四季豆相同。在豆類植物中，它是最能忍受高溫和乾燥的一種農作物，於盛夏也能著生許多豆莢，非常容易栽培。

品種 有『十六ササゲ（十六豇豆）』ヤツガシラ『姬ササゲ（姬豇豆）』等。而『けごんの（華嚴瀑布）』是從澳門品系進行選拔改良所得出，容易結豆莢的多產品種。

栽培重點 栽培方式基本上與四季豆相同，但它的豆莢更長，需要架設高度足夠的堅固支柱。切記不可過晚採收。

栽培月曆

	1月	2	3	4	5	6	7	8	9	10	11	12
露天栽培（育苗）	●		○									
露天栽培（直播）												

●播種　○定植　▬採收

---

1 育苗

於3寸膠盆播3～4顆種子

長出2片本葉時疏苗並保留1株

長出3～4片本葉時育苗完成

2 定植・播種

先行育苗
為整片田園施少許堆肥和化學肥料做為基肥，翻土15公分深後定植幼苗

直接播種
每個植位播3～4顆種子

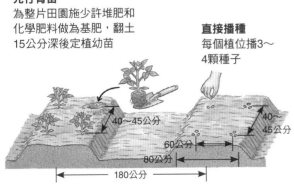

40～45公分
60公分
80公分
180公分
40～45公分

3 架設支柱・追肥

豆蔓生長長度為3公尺左右，架設支柱時盡可能使用較長（2～2.5公尺）的支柱

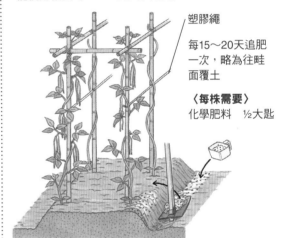

塑膠繩

每15～20天追肥一次，略為往畦面覆土

〈每株需要〉
化學肥料　½大匙

4 採收

每根果梗會著生2～4條豆莢

開花後10天左右，豆莢40～60公分長時用剪刀剪下採收

羅勒

羅勒帶有淡淡香氣和些微苦味的葉片和花穗，常用來搭配肉類和魚類、湯品、沙拉等食材使用。

品種 除了常見的『甜羅勒』之外，另有『紫葉羅勒』『灌木羅勒』『檸檬羅勒』『肉桂羅勒』等多種品種(註)。

（註：臺灣人最愛的九層塔也是羅勒家族的一份子）

栽培重點 羅勒喜歡日照充足，排水良好的環境。

栽培月曆

	1月	2	3	4	5	6	7	8	9	10	11	12
溫暖・一般地區		●		○								
高冷・寒冷地區		●			○							

● 播種　○ 定植　▬▬ 採收

過度乾燥會使葉片變硬而減損品質，需要適度澆水。著生花芽後葉片生長緩慢且風味也會變差，請將花蕾摘除。

1 育苗

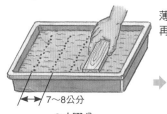

薄覆土略為蓋過種子，再用木板輕微鎮壓

7～8公分
3寸膠盆

本葉開始生長時疏苗保持間距1～1.5公分

長出1～2片本葉時移植至膠盆

最終保留1株，於長出5～6片本葉時定植

2 田園準備・定植

〈每1平方公尺需要〉
堆肥　5～6把
油粕　3大匙
化學肥料　2大匙

對整片田園施用肥料並充份翻土

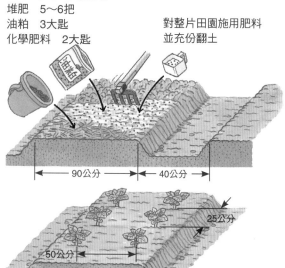

90公分　40公分
25公分
50公分

3 追肥・摘蕾

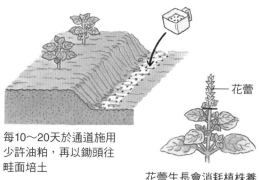

每10～20天於通道施用少許油粕，再以鋤頭往畦面培土

花蕾

花蕾生長會消耗植株養份，因而無法長出優質葉片且風味也會變差。對長出花蕾的植株摘蕾

4 採收

在開花前採收。放入紙袋中乾燥揉碎後，裝在密閉容器裡方便長時間使用

分蘗時摘下尖端部份使用，順便摘芯。只摘葉片也無妨

細香蔥

　　細香蔥是一種葉片細小，容易分株的小型蔥類植物。於日本的北海道、東北地區自生，自古以來廣為使用。

`品種` 購買市售『細香蔥』種子種植即可。

`栽培重點` 分為播種育苗栽培和分割地下鱗莖增殖栽培兩種方式。若能取得鱗莖，以後者較為容易栽培。第1年只摘取少許葉片使用，主要以增進植株

鱗莖肥大為目標。種植3年後更新植株，再次充實生長勢。

栽培月曆

	1月	2	3	4	5	6	7	8	9	10	11	12
育苗栽培（第1年）	●			○								
（第2年）												
種球栽培（第1年）	○											
（第2年）												

● 播種　　○ 定植　　▬ 採收

1　育苗・種球準備

播種育苗

以7～8公分間隔條播種子

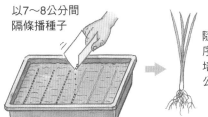

隨著植株生長依序疏苗及追肥，培育出高度15公分左右的苗株

使用鱗莖栽培

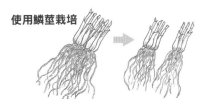

初春萌芽前掘出地下部，將鱗莖分割成每小株3～4球

2　田園準備

〈植溝長度每1公尺需要〉
堆肥　4～5把
油粕、化學肥料　各3大匙

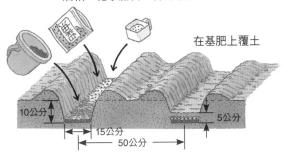

在基肥上覆土

10公分
5公分
15公分
50公分

3　定植

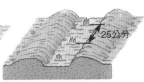

25公分

先行育苗時，每一植位合種3～4棵苗株

種植鱗莖時，每一植位合種6～7球

4　追肥・摘蕾

當植株高度10公分左右時進行第1次追肥

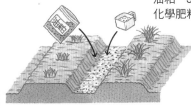

經過1個月之後和採收過後以相同肥量追肥

〈畦面長度每1公尺需要〉
油粕　3大匙
化學肥料　3大匙

開花會減損葉片品質，請及早摘除花蕾

5　採收・利用

於夏季期間依序採收

第1年只摘取少許葉片，促進植株鱗莖肥大

第2～3年起旺盛生長，可將葉片全數割取採收。種植3年後更換新的鱗莖重新開始栽培。

薄荷

薄荷自古以來已融入人類生活中，其刺激的涼爽感在料理、甜點、飲料或室內香氛等多種用途上使用。

品種 帶有高度殺菌和驅蟲效果的『薄荷』栽培最為廣泛。此外還有擁有甜美香氣的『荷蘭薄荷』，以及有蘋果味道的『蘋果薄荷』等。

栽培月曆

1月	2	3	4	5	6	7	8	9	10	11	12

露天栽培（第1年）

（第2年）

● 播種　○ 定植　▬ 採收

栽培重點 約每3年分株一次，為田園翻土並重新種植，生長勢恢復後就能再次採收優質葉片。

1 育苗

種子細小，需細心覆土，不可過多

培育出高度10公分左右的大苗

4～5公分

依序疏除葉片重疊的幼苗，保持4～5公分株距

2 田園準備

〈每1平方公尺需要〉
堆肥　5～6把
油粕　5大匙
化學肥料　3大匙

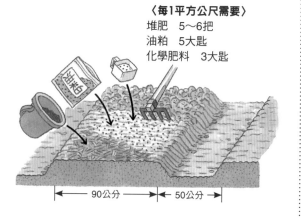

90公分　50公分

3 定植・分株

定植苗株

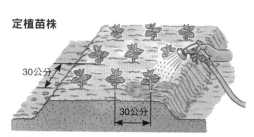

30公分

30公分

在植株周圍澆水。當葉片顏色變淡時施少量液肥或油粕等

分株

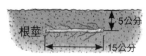

根莖

5公分

15公分

3月時將地下的匍匐根分切成長度15公分左右，並種植於土深5公分處。每2～3年一次，依此方式更新植株

4 採收

摘下枝梢葉片。春季至夏季生長茂盛期間可大量採收，順便進行整枝。

儲藏方式

當植株開始長出花苞時，從離地5公分處剪下所有枝條，綁成一束風乾。摘下乾燥葉片保存於密閉容器中依序使用

茴香

茴香自古以來被認為是魚類料理不能缺少的香草，其葉片、葉梗和種子均可使用。

品種 在蔬菜食用方面上，較常種植植株根部肥大的『佛羅倫斯茴香』使用。

栽培重點 選擇排水透氣良好的田園種植。為了能採收到根部足夠肥大的優良植株，需要充足施用基肥，每個月都要追肥一次。如果要採收種子使用，

請將葉片帶穗採收，並懸吊風乾。

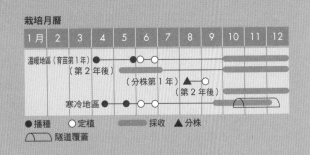

栽培月曆

	1月	2	3	4	5	6	7	8	9	10	11	12
溫暖地區（育苗第1年）	●		●	○		採收						
（第2年後）		採收								採收		
（分株第1年）					▲	○	採收					
（第2年後）						採收						
寒冷地區	●	●	○	○		採收						隧道覆蓋

● 播種　○ 定植　━ 採收　▲ 分株
⌒ 隧道覆蓋

1 育苗

於3寸膠盆播5～6顆種子

長出3片本葉時疏苗並保留1株

茴香為直根性植物，不耐移植，請直接用膠盆播種育苗

也可以將自行掉落並發芽的種子做為幼苗使用，但根系生長過長容易在挖掘過程中受損，最好能盡量帶土挖出，二次育苗後再定植至田間

2 定植

〈植溝長度每1公尺需要〉
化學肥料　3大匙
堆肥　6～7把
油粕　5大匙

種植佛羅倫斯茴香時

50公分
15公分
種植茴香時
50公分
佛羅倫斯茴香60公分
茴香90～100公分

3 管理

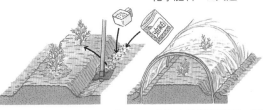

〈每株需要〉
油粕　1大匙
化學肥料　½大匙

從植株高度20～30公分起，每個月在植株周圍施肥一次並對植株根部培土。初春時為每一植株施2～3把腐熟堆肥

葉片容易受到霜害，若要在冬季採收則需覆蓋隧道。在溫暖地區種植多年生品種不需此作業。

4 採收

茴香　　　　　佛羅倫斯茴香

摘取嫩葉尖端使用。形狀類似芹菜的枝條亦可使用

根部肥大生長

種子採收方式
種穗變色後帶穗一起割下，吊掛在通風良好的地方

在下方鋪一塊布或紙盛接種子

龍蒿

其葉片與魁蒿相似，但無裂痕且為直立性分蘗植物。別稱 Estra 公克 on（龍蒿的法文名），是種調醬汁和西洋醋時不可或缺的材料。

品種 分為俄國種和法國種，料理時使用改良過的法國種。葉片細小，植株翠綠，帶有強烈香氣。

栽培重點 性喜冷涼氣候，關東以南地區需要種在房屋北側等陰涼處才能維持生長良好。難以採收種子，只能以扦插或分株方式增殖。

栽培月曆

1月	2	3	4	5	6	7	8	9	10	11	12

一般栽培（第1年）■────○─────────　▬▬▬

（第2年）▲────　▬▬▬▬▬▬▬

■扦插　　○定植　　▲分株　　▬▬▬採收

1 育苗

法國種難以採收種子，需於春季取吸枝扦插育苗

摘取12～13公分高的側芽插入育苗箱中

12～13公分

從植株根部長出的側芽（吸枝）

發根且地上部約10公分時即可田間定植

2 定植

40公分
60公分
100公分

種在圓形或長形花盆中方便取用也很不錯

3 管理

觀察生長狀況，每個月於株距間施用少許油粕進行追肥

第2～3年春季要割除地上部

夏季日照強烈時遮光

1～1.2公尺

黑色寒冷紗

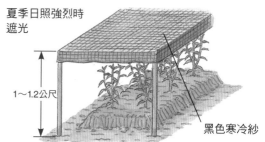

4 採收

主要於法式料理運用。可拌入奶油或起司，或加在西洋醋、橄欖油中增添沙拉醬的風味，或於蝸牛料理時使用。新鮮葉片可以泡香草茶或當做入浴劑使用

新芽旺盛生長時摘取葉尖使用

薰衣草

薰衣草不只花朵美麗，其香氛更有放鬆身心的效果，是一種在切花、乾燥花、香草茶、甜點等方面擁有廣泛用途的香草植物。

品種 有『狹葉薰衣草』『真正薰衣草』『穗花薰衣草』『頭狀薰衣草』等。

（註：園藝店常見的羽葉薰衣草其植株的樟腦酮過多，不適合食用。）

栽培月曆

1月	2	3	4	5	6	7	8	9	10	11	12

露天栽培（第1年）■扦插 ○定植 採收

（第2年）

（第3年）

■扦插　○定植　　　　採收

栽培重點 為多年生常綠灌木，性喜冷涼氣候，能輕鬆越冬，極能忍耐低溫。雖然可播種繁殖，但實生的生育速度非常緩慢，以扦插方式進行增殖較為有效。

1 苗株準備

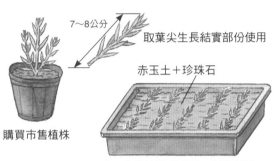

7～8公分
取葉尖生長結實部份使用

赤玉土＋珍珠石

購買市售植株

購入市售植株或莖葉，扦插增殖

2 定植

〈植溝長度每1公尺需要〉
油粕　少量
堆肥　5～6把

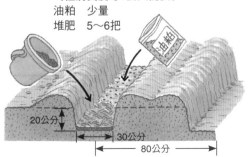

20公分
30公分
80公分

取高度10公分左右的苗株定植

低窪地區作高畦保持良好排水

30公分

3 管理

在開花期後進入梅雨季時，保留枝條下方的4～5枚葉片並將上方枝條全數剪除，不僅能避免悶熱，也能增進植株再生

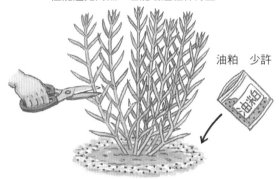

油粕　少許

初春及採收後於株距間施用少許肥料

盆植

在長盆中種植兩株，每個月用2大匙油粕追肥，促進茂盛生長

4 採收・利用

於6～7月進入開花期時，割下著生花穗的莖葉蒸餾精油

在涼爽場所陰乾，做為香草茶、乾燥花或室內香氛使用

用語解說

赤玉土 將紅土乾燥後篩選成大中小顆粒，使其團粒化的介質。有良好的保水性和透氣性。

秋播栽培 於秋季播種，於冬季栽培至春季採收的栽培方式

保留 1 株 疏苗且只保留 1 棵植株。

液肥 液態肥料的簡稱。擁有速效性，因此於追肥時使用。配合不同植物品種以指定倍率稀釋後使用

塩化石灰（氯化鈣） 比石灰更容易溶於水，因此將它調製成水溶液噴灑在葉面或花朵上，在需要補充鈣質時使用。

晚生 成熟時期比同類作物更晚的品種。

塊莖 地下莖種類之一。生長於地底的枝條尖端積蓄澱粉等養份後，肥大成塊狀時稱之。例如馬鈴薯、菊芋等。

塊根 儲藏根種類之一。根部肥大成塊狀，以儲藏澱粉等養份時稱之。如地瓜、大理花等。

花芽 繼續生長後能形成花朵的嫩芽。

花莖 不著生葉片，頂端只著生花朵的枝莖。如蒲公英、紅花石蒜（彼岸花）等。

化學肥料 將氮素、磷酸、鉀等元素以化學方式合成，綜合兩種以上元素的肥料。速效性和緩效性兩者都有。

鹿沼土 產自日本栃木縣鹿沼市一帶，是由火山砂礫風化而成的酸性土。有優秀的排水、透氣、保水性。

分株 使生長過密的植株重新煥發活力，或在想要增加植株數量時進行。

花簇 花朵簇生聚集起來的樣子。

花蕾 花芽生長形成花苞時的稱呼。從外觀能清楚看出該部位能長成花朵。

緩效性肥料 從施肥起穩定釋放肥份，能長期保持肥效的肥料。

間作 在畦面及各植株間栽培其他作物時稱之。

休眠 球根、種子、嫩芽、苗株等為了渡過不適合生長的時期，暫時停止生長或活動的此種狀態稱為休眠。

強剪 為整枝方式之一，指的是將枝條和枝幹剪短。

苦土石灰（鈣鎂肥） 中和酸性土壤用的肥料。

混作（混植） 在同一片土地上同時栽培兩種以上農作物。經常在種植稻科和豆科植物時使用。

周年栽培 搭配不同管理方式，全年度種植特定種類的農作物。

整枝 經由摘芯或疏芽等手段，任意調整植株外觀和著果位置等特徵的作業。

穴盤成型苗 以小型多孔容器育苗，使苗株根系生長成特定形狀。使用此類幼苗能簡單進行定植作業。又被稱為成型苗、穴盤苗、穴苗等。

草木灰 焚燒雜草、樹枝等植物體後殘留的灰燼。

速效性肥料 從根部吸收後立即就能產生效果的肥料。主要做為追肥使用。

多年生 生長開花結種子後不會枯萎，能長年生長的植物。

中耕 於植株生長期間中，為其周圍翻土。

追肥 補充植株生長過程所需養份而施加的肥料。

培土 將土壤往植株根部集中的作業，於中耕時進行

過度茂盛 在施用過多氮肥和日照、澆水不良時出現，意指只長藤蔓和葉片而不開花結果。

定植 將苗株和球根種植於田園或花盆中且不再更動栽培環境。

摘芯 為了促進分枝或調整植株高度，摘除枝條尖端葉芽時稱之。

展薯劑 噴灑農藥等藥劑時，為了使溶於水中的藥劑能夠附著在植物體或害蟲身上，使效用更為持久時增加使用的輔助劑。

徒長 由於密度過高及光照不足、過度潮濕等原因，使植物生長比一般狀態虛弱時稱之。

隧道栽培 當外部氣溫過低時，以農膜搭設半圓形隧道，在隧道內部培育農作物的一種栽培法。

軟化 種植菊苣等取枝條和葉片食用的蔬菜時，人為遮蔽光照和空氣流動等自然條件使植株褪色，使纖維組織更為柔軟。

春播栽培 於春季播種並於入夏前採收的栽培方式

半日照 全天日照長度中只有半天時間能接受陽光照射，或陽光強度與置於樹蔭底下相同。

泥炭土 由生長於寒帶濕地的水苔類經年累月堆積後，分解而成的有機物所形成的土壤。有豐富的保水性。

腐葉土 由闊葉樹的落葉腐爛後所形成，是一種類似土壤的介質。擁有豐富的保水、保肥、透氣、排水性。

pH 值 意指氫離子濃度，用來表示溶液的酸鹼性強度。純水 pH 7 代表中性，大於 7 為鹼性，小於 7 為酸性。

遮蓋栽培 做為防寒和防風等用途，用不織布直接蓋住農作物，或稍微留空隙進行栽培。

疏苗 種子發芽後去除互相重疊、生育遲緩、生育過快、形狀異常等幼苗時進行的作業稱之。

敷蓋栽培 在地面敷蓋地膜等資材栽培農作物，稱為敷蓋栽培。施行後有促進土溫上升、防止水份由土表蒸發、及抑制雜草生長等效果。

零餘子 也被稱為珠芽。由側芽蓄積養份後肥大成型，直徑 1～2 公分的小球根。從植株上落入土中會發芽，因此可利用它繁殖。從山藥等植物上產生。

疏芽 摘除側芽，促進主枝生長稱之。

基肥 在播種或定植前先行施肥稱之。

誘引 將枝幹或枝條綁在支柱等資材上，調整農作物的生長方向和形狀。

有機肥料 油粕、魚粕、骨粉、雞糞、堆肥等以動植物為原料製成的肥料。

走莖 從母莖長出的枝條，其前端長出子株，接觸地面後自然發根生長。又被稱為葡匐枝。是草莓、吊蘭等植物的特色。

鱗莖 地下莖種類之一。當葉片蓄積養份，形成肉質鱗莖後，大量鱗莖重疊形成球形或卵形即稱為鱗莖。有些鱗莖有外皮，有些沒有。如洋蔥、蔥、百合等植物。

輪作 也被稱為輪耕，是一種為了抑制傳染性的有害作物和病蟲害，並防止耕地地力下降，每年將農作物種植於不同地點的一種栽培方式。

連作障礙 每年都在同一片田園種植相同農作物時所發生的障礙。據稱主要發生原因由土壤病蟲害所引起。

側芽 從枝條上除了頂端外的任何位置長出的芽都稱為側芽。而從頂端長出的芽則被稱為頂芽。

早生 成熟時期比同類作物更早的品種。

保存・調理訣竅・
美味享用的秘訣

第**3**章

如何使蔬菜長保美味

蔬菜採收後，隨時間經過而逐漸失去水份和養份是無可避免的一件事。
想適當保存蔬菜維持新鮮度，就必須盡量在接近蔬菜培育的環境下進行保存。
在此一併介紹冷凍保存的訣竅和簡單又美味的食用方式。

果菜類

大部分果菜類，是在夏季日照下培育出來的。它們不耐低溫，因此於採收後 2～3 天內使用時為防止乾燥，可用報紙包裹後放入塑膠袋，常溫保存即可。若需要保存 4～5 天以上雖然可放入冷藏庫保存，但如此一來果菜類更容易受損，因此要盡早食用完畢。未用完的蔬菜切口容易乾燥並附著細菌，因此要包上保鮮膜，放入冷藏庫保存。

玉米和豆類等新鮮度下降非常快，最好在採收後馬上調理。推薦煮熟後冷凍保存。而另一方面，南瓜和冬瓜等保存性較高的蔬菜，在帶土且未分切的情況下置放於通風良好的陰涼處，可以一直保存到冬季。

葉菜類

對小松菜和菠菜等葉菜類來說，乾燥是最大的敵人。為了保持它們的鮮嫩，可用打濕的報紙包裹後放入塑膠袋，再放入冷藏庫中保存。也可以在汆燙後冷凍保存。而對蔥、蘆筍等向上生長的蔬菜，若將它們平放，會因為想要繼續往上生長而額外消耗能量，於冷藏庫中直立保存即可。

甘藍菜、大白菜、萵苣等結球蔬菜，能從外側一片一片將葉片剝下來使用。若用菜刀切開葉球，會從切口處增快乾燥速度。而青花椰菜、白花椰菜、油菜花等取花蕾食用的蔬菜，它們的新鮮度下降非常快，請立即料理。可在汆燙後冷凍保存。

根莖類

根莖類蔬菜帶土保存比較不易乾燥，因此在採收後最好避免沖洗。用報紙包裹放在陰暗處即可。

白蘿蔔、胡蘿蔔、牛蒡等直根性的根莖類蔬菜，採收後請立刻將葉片從根部上切下。在保留葉片的情況下，養份會往葉片輸送而使得根部變瘦，或使水份經由葉片散失因而變得更為乾燥。

芋頭、地瓜、薑等熱帶性蔬菜，有著不耐低溫和乾燥的共通點。春季至秋季可將它們保存在陰涼處，但天氣變冷進入冬季時得放在具有隔熱效果的保麗龍箱等容器中，儲存時維持一定的溫度和濕度。喜歡涼爽環境的馬鈴薯，擺在通風良好的陰涼處即可。

各種蔬菜的保存和利用方式

（　　）內為栽培頁數

番茄（P.30）

 保存　**帶皮冷凍**

將生番茄裝入塑膠袋，放入冷藏庫保存。若要將蕃茄冷凍保存，摘除果蒂後帶皮放入冷凍庫即可。要使用時在常溫下放一段時間就能輕鬆剝皮了。

 美味秘訣　**滿滿鮮味的味噌湯**

切成適當大小後，作為味噌湯的配料使用。番茄含有許多鮮味成份，也就是麩醯胺酸，非常適合搭配味噌、豆腐、蔬菜類食用。

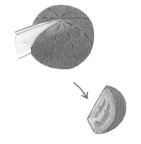

熟度隨個人喜好即可

茄子（P.32）

 保存　**注意不要吹到風**

受風吹拂後會增快損傷速度，請以報紙包裹套上塑膠袋保存。採收 2 ～ 3 天內可常溫保存，若要擺放 4 ～ 5 天，請放入冷藏庫保存。

 美味秘訣　**大果茄子最適合烤來吃**

剝除烤熟的茄子外皮，淋上薑味醬油等醬料食用。烤熟後不用在意種子的礙口與否，特別推薦使用此種方式料理因過晚採收而長得太大的茄子。

青椒、彩椒（P.34、36）

 保存　**擦乾水份後套上塑膠袋**

表面有水份殘留時容易損傷。洗乾淨之後用紙巾擦乾水份，套上塑膠袋後置入冷藏庫保存。也可以切成適當的大小，汆燙後冷凍保存。

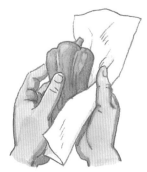

擦乾水份

美味秘訣　**彩椒的剝皮方式**

整顆烤到外皮焦黃，趁熱裝入塑膠袋稍微悶一下，就能簡單地剝去外皮。

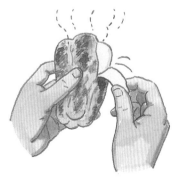

加熱後能增加甘甜味，更為美味

南瓜 （P.42）

 保存 儲藏性高，放在陰涼處即可

將未切開的南瓜放置在陰涼處，能一直保存到冬季。南瓜切開後挖除瓜瓤和種子，以保鮮膜包裹放入冷藏庫。若想要冷凍保存，可先汆燙，或煮熟後搗碎南瓜肉再冷凍。

 美味秘訣 將營養豐富的南瓜子作成零嘴食用

南瓜子含有比瓜肉多 5 倍的胡蘿蔔素，是一種富含礦物質維生素的健康食品。將種子洗淨後瀝乾水份，乾煎再稍微灑一點鹽就是簡單的零食了。

黃瓜 （P.40）

 保存 直立置於冷藏庫

黃瓜的突起部位周圍帶有細菌，需要仔細清洗乾淨。洗淨後用報紙包裹套上塑膠袋，直立放入冷藏庫保存。

夏南瓜 （P.44）

 保存 夏南瓜不耐乾燥，請以報紙包裹 ＆套上塑膠袋中保存

為避免乾燥，以報紙包裹後套上塑膠袋，再放入冷藏庫保存。

 美味秘訣 將巨型夏南瓜直接烤來吃

開花後一週左右為採收適期。過晚採收長得太大的果實，切片後直接烤來吃即可，非常美味。它烤熟的速度很快，比南瓜更多汁而軟嫩，也很適合在烤肉時使用。

 料理秘訣 糖份少高人氣的夏南瓜麵

用刨刀或削皮刀將夏南瓜削成細長型，處理成「夏南瓜麵條」食用。它的糖份很低，使得人氣日漸上升。無論生吃或煮熟都很好吃，沒有奇怪的味道，能夠以吃義大利麵的方式食用。

 料理秘訣 稍大的黃瓜也很美味

雖然黃瓜的標準重量為 100 公克，但稍大一些長到 150 ～ 170 公克的黃瓜也很好吃。種子尚未成熟到會礙口的階段，但能使咀嚼時的口感更為爽脆。

美味秘訣 簡單又好吃的漬物式料理

稍微煮一下就能做出漬物風味的料理了。採收大量黃瓜後特別推薦此種料理方式。煮熟後其清脆的口感維持不變，吸飽湯汁後更為美味。更換容器置入冷藏庫保存，能夠保存一個禮拜左右。

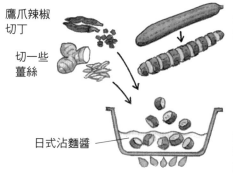

鷹爪辣椒切丁

切一些薑絲

黃瓜切成適當大小

日式沾麵醬

煮到表皮變色就完成了

西瓜（P.46）

美味秘訣 西瓜雪酪

當西瓜吃不完或西瓜果肉不夠甜時可以用此方式加工。

切成容易入口的大小

檸檬汁　　砂糖

輕微攪拌後放進冷凍庫冷凍

美味秘訣 做成漬物以便攝取瓜氨酸

西瓜皮部分含有大量瓜氨酸，它是一種能恢復疲勞，促進新陳代謝的胺基酸。吃完西瓜後將白色的瓜皮部分做成淺漬、鹽漬、米糠漬等各種醬菜，既清爽又美味。

紅色果肉

外側硬皮

淺漬醃料

香瓜（P.48）

保存 等到要食用的兩小時前
再冷藏降溫

香瓜熟成前於常溫保存。溫度太低會難以品嚐到它的甜味，等要食用的兩小時前再放入冷藏庫稍微降溫即可。挖除瓜瓤和種子後，將已切開的香瓜包上保鮮膜放入冷藏庫。

挖除瓜瓤和種子

苦瓜（P.52）

保存 挖除瓜瓤和種子放入冷藏庫

套上塑膠袋保存。未切開的苦瓜在常溫下可擺放2～3天，4～5天以上則需放入冷藏庫保存。挖除瓜瓤和種子後，將已切開的苦瓜包上保鮮膜放入冷藏庫。也可以用鹽水燙熟後再冷凍。

冬瓜（P.54）

保存 成熟的果實可保存至冬天

成熟的冬瓜能整顆放在陰暗處，保存到冬季。未成熟的冬瓜較不耐放，請盡快食用。挖除瓜瓤和種子後，將已切開的冬瓜包上保鮮膜放入冷藏庫。

佛手瓜（P.58）

美味秘訣 意外的有多種調理方式

除了味噌漬、酒粕漬、米糠漬、淺漬外，也可以炒食、燉煮或塗奶油煎熟，有多種料理方式。剝皮取下種子後將瓜肉切成薄片，還能當做沙拉食材使用。

和炸油豆腐一起煨煮

淺漬

沙拉

四季豆（P.68）

 保存 以相同方向排列後用保鮮膜包裹

擦乾水份，將豆莢以相同方向排列後用保鮮膜緊緊包裹。在常溫下可擺放 2～3 天，4～5 天以上則需放入冷藏庫保存。也可以先汆燙，切成容易入口的大小再冷凍保存。

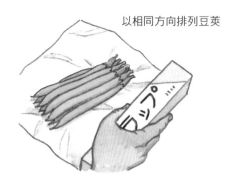

以相同方向排列豆莢

豌豆（P.70）

 保存 汆燙後冷凍保存

為了避免乾燥，裝入塑膠袋後放進冷藏庫保存。也可在摘除粗絲後汆燙並冷凍。

 美味秘訣 在春季享用色彩繽紛的什錦蛋吧

摘除粗絲後汆燙，與調味過的高湯一起拌煮，加入蛋汁後煮熟。採收到大量豌豆時推荐調理，是一盤充滿溫馨色調的春季菜餚。

玉米（P.62）

 保存 採收後立即調理

玉米的新鮮度下降很快，最好在採收後立即調理。若未馬上使用，可用報紙包裹後套上塑膠袋，將玉米穗朝上放進冷藏庫保存。

 調理秘訣 美味的水煮方式

將玉米放入生水中煮滾，沸騰後等 3 分鐘再關火，隨後撈起玉米。趁熱以保鮮膜包裹，如此一來玉米粒不會變皺，能夠保持鮮嫩多汁。也可以用微波爐（600W）加熱 6 分鐘代替水煮。

 調理秘訣 處理成容易使用的形狀再冷凍保存

冷凍不易減損玉米品質，因此很適合冷凍保存。燙熟後切塊或剝下玉米粒放入冷凍庫保存。如果用果汁機將玉米粒打成玉米醬再冷凍，當想要煮濃湯等料理時可立即使用，非常方便。

以3公分左右的寬度切塊

剝下玉米粒

蠶豆 （P.72）

 調理秘訣 加少許酒水煮

由於蠶豆新鮮度容易下降，從豆莢取出後需立即調理。用菜刀切下黑色豆臍，能使蠶豆皮在調理過程中不會變皺，燙出完美的蠶豆。為了去除它特有的青澀味，可在熱水中加入少許酒汆燙兩分鐘，撈起來後放涼。也可以在汆燙後冷凍保存。

切除黑色豆臍

美味秘訣 烘烤蠶豆莢，保持美味不流失

將蠶豆莢烤到略微變色，熟透後取出蠶豆。豆莢能截留香味和鮮味，既多汁又美味。

秋葵（P.74）

 保存 擦乾水分後套上塑膠袋

秋葵在帶有水份的情況下容易受損，水洗後擦乾套上塑膠袋，置於冷藏庫保存。也可以在汆燙後冷凍保存。

甘藍菜（P.80）

 保存 用保鮮膜覆蓋切口後保存

整顆甘藍菜可用報紙包裹，套上塑膠袋再放入冷藏庫。切開後則得用保鮮膜包裹以避免切口與空氣接觸，再套上塑膠袋。

美味秘訣 保存食 ・ 德國酸菜

這是一種在德國等國家經常食用，利用乳酸菌發酵製成的保存食。將材料混合後，放入容器中約一個禮拜，隨著發酵進行開始出水後濾乾水份，取出發酵完成的酸菜端上餐桌食用。

凱莉茴香等
辛香料

鹽

甘藍菜切絲

 美味秘訣 食用時避免維生素流失

維生素不耐熱，最適合於生食中攝取。製做甘藍菜捲、味噌湯或是火鍋等帶湯汁的料理時，連湯汁一起食用能攝取大量維生素而不致浪費。

甘藍菜絲

甘藍菜捲

青花椰菜（P.82）

保存 蒸熟後放涼

裝入塑膠袋後置於冷藏庫保存。為減少維生素流失，最好用少量水將青花椰菜蒸熟。泡水會使味道變淡，因此蒸熟後放涼即可。也可以在汆燙後冷凍保存。

美味秘訣 青花椰菜莖口感清爽而美味

青花椰菜莖含有豐富的維生素 C。它的口感爽脆且帶有甜味，因此不要丟棄，也作為食材使用吧。剝皮後切成薄片燙熟，拌美乃滋或炒食都很好吃。

剝皮後切薄片

白花椰菜（P.86）

美味秘訣 如何燙出潔白的花蕾

燙白花椰菜時加些麵粉水，就能燙出潔白的白花椰菜。加入麵粉水能提高沸點，於短時間內燙熟，且麵粉會覆蓋在花蕾表面，使得甜味不易流失。加入少許醋或檸檬汁也能燙出潔白的花蕾。

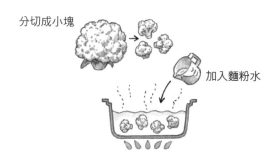

分切成小塊

加入麵粉水

抱子甘藍（P.88）

美味秘訣 適合燉煮料理

抱子甘藍很適合在加熱料理中使用。它的維生素 C 含量是甘藍菜的 4 倍，推薦於火上鍋（法式蔬菜燉肉）及燉煮、咖哩等維生素 C 溶解後，能連湯汁一起食用的料理時使用。

燉煮

咖哩

大白菜（P.94）

保存 平放容易受損，需要直立保存

在氣溫較低時，用報紙包裹大白菜在陰涼處直立保存。當氣溫較高和使用過後，則需以保鮮膜包裹放入冷藏庫。

美味秘訣 簡單又方便的千層豬肉白菜鍋

這是一種能大口享受大白菜的簡易火鍋料理。

將大白菜葉和豬肉交互堆疊

切成適當的大小，塞滿整個火鍋

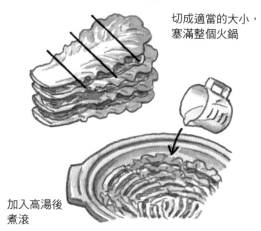

加入高湯後煮滾

小松菜（P.98）

保存 以葉菜類基本方式保存

用打濕的報紙包裹後直立放在冷藏庫中保存。
也可於汆燙後冷凍保存。

高菜 · 四川搾菜 · 芥菜（P.100、102、104）

美味秘訣 簡易醃漬

洗淨葉片後放置半天風乾，撒大量食鹽，將菜葉和
鷹爪辣椒、昆布等材料置於容器中以石頭等重物壓
實，放在陰涼處自然發酵。大約經過 1 週後，等
逼出水份且葉片變皺就可以食用了。

油菜花（P.106）

美味秘訣 來盤能感受到春季氣息的通心麵吧

照正常時間煮通心麵，起鍋前加入油菜花一起煮。
另取平底鍋用橄欖油將大蒜和培根炒出香氣，加入
煮熟的通心麵和油菜花攪拌均勻，最後以鹽和胡椒
調味。其豐富的鈣質和胡蘿蔔素在過油調理之後能
提高吸收率。

通心麵起鍋前
加入油菜花

芝麻菜（P.110）

美味秘訣 醬油拌菜的特殊風味

小棵芝麻菜雖可做為沙拉食材使用，但它長大後葉
片會變硬，較不適合生吃。燙熟後拌醬油有其獨特
風味，與小松菜或菠菜的味道截然不同。雖然配柴
魚片和醬油就很好吃了，但在此也極為推薦與岩鹽
和橄欖油搭配組合。

青江菜（P.112）

美味秘訣 迷你青江菜整顆燉煮

青江菜加熱後形狀不改變且沒有怪味，調理前不需
事先汆燙。掌心大小的迷你青江菜能整棵下鍋調
理，非常方便。能烹煮成燉煮和滷菜等料理美味地
享用。

燉煮

塌棵菜（P.118）

美味秘訣 從外觀完全想像不到的軟嫩和甘甜

其濃綠色的葉片含有豐富的胡蘿蔔素和多種維生
素，有著從外觀完全想像不到的軟嫩度。它非常耐
寒，遭遇降霜後更能增添甘甜味。和食用油的配合
度很高，炒食能提高胡蘿蔔素的吸收率。

鴨兒芹（P.124）

 美味秘訣 能完整保留營養素的什錦蛋

將切成適當長度的鴨兒芹放入調味好的高湯中，加入蛋汁，開火煮成個人喜好的熟度。做法簡單，又能有效率的吸收維生素和礦物質，非常推薦。

切成適當長度

加入蛋汁後煮熟

結球萵苣、葉萵苣
（P.126、128）

 保存 拭除從切口流出的白色液體

整顆保存時，用打濕的報紙包裹，套上塑膠袋再放入冷藏庫。剝下葉片時從切口流出的白色液體被稱為植物皂素，沾到葉片上會變成褐色，需以廚房紙巾擦拭乾淨。

芽球菊苣（P.134）

 美味秘訣 用「菊苣葉扁舟」來招待客人吧

由於其葉片堅硬，形狀像一艘小船，一片片剝下來後在葉片上盛鮭魚卵或沙拉等做成「菊苣葉扁舟」，是道很時髦的前菜。加熱能夠中和芽球菊苣的苦味，因此也可以淋上白醬進烤箱，以焗烤等方式食用。

盛上鮭魚卵的菊苣葉扁舟

焗烤

茼蒿（P.138）

 保存 汆燙後冷凍保存

用打濕的報紙包裹後套上塑膠袋放入冷藏庫。也可先汆燙並切成適當的長度再冷凍保存。

芹菜（P.140）

 美味秘訣 葉片含有大量胡蘿蔔素

芹菜葉片含有豐富的胡蘿蔔素以及能使血液循環順暢的吡嗪，可炒食或炸成天婦羅等食用。

將莖葉分切開

天婦羅

水芹菜（P.142）

 美味秘訣 烤米棒火鍋（きりたんぽ鍋）的名配角

日本秋田縣的鄉土料理，烤米棒火鍋絕對不能缺少水芹菜。其獨特香氣和苦味，非常適合與比內地雞煮成的湯頭搭配食用。在秋田，會將香氣濃厚且口感清脆的根部也一起食用。把葉片做為醬油拌菜或是煮湯時的配料食用，既簡單又美味。

香芹（P.144）

 美味秘訣 油炸後盡情享用

如果您是個愛吃香芹的人，在此特別推薦將它油炸後食用。濾乾水份後下鍋油炸，稍微灑一點鹽就能大快朵頤了。香芹富含胡蘿蔔素和維生素 C，在蔬菜中是最頂級的健康蔬菜，單純用來做為其他料理的裝飾是很可惜的一件事。

菠菜（P.146）

 美味秘訣 如何抑制它的澀味

菠菜獨特的澀味是由草酸所造成的。雖然只要用水燙熟就能使大半草酸溶出，但若還是覺得有味道時，搭配食用油及含有鈣質的食物一起進行調理就能有效抑制了。也推薦奶油炒菠菜或是搭配加了牛奶的濃湯食用。

黃麻菜（P.150）

 調理秘訣 種子和種莢不可食用

黃麻菜的種子和種莢含有一種名為羊角拗甾醇的劇毒物質，千萬不可食用。它是一種在短日照環境下開始開花的短日照植物，夏季後需要多加留意。葉片和枝條不含毒性，摘取柔軟葉片食用是沒有問題的。

種莢

種莢內含
種子

蜂斗菜（P.152）

 美味秘訣 其微微的苦味是春季的滋味，下飯的味噌蜂斗菜花苞

將蜂斗菜花苞切丁後倒入油炒熟，並同時加入味噌、味醂和砂糖並攪拌均勻。蜂斗菜花苞切開後會開始變黑，請盡速調理。也可以冷凍保存。

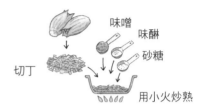

味噌
味醂
砂糖

切丁

用小火炒熟

洋蔥（P.162）

 美味秘訣 擁有醋 × 洋蔥的健康之力而成為話題的醋洋蔥

將洋蔥切片後放進容器中，再倒入醋（釀造醋）及鹽、砂糖或蜂蜜。放入冷藏庫中一至兩天就可以食用了。可將洋蔥醋作為沙拉醬等醬料使用。

 美味秘訣 從清爽的辛辣味中滲出的甘甜，湘南紅洋蔥

由於湘南紅洋蔥的辛辣度較低，是一種不需泡水就能食用的紅洋蔥。和其他品種相比柔軟且帶有甜味，非常適合生吃。切成薄片於空氣中暴露 15 分鐘以上，能使酵素旺盛運作，提高健康效果。除配合沙拉或生魚片食用外，也很適合搭配肉類料理食用。

於空氣中暴露
15分鐘以上

洋蔥沙拉

生魚片配菜

大蒜（P.166）

 美味秘訣 軟綿美味的烤大蒜

用鋁箔紙包裹大蒜，放入烤箱中加熱 15 ～ 20 分鐘。事先剝不剝皮都無所謂。烤熟的大蒜鱗片如棉花糖般軟綿甘甜。可隨個人喜好沾味噌或食鹽食用。

蔥、珠蔥（P.168、172）

 保存 於陰涼處直立保存

在帶土的狀態下，用報紙包裹後於陰暗處直立保存。而使用過的蔥類，則於切除根部後切成適當的長度，以保鮮膜包裹放入冷藏庫。切成小段或切成蔥花後冷凍，方便隨時取用。

切小段冷凍　　　直立保存

韭蔥（P.174）

 美味秘訣 加熱能增添韭蔥的甜味

韭蔥加熱後，能產生比其他蔥類更濃厚的甘甜味，用奶油煎熟，或作為法式濃湯、焗烤等食材使用，能夠充分表現出它特有的香甜味。

韭菜（P.176）

 保存 需要保濕並直立保存

用打濕的報紙包裹後套上塑膠袋，放入冷藏庫直立保存。也可以先切成適當大小，分成小包裝後再冷凍以方便取用。

蘆筍（P.180）

 保存 以直立保存為原則

用打濕的報紙包裹後套上塑膠袋，放入冷藏庫直立保存。若將它側放會因為想要向上直立生長而消耗養份。也可以於汆燙後冷凍保存。

包裹芽尖避免受損　　　放入牛奶盒比較容易保持直立

白蘿蔔（P.184）

 保存 將根部直立置於陰涼處

分切開葉片和根部，用報紙包裹根部，直立放在陰涼處保存。不同的部位適合於不同料理使用，靠近頭部的部位由於較具甘甜味，可以磨成蘿蔔泥或是沙拉，中段柔軟部位可以燉煮，而前端較具辛辣味的部分則作為煮湯時的配料，用以增添風味。可依據這些特色來區分使用方式。用保鮮膜包裹已切開的白蘿蔔，置於冷藏庫直立保存。亦可於汆燙後冷凍保存。想要磨成蘿蔔泥再冷凍保存也行。將它營養豐富的葉片燙熟後冷凍，方便隨時取用。

蘿蔔泥和沙拉用

增添風味用　　燉煮用

蕪菁、小型蕪菁（P.186、188）

 保存 將葉片和球莖分開保存

將葉片和球莖分切後，用打濕的報紙包裹葉片套上塑膠袋，球莖也套上塑膠袋放入冷藏庫。葉片營養價值比球莖還高，因此也要食用不可以浪費。也可於汆燙後冷凍保存。

 美味秘訣 短期乾燥即可提升營養價值

連皮切成薄片曬半天～一天，就能夠提高營養價值，且增添鮮味。作為燉煮、煮湯配料、醃漬等食材食用，味道能輕易煮透而更為美味。

胡蘿蔔（P.196）

 保存 帶水氣容易受損

先切除葉片。在帶有濕氣的情況下胡蘿蔔容易腐爛，將根部用報紙包裹後放在通風良好的地方直立保存。使用過的胡蘿蔔則以保鮮膜包裹，放入冷藏庫。把胡蘿蔔切成適當的大小，汆燙後再冷凍保存。而它帶有香氣的葉片擁有比根部更多的鈣質和維生素 C，推薦作成天婦羅或拌飯食用。

切除葉片

牛蒡（P.198）

 保存 牛蒡皮有滿滿的香味和鮮味

在帶土狀態下以報紙包裹，於陰涼處直立保存。使用過的牛蒡則用保鮮膜包裹後放入冷藏庫，並盡早食用。表皮下方帶有香氣和鮮味，因此不需削皮，僅將土壤刷落即可。

用刷子刷洗

 美味秘訣 不需殺青

牛蒡遇水會因為多酚溶出而變成褐色。由於它的鮮味會一起流失，因此不須另外殺青。多酚擁有除臭效果，和肉類及魚類一起料理時能夠發揮其效用。

薑（P.200）

 保存 薑不耐低溫，常溫保存即可

低溫容易使薑快速腐爛，因此不可以冷藏保存。用打濕的報紙包裹後套上塑膠袋，常溫保存即可。也可以先磨成薑泥，分裝成容易取用的小份量包裝再冷凍保存，方便使用。

馬鈴薯（P.202）

調理秘訣 **根據水煮方式不同口感也會改變**

帶皮下水煮熟，能煮出軟嫩的馬鈴薯，請趁熱剝皮。而另一方面，剝皮切片後再水煮，雖然味道會變淡，但能在短時間內將馬鈴薯煮熟。

保存 **保存於陰涼處**

馬鈴薯芽眼和轉為綠色的表皮含有名為龍葵鹼的有毒物質，需要先拔除芽眼並削除變綠的部分後再食用。馬鈴薯由地下莖肥大所形成，受陽光照射後會進行光合作用而使馬鈴薯表皮變成綠色。請放在不會受到日照的陰涼處保存。

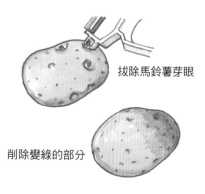

拔除馬鈴薯芽眼

削除變綠的部分

芋頭（P.206）

保存 **保存時保持一定的溫度和濕度**

帶土用報紙包裹置於陰涼處保存。芋頭不耐低溫及乾燥，冬季時用報紙包裹，放在保麗龍箱等容器內保存。也可於汆燙後冷凍保存。帶皮放入熱水燙3分鐘左右，就能輕鬆剝皮了。

地瓜（P.204）

保存 **帶土放在陰涼處保存**

地瓜不耐低溫，因此不可放入冷藏庫，帶土以報紙包裹放在陰涼處保存即可。冬季時用報紙包裹，放在保麗龍箱等容器內保存。可在已切開地瓜的切口處噴一點水後再拭去以防止變色，並以保鮮膜包裹後放入冷藏庫保存。

美味秘訣 **慢慢加熱，烤出香甜的烤地瓜**

當溫度超過70度時，能使澱粉轉變成糖份的 β-澱粉酶將會失效，因此要在低溫下長時間加熱。用蒸籠或是烤箱慢慢加熱，就能烤出香甜美味的烤地瓜了。

慢慢烤就能使地瓜更加香甜

山藥（P.208）

保存 **磨成泥後冷凍保存**

未切開的山藥以報紙包裹置於陰涼處保存。而已使用過的山藥，則需以保鮮膜包裹，保持切口不致乾燥再放入冷藏庫保存。也可以先磨成泥後再冷凍保存。將山藥泥放入密封袋中攤平，再以工具壓成小塊狀，分割成容易取用的份量以方便使用。

壓成小塊狀後冷凍保存

培育蔬果的
基本知識

第 **4** 章

在開始培育蔬果之前

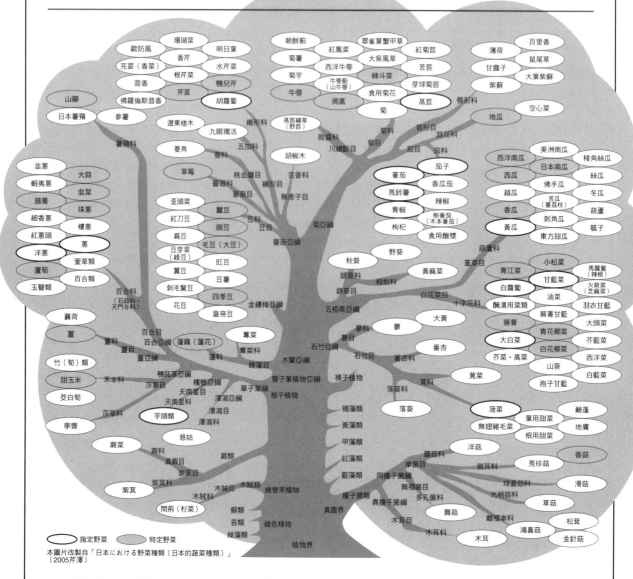

○ 指定野菜　　▨ 特定野菜

本圖片改製自「日本における野菜種類（日本的蔬菜種類）」
（2005芹澤）

　疏菜種類極為豐富，日本目前栽培的蔬菜高達150種以上，就算只計算日常食用蔬菜，也超過了30種以上。

　此外，由於近年來人們越來越重視健康飲食，加上興趣、嗜好多元化，以及海外進口活性化等因素，新出現的珍稀蔬菜，及各地區種植的傳統蔬菜等蔬果，也開始大量陳列於超市等店舖的貨架上了。

　在開始耕耘家庭菜園前，最重要的是要如何從如此眾多的蔬菜中，選擇想要栽培的蔬菜。

　當然您、以及您的家族想要栽培何種蔬菜的重要度是擺在第一位的。然而還需要考量栽培時期、蔬菜特性（耐寒性、耐暑性以及光周期等），栽培困難度、菜園大小（或是地植或盆植）、菜園距離住家多遠、每週能夠來回幾趟等條件等各種因素。

　因此，事先熟知關於蔬菜及栽培的基本知識是非常重要的一件事。

蔬果分類

以親屬關係對蔬果分類

種類	科名	種類名
果菜類	茄科	茄子 蕃茄 青椒 辣椒
	葫蘆科	黃瓜 越瓜 冬瓜 南瓜 夏南瓜 香瓜 西瓜 絲瓜 葫蘆
	禾本科	玉米
	錦葵科	秋葵
	豆科	四季豆 豇豆 扁豆 毛豆 紅刀豆 蠶豆 豌豆 花生
	薔薇科	草莓
葉莖菜類	十字花科	大白菜 油菜花 日本水菜 芥菜 高菜

類別	科名	種類名
葉莖菜類	十字花科	甘藍菜 白花椰菜 青花椰菜 青江菜 大頭菜 西洋菜 芝麻菜 小松菜 Petit vert
	莧科	菠菜 葉用甜菜 無翅豬毛菜
	繖形科	芹菜 香芹 鴨兒芹 水芹菜 明日葉
	石蒜科・ 天門冬科	蔥 韭蔥 珠蔥 韭菜 韭菜花 大蒜 蕗蕎 洋蔥 蘆筍
	菊科	茼蒿 結球萵苣 葉萵苣 苦苣 朝鮮薊

類別	科名	種類名
葉莖菜類	菊科	拔葉萵苣 紅菊苣 芽球菊苣蜂斗菜
	唇形科	紫蘇 荏胡麻 鼠尾草
	薑科	蘘荷
	蓼科	蓼 大黃
	五加科	九眼獨活
根菜類	十字花科	白蘿蔔 蕪菁 小蕪菁 櫻桃蘿蔔 山葵
	茄科	馬鈴薯
	旋花科	地瓜
	薯蕷科	山藥
	天南星科	芋頭
	菊科	牛蒡
	繖形科	胡蘿蔔
	薑科	薑
	澤瀉科	慈姑
	莧科	根用甜菜

　　根據使用部位大致區別，可將蔬果區分為果菜類、葉莖菜類和根菜類這幾種。從植物學角度來看，雖然還有外觀看似根部，但卻是莖的變形（如芋頭、馬鈴薯等）以及並非葉片，而由花蕾叢集而成（如青花椰菜等）的不同種類，但為了方便起見，在此還是以前述的三種類別進行分類。

　　從分類學角度來看，方能得知從外觀上難以判別的植物的親屬關係。特別是對於同科蔬菜經常有共通病蟲害，且會發生連作障礙。知道這些利害關係後，比較方便安排種植計畫。

　　就算同種類的蔬菜，也有各種擁有獨特特性的品種。目前經常進行品種改良，已開發出許多擁有不同的季節適應性、口感味道更佳、耐病・強健性佳等具有非常多特徵的新品種。關於各種蔬菜的主要品種名，在第2章中已進行了簡單的介紹。而在最新詳細資訊方面，在情報雜誌或種苗公司目錄等刊物中均有詳細記載，參考這些資料並選擇心儀的品種栽培，是培育蔬果的一大樂趣。

蔬果選擇要領

大量消耗的蔬菜

甘藍菜　洋蔥　黃瓜　蕃茄　白蘿蔔　馬鈴薯　長蔥　胡蘿蔔

❷ 以現採口感、顏色為特色的蔬菜

蕪菁　菠菜　茄子　茼蒿　玉米　四季豆　芝麻菜

❸ 難以從店頭購入的珍稀蔬菜

茴香　大頭菜　佛手瓜　苦苣　大黃

小面積種植即可全年自給自足的蔬菜

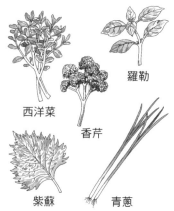

西洋菜　羅勒　香芹　紫蘇　青蔥

話題性的健康蔬菜

甜油菜心　朝鮮薊　大蒜　荏胡麻　Petit vert

　　在開始打理菜園前，在此為各位大致整理出挑選適合於家庭菜園種植的蔬菜的 5 種方向。

　　大量消耗的蔬菜：於自家菜園栽種平常於餐桌上大量出現的蔬菜，能夠大幅減輕家計負擔。

　❷ 以現採口感、顏色為特色的蔬菜：能夠享用新鮮現採的美味蔬菜，可說是家庭菜園最大的魅力。上頭行出了一些在這樣的家庭菜園中不能沒有的蔬菜。

　❸ 難以從店頭購入的珍稀蔬菜：時髦的外國蔬菜和自古以來於各地區傳承的傳統蔬菜等，能在家庭菜園自由地栽培這些流通量不高的蔬菜。

　　小面積種植即可全年自給自足的蔬菜：只需栽培 1～2 盆即可自給自足，或種在離廚房很近的地方容易取得等，也是非常重要的條件。

　　話題性的健康蔬菜：挑選在各種社群媒體成為話題的健康蔬菜種植食用，讓自己和家人變得更有活力吧。

栽培難易度

播種時期	種植時期	種類	地植			盆植		
			容易	需要稍微照顧	需要細心照顧	容易	需要稍微照顧	需要細心照顧
春		果菜類	四季豆、秋葵	茄子、黃瓜、青椒	香瓜、蕃茄	四季豆、小蕃茄	茄子、黃瓜、青椒	蕃茄
		葉莖菜類	菠菜、紫蘇、西洋菜等	萵苣、甘藍菜、蔥、茴香、百里香	結球萵苣	蘿蔔嬰、香芹、紫蘇	萵苣、蔥、鴨兒芹、韭菜	
		根菜類	櫻桃蘿蔔	薑	慈姑	小蕪菁	馬鈴薯	
夏		果菜類	四季豆	黃瓜		小蕃茄	四季豆	黃瓜
		葉莖菜類	小松菜、日本水菜	甘藍菜、大頭菜	芹菜、鴨兒芹、紅菊苣	小松菜	抱子甘藍、青花椰菜	芹菜、鴨兒芹
		根菜類		胡蘿蔔			櫻桃蘿蔔	
秋		果菜類	豌豆	草莓			豌豆	草莓
		葉莖菜類	小松菜、醃漬用菜類、茼蒿、菠菜、日本水菜	洋蔥、蔥、甘藍菜、萵苣	結球萵苣、大白菜	醃漬用菜類、西洋菜、小松菜	香芹、沙拉菜、茼蒿	青花椰菜、洋蔥
		根菜類	小蕪菁	白蘿蔔		櫻桃蘿蔔、小蕪菁	甜菜、迷你胡蘿蔔	

　和運動跟手工藝相同，家庭菜園運作初期最好能從較容易栽培的蔬菜開始挑戰會比較好。等累積了栽培經驗，增進實力後，再嘗試栽培更困難的農作物。

　最容易栽培的是採收嫩葉食用的蔬菜（如蘿蔔嬰、小松菜、青江菜等）。再來是長出較多葉片的結球蔬菜（如甘藍菜等）、需栽培到長出花蕾的蔬菜（如青花菜等）、採果食用的蔬菜（如黃瓜及蕃茄等）、需要提高果實甜度才好吃的水果（如香瓜等），逐漸提升難易度。仔細考量過各季作物種類搭配後，再規畫種植計畫吧。

　但上頭列出的圖表只不過是某種大致上的標準。受到菜園距離（影響管理、採收頻率）、菜園規模、日照和土質、水份狀態等環境條件、及適合該類蔬菜的生長溫度（季節）等因素影響，適合栽培的蔬菜種類也會隨之改變，需要多加留意。

適宜栽培蔬果的日照和溫度

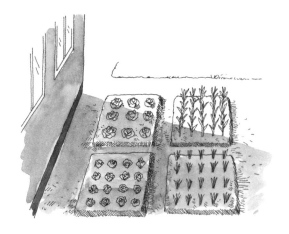

於半日照環境也能成長的蔬菜
薑、香芹、萵苣、青蔥

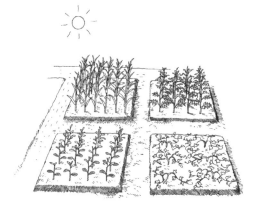

需要強烈日照才能成長的蔬菜
蕃茄、西瓜、香瓜、玉米

不同種類蔬菜的生長適溫（℃）

種類	最高溫度	最低溫度	最適溫度
蕃茄	35～38	2～5	17～28
黃瓜	35～38	5～10	20～28
茄子	38～40	5～10	20～30
青椒	38～40	10～15	25～30
南瓜	38～40	5～10	20～30
西瓜	38～40	10～15	25～30
大白菜	25～30	0～5	15～20
甘藍菜	25～30	0～5	15～20
蔥	30～35	－7～0	10～18
胡蘿蔔	28～33	－2～0	15～25

　　在果菜類中，大概只有四季豆較能適應日照不足的環境。而在葉莖菜類、根菜類中，以蘘荷、蜂斗菜、鴨兒芹為首，薑、香芹、芹菜、萵苣、青蔥、芋頭等作物都能在日照不足的環境下順利生長。

　　另一方面，性喜強烈光線，在遮蔭下生長不良的代表性作物種類為西瓜、香瓜、番茄等果菜類植物。這些植物在半日照及遮蔭環境下容易產生著果不良及糖度不足等情況。玉米和地瓜等植物也都喜好強光，於日照充足的場所種植，能夠生長出味道佳的收成。

　　而在土壤乾溼度方面，有鴨兒芹、芋頭、芹菜、蜂斗菜等不耐乾燥的蔬菜。水芹菜和西洋菜等蔬菜在潮濕的環境下生長較好，而蓮花和慈姑等則必須在水中種植。

　　另一方面，地瓜、番茄、長蔥、白蘿蔔、牛蒡、南瓜等作物不耐潮濕，若不種植在排水較佳的土壤中，無法得到良好的收成。

　　事先把握耕地土壤特性，進行適地適種是很重要的。

如何避免連作障礙

不易發生及容易發生連作障礙的蔬菜

不易發生連作障礙的蔬菜	容易發生連作障礙的蔬菜
地瓜、南瓜、小松菜、蕗蕎、洋蔥、蜂斗菜等	豌豆、西瓜、香瓜、茄子、蕃茄、黃瓜、鸞豆、芋頭、牛蒡、慈姑、白花椰菜、大白菜等

再次種植相同作物間隔所需年限基準

輪作年限	蔬菜種類
間隔 1 年	菠菜、小蕪菁、四季豆、日本水菜、塌棵菜等
間隔 2 年	韭菜、香芹、萵苣、沙拉菜、鴨兒芹、大白菜、甜菜根、薑、芹菜、黃瓜、草莓等
間隔 3 ～ 4 年	茄子、蕃茄、青椒、香瓜、越瓜、鸞豆、芋頭、牛蒡、白花椰菜、慈姑等
間隔 4 ～ 5 年	豌豆、西瓜等

連作障礙的發生主因雖由土壤病蟲害引起，但由植物根部所分泌，妨礙生長的化學物質也可能是發生連作障礙的原因之一。

大部分蔬果都會發生連作障礙，其中特別嚴重的是豌豆、芋頭等農作物。此外，番茄、茄子、青椒等茄科蔬果，西瓜、香瓜、黃瓜等葫蘆科作物，以及大白菜、白花椰菜等十字花科親戚，由於它們擁有共通病害，因此容易發生連作障礙。越容易產生連作障礙的蔬菜，輪作時越需要提高種植間隔年限。

而另一方面，地瓜、南瓜、洋蔥等蔬菜較能抵抗連作障礙，就算每年在相同地點種植也能順利生長，因此可以連作栽培。

活用此一特性，將南瓜根系作為黃瓜的嫁接砧木使用，能使原本無法連作的農作物進行連作栽培。此外，在蔥類裡有多種能夠耐受連作的作物，和其他蔬菜混作能夠減輕因連作障礙而產生的部份病害。

園藝用具・資材與機材

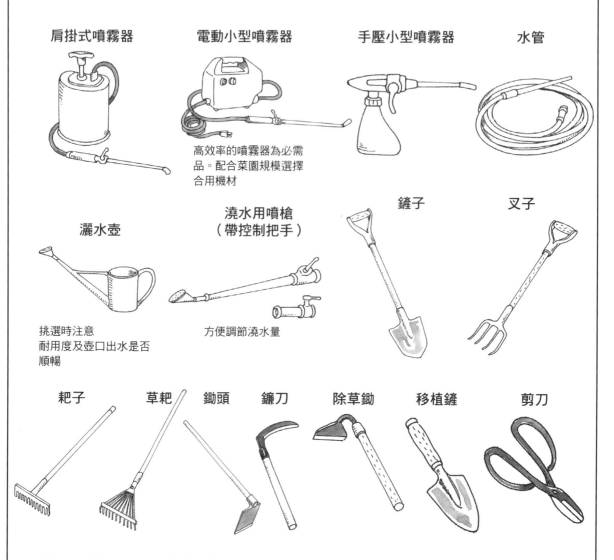

肩掛式噴霧器

電動小型噴霧器

高效率的噴霧器為必需品。配合菜園規模選擇合用機材

手壓小型噴霧器

水管

灑水壺

澆水用噴槍（帶控制把手）

挑選時注意耐用度及壺口出水是否順暢

方便調節澆水量

鏟子

叉子

耙子　　草耙　　鋤頭　　鐮刀　　除草鋤　　移植鏟　　剪刀

　　鋤頭、除草鋤、鐮刀、除草鐮、鏟子、移植鏟、剪刀等工具，是家庭菜園運作時的必需品。

　　除此之外，還需要準備澆水用的灑水壺、水管、噴槍等園藝用的管理用具。

　　灑水壺的材質有塑膠製、鐵製、不鏽鋼製、銅製等，越後面的材質出水量越為均勻，但市面上較常見到塑膠製品。水管分為橡膠製品及塑膠製品，雖然橡膠製品較不容易損壞，但它有一定的重量，搬運時比較困難。噴槍有許多創意商品，像是能簡單地調整灑水範圍、調節水量及停止水流等，有各種便利功能。

　　用以噴灑藥劑的噴霧器也是必需品之一。一般使用的肩掛式噴霧器主要分為塑膠製和不銹鋼製兩種。雖然塑膠製品重量較輕，容易使用，但傳統的不銹鋼製品較具有耐久性和耐衝擊性，構造也相對簡單。

　　小型噴霧器主要在番茄、茄子等作物噴灑著果激素時使用。

電熱加溫墊

農用電熱線

溫控器

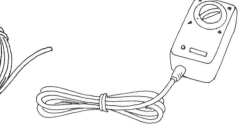

育苗軟盆

種植蔬菜時，使用塑膠軟盆（軟盆）比陶盆更加方便。準備3寸（直徑9公分）及4寸膠盆（直徑12公分）即可

穴盤

連結盆

塑膠育苗箱

保麗龍箱

用於盛裝魚貨等物品的保麗龍箱。可用在播種等用途上。深約8～10公分的箱子最方便使用

篩子

市面上有販賣不同孔目大小的三件式套組

　於低溫期育苗時需要使用加溫發熱體。市面上雖有販售進行電熱加溫的農用電熱線和片狀的發熱板，但一般來說較常使用電熱線來加熱。單相100V、500W，長50公尺的電熱線使用方便，能對6～7平方公尺的苗床進行加溫。如果只是要催芽的話，也可以利用電燈泡加溫。外接調溫器不僅能任意控制溫度，還能夠節省電費。

　高8～10公分、長35～40公分、寬45～50公分的育苗箱使用最為方便，能從市面購入各種硬質塑膠製品使用。它們的底部做成網狀，排水良好，還能防止育苗用土外漏。用來裝魚的

保麗龍箱有各種尺寸和形狀，亦可將它底部開洞後做為代用品利用。

　育苗盆有軟質PE塑膠材質，各種形狀的產品。市面上也有販賣多種連結盆和培育穴苗用的穴苗盤。以72穴、128穴的產品比較便於運用。

　不過除了使用專用泥炭土之外，還需要搭配調整用土使用。

土壤改良要領

混合堆肥及腐葉土等有機質後充份翻土，使土壤形成團粒構造

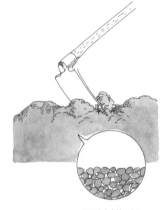

單粒構造

團粒構造

良好

冬季期間不予平整表土，保持凹凸不平使土壤自然崩解

不良

表土平坦堅硬

每1～2年深層翻土一次，每次翻土深度30公分以上

　要使蔬菜發育苗壯，就必需要讓它的根系充份生長，以充足吸收土壤裡的水份和養份。

　因此土壤需具備幾個條件，如①排水及透氣性良好、②保水性佳、③酸度適中、④肥份豐富、⑤病原菌及害蟲數量少等。

　其中以①和②為基本，因此改良出具有團粒構造的土壤是很重要的。雖然具有團粒構造的土壤改良方式如圖表所示，但需要施以充足的堆肥或有機質資材（如稻梗、腐葉土等）做為替代品使用。如果無法進行此類步驟（特別是在盆植栽培時），則需要將泥炭土或椰纖等資材混合土壤使用。

　於冬季田園休耕時充份翻土，使土壤受寒氣吹拂而自然崩解，是一種非常有效的增進排水、補充含氧量、對抗病蟲害及雜草的對策。

　此外，田土會因為在作業中遭受踩踏，及降雨沖刷地表等原因而使表土硬化，導致空氣流通不良，所以請偶爾，或是在除草和追肥時用鋤頭等工具略為翻動表土，以使空氣流通順暢。

土質管理要領

①冬季時對未耕作的田園施用石灰

②將石灰充份拌入土中

③保持表土凹凸不平，使土壤自然崩解

④平整田園

⑤對整片田園施用化學肥料和油粕做為基肥使用

⑥將化學肥料和油粕充份拌入土中

⑦拉繩索劃出播種溝

⑧對播種溝充分澆水

⑨播種

⑩於種子上覆土，並從上方將土壤略微壓實

　　田土壤會因為持續種植蔬菜而喪失地力。也可能因為病蟲害和雜草滋生，引起生育障礙，使得蔬菜成長不良，而無法得到良好收成。為了避免這些情況發生，就要時常保持充足地力使蔬果能順利成長，進行一定程度的土壤管理是必需的。

　　首先要注意的是，當春夏作、秋冬作結束，田園暫時休耕時（每年兩次），為整片田園施用石灰肥料並深層翻土。特別是在休耕期較長的冬季時期，充分翻土後不予平整，維持表面凹凸不平，使土壤遭受寒氣吹拂後自然崩解。如此一來能夠使土壤得到充足的空氣，並降低病原菌及害蟲、雜草種子等不良因素的分布密度。

　　當播種及定植時期到來時，充分平整土壤表面，確實敲碎土塊後再做條播溝及畦面。在田間直接播種時需要用鋤頭在溝面滑動無數次，以使土壤更為細緻。於土壤乾燥時充足澆水，事先做好萬全準備。

播種要領

■條播方式（以菠菜為例）

①用木板等工具
劃出條播溝

②沿溝播種

③以播種溝兩側土壤
覆土

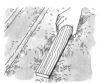

④用木板等工具將
表面輕微壓平

■點播方式（豆類等）

①以移植鏟等工具挖播種穴

②播種後覆土（以種子厚度
的3～5倍為基準）

■撒播方式（以洋蔥為例）

①用水沾濕種子表
面，並裹上石灰

②均勻施用種子

③用篩子覆土，略
為蓋過種子即可

④用木板等工具將表面
輕微壓平

　　播種分為「條播」「點播」「撒播」3種方式。

　　條播是以鋤頭和木板等工具劃出條播溝後，沿溝播種的一種方式。主要於菠菜、小松菜、小蕪菁等小型的葉菜・根菜類播種時使用。充份平整條播溝底及撒下種子時保持密度均勻，這兩件事為順利發芽的關鍵。

　　點播是在播種溝中以移植鏟等工具挖出小小的播種穴，取一定間隔為株距後每穴播下3～5顆種子的一種方式。主要於種子體積較大，各植株生長範圍較廣的豆類及玉米、白蘿蔔等植物播種時使用。

　　而撒播則是事先作畦（或苗床），以木板等工具平整表面，對整個畦面均勻撒下種子的播種方式。主要於植株體型小，密植栽培較有效率的小型洋蔥苗床等幼苗播種時使用。訣竅為每次以指尖掐住一小撮種子，往畦面均勻灑下，且以篩子平均覆土，厚度保持略為蓋住種子即可。

購買幼苗的簡易優劣分辨方式

■簡易幼苗優劣分辨方式

〈優質幼苗〉

節間無徒長情形

花蕾飽滿

心葉扎實生長

莖粗而結實

下位葉厚而濃綠

〈不良幼苗〉

節間過窄或過寬

下位葉太小

根部貼地處
殘留病痕

■二次育苗方式

在距離定植適期還有一段時間前，將自市
面上購得的小株、小盆裝果菜類等植株幼
苗換盆種於較大的膠盆，補充土壤介質後
放在溫暖處培育。晚間以塑膠膜保溫。

勤勞澆水，葉片顏色不佳
時施液肥，培養10天左右

當氣候足夠溫暖，苗株長
大之後再進行田間定植

　想在家庭菜園種植難以自行育苗的蔬菜時，常
有需要到園藝店購買幼苗回家栽培。

　特別在種植果菜類等性喜高溫的植物時，若想
自行提前育苗，就必須要進行 70～80 天左右
的保溫和加溫作業，需要準備一定程度的設備和
相對應的管理勞力。因此購買幼苗使用較為便
利。為使日後栽培順利，需要充分學習幼苗優劣
分辨方式。

　此外一般進行露天栽培時，等氣候足夠溫暖後
再種植是成功的第一步。但有可能在種植適期的
半個月或更久之前即於店頭看到幼苗陳列。然而

此種幼苗由於育苗成本影響，不僅均為小苗，且
因株距窄小，造成大多數幼苗體質相對虛弱。

　在這種情況下，將購買的幼苗帶回家之後，推
薦移植至較大的盆子，並補充優質育苗用土。只
要再培育 10 天左右苗株就能健康成長，和先前
的狀態判若兩者。將它定植到田裡，日後生長將
非常順利，能夠得到更好的成果。

定植要領

■果菜類定植方式

土乾時，在定植前充足澆水

適當調整植穴深度後放入苗株

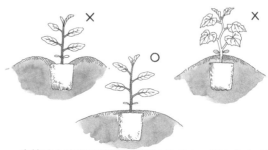

定植時土壤僅可稍微蓋過原本的盆土，覆土高度略為蓋過主幹基部。避免覆土過高或深植。

■葉莖菜類定植方式

〈結球蔬菜〉

定植後用手掌輕微壓緊植株根部土壤，使其緊密貼合

第一次澆水時，在植株周圍挖環型溝再澆水

〈分株〉

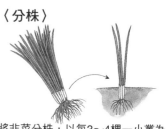

將韭菜分株，以每3～4棵一小叢為單位種植

〈蔥類〉

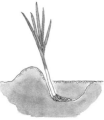

洋蔥的綠葉部份不埋入土中，稍微淺植即可

長蔥需直立種植於深30公分左右的植溝中

以少許土壤覆蓋，溝中填入堆肥及割下的雜草等

〈蕗蕎〉

將種球埋入地底

　　要將苗株定植至田間時，需盡量挑選無風的晴天，對苗床或苗盆充份澆水，以方便取出苗株。

　　挖掘苗株時盡量保持根系完整，將苗株從膠盆中取出時也要保持根部土團完整。

　　另外還需要注意覆土厚度。種植果菜類植株時，盆土上方只能覆蓋少許土壤，覆土高度略為蓋過主幹基部，避免覆土過高或深植。特別是在種植嫁接苗時，務必保持嫁接部位離地 4～5 公分以上。若嫁接部位太靠近土壤，有可能誘使接穗發根因而失去嫁接效果，需要多加留意。

　　定植完成後，用手掌輕微按壓植株基部，使土壤能緊密貼合。土壤乾燥時在定植前要充足澆水，定植完成後也需要再次澆水。

　　種植葉菜類時，當定植完成後，要用手掌輕微壓實植株根部的土壤。此外，第一次澆水時，要先在植株周圍挖環型溝再澆水。

澆水要領

〈播種前先澆水〉　　　〈定植後澆水〉　　　〈敷蓋〉

對整條播種溝充足澆水　對植株周遭的圓形範圍澆水　能防止畦面乾燥

蔬菜需水量〈每株一日所需〉

種類	生育初期需水量（毫升）	生育最盛期需水量（毫升）
黃瓜	100 ～ 200	2,000 ～ 3,000
蕃茄	50 ～ 150	1,500 ～ 2,500
青椒	50 ～ 100	1,500 ～ 2,000
萵苣	20 ～ 40	100 ～ 200
芹菜	50 ～ 100	300 ～ 500

　　播種及定植後，種子及根部土團周圍的環境條件與之前相比有很大的不同。由於會暫時發生吸水不足現象，為補充吸水量或是使種子和根系能與土壤緊密結合，需要澆水以減少土壤間的空隙。

　　舉例來說於播種溝播種時，事前需對整條播種溝充足澆水。而在種子發芽後，根部開始旺盛活動，當然也需要補給相對應的水份。定植幼苗後，要對植株周遭的圓形範圍澆水。但澆水量和頻率會因為天候及降雨量而改變（舉例來說，晴天和陰天的吸水量差別可高達6～8倍）。

請根據天候，觀察農作物的生長情況進行澆水作業。

　　敷蓋地膜等資材，能抑制水份從地面蒸發，可大幅降低澆水量。

　　以花盆和保麗龍箱等容器進行栽培時，由於根系無法汲取地下水使用，澆水必需比地植高出非常多。

肥培管理要點

基肥施用方式

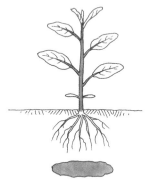

將基肥施用於追肥無法補充肥份的位置

追肥施用方式

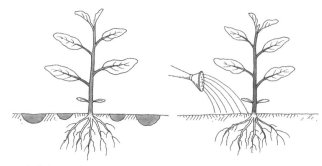

在根部前端追肥最為有效。挖溝施肥時最好能挖掘到稍微看得見根部的地方

以液肥追肥時，隨澆水順便施用於植株根部附近

良好範例　　**不良範例**
於株距間施用基肥

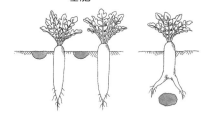

於種植根部往下筆直生長，且採收根部使用的白蘿蔔和山藥等作物時，需避免在植株正下方施肥

深根性蔬菜施肥要位置窄而深

淺根性蔬菜施肥位置要廣而淺

　　關於肥料施用方式，基肥要在定植前及早施用，使蔬菜在定植（或播種、發芽）後能夠立即吸收肥料，或施用於定植後就無法再施肥的根系下層部位。

　　肥料吸收量會隨著蔬菜的成長而逐漸增加。為了對應肥料吸收量，絕對不能使肥份中斷，這就是追肥的意義所在。因為降雨或澆水等因素，會使養份自土壤中流失。追肥也有著補充養份的重要意義。

　　將適量肥料施用於根系能立即吸收的範圍內，就是追肥的訣竅了。但施肥過於靠近根部容易發生肥料濃度障礙，需事先確定根系生長位置，在距離根系前端 3～5 公分遠的地點施肥。

　　此外，單純在土壤表面施用肥料會因為雨水沖刷流失，或為土壤乾燥而使得肥效無法充分發揮。因此在畦側以鋤頭挖淺溝，將肥料灑入溝中後覆土最為有效。

疏苗、整枝 · 摘葉

■ 疏苗

①基本上疏除擠在一起生長的幼苗

②疏苗時需避免使尚要保留的植株受損

③保持間距，使鄰接植株的葉片不會互相重疊

④疏苗後追肥，並稍微對植株根部培土

■ 整枝 · 摘葉（以茄子為例）

①7月中旬過後，植株會因結果疲憊和病蟲害等因素變得衰弱

②將植株高度修剪回50～60公分左右，並摘除衰弱的葉片

③進行追肥

④敷蓋稻草避暑、保濕

⑤修剪1個月後，能使植株恢復生長勢

　　直接於田間播種，或是在育苗箱內條播育苗時，由於撒下大量種子的關係，當種子正常發芽後會形成密植狀態。幼苗較小時，密植能產生「共同成長（共存）」現象，而使幼苗容易成長發育。

　　但一直保持密植狀態，會使苗株相互爭奪（競爭），使得各苗株徒長及衰弱。因此要疏苗使各苗株保持適當間隔。

　　疏苗這件事並非一次就足夠，需要觀察生育狀況隨時進行。以大白菜為例，第1次疏苗時期是在子葉張開，葉片緊密生長時實施，而第2次則是在長出2～3片本葉時進行。

　　在疏苗程度上，可以用鄰接苗株的葉片不會重疊的距離作為大致上的株距標準。

　　而整枝和摘葉，也是使植株葉片不會互相重疊，以取得良好收成所需的重要作業。在此以茄子的更新修剪方式作為積極施行的範例。

架設支柱 ・ 誘引要領

①傾斜插入支柱

②在相對側也插入支柱，與先前架設的支柱呈交叉狀

③於支柱交叉部位架設橫向支柱

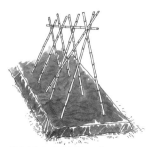

④斜向架設支柱，與位於畦面最外側的支柱和柱列各處連接

⑤將交叉部位牢固調整好

⑥將塑膠繩等資材纏繞在橫向支柱上

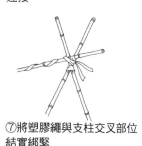

⑦將塑膠繩與支柱交叉部位結實綁緊

⑧理想狀態下，從側面能看到支柱漂亮排列

許多蔬菜雖然植株高大，但枝條和藤蔓相對脆弱，長得越高就越容易被風吹折或掉葉。因此需要架設支柱，對植株進行誘引。

一般以竹竿、木樁或以膠膜包裹的彩色鋼管做為支柱資材使用。

支柱架設有直立式、交叉式、交錯式等幾種方式。植株生長較高的果菜類進行雙行種植並架設交叉式支柱最為合理。訣竅在於斜向架設支柱補強結構，並牢固綁緊各支柱間的交叉部位。而高度較低的農作物則使用位置較低的交錯式支柱即可。當位置只允許種植1行作物時，才考慮架設直立式支柱。

單純架設支柱通常無法使枝條和藤蔓攀附上去，需要將它們誘引到支柱上並平均配置生長空間。雖然有塑膠帶及繩索等多種誘引資材，但市面上有販賣如魔帶等內藏鐵絲的誘引專用資材，使用該類資材最為方便。

不同種類蔬菜的誘引方式也不相同，需參考各種蔬菜的栽培方式進行誘引。

防寒要領

■防寒方式

①遮蓋

以不織布或割纖維不織布直接蓋在葉片上

②農膜隧道

隧道用的農膜材質大多為保溫能力比PE塑膠更高的PVC塑膠

③網室隧道

雖然張設寒冷紗（防蟲網）會使生育略微遲緩，但方便從隧道外部澆水，而且不會因溫度上升造成隧道內悶熱

④竹簾遮蔽

於北側架設單片屋頂式的遮霜竹簾。隨陽光照射角度變更傾斜度

■農膜隧道的架設方式農膜隧道的架設方式

①在固定位置拉繩索，取固定間隔插入竹竿或塑膠棒等骨架資材

②將骨架彎曲跨過畦面，插入另一側地面固定

③將覆蓋用的農膜覆蓋在支柱上，並將農膜邊緣埋入土中固定

④農膜另一側也要覆土固定

最簡單的防寒方式，是將不織布或割纖維不織布等資材直接蓋在葉片上，一般將此種方式稱為「遮蓋」（①）。在種植性喜低溫的小松菜、茼蒿時使用，能生長得比一般露天栽培更為良好，於冬季中獲得良好收成。

使用PVC等塑膠類材質製成的農膜以隧道狀包覆（②），能大幅增進白天溫度上升率，得到更好的保溫效果。能促進早春播種的小蕪菁及胡蘿蔔等春植果菜類生育，對提早採收有所助益。但為了避免白天溫度過度提升，請記得在農膜上開洞，或掀起側面方便換氣。

利用寒冷紗架設隧道時（③），雖然會使農作物生育略微遲緩，但有著能在覆蓋隧道的情況下從上方澆水，且不會因為溫度上升造成隧道內悶熱等優點。

使用竹簾，於北側架設單片屋頂式遮蔽的方式（④），為自古流傳的栽培方法。保溫力比寒冷紗更為優秀。

防暑・防風要領

防暑

將不織布或割纖維不織布等資材直接蓋在葉片上，順便防蟲

遮光

在離地高約1公尺處覆蓋蓋黑色寒冷紗（遮光網）或竹簾

防風

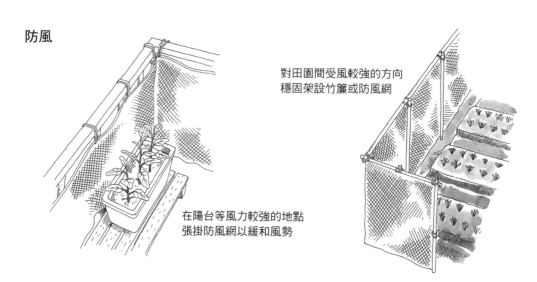

在陽台等風力較強的地點張掛防風網以緩和風勢

對田園間受風較強的方向穩固架設竹簾或防風網

氣溫炎熱時，夏季田園溫度將達到 35 度以上，而土溫也經常升高到 40 度以上。不易保存的小型葉莖菜類不耐炎熱，像甘藍菜或青花椰菜等植株在幼苗移植後容易因酷熱而生長不良，最好能夠遮光防暑。

利用 PE 塑膠材質的編織物（遮光網）及竹簾等資材遮光，將它們高高掛起，保持側面開洞方便通風。

僅需短期使用時，直接蓋上遮蓋資材也是個有效的方式。此外，為了抑制土溫上升，在地面敷蓋稻草或乾燥雜草，及銀（表）黑（裏）布等資材也都頗為有效。

對蔬菜類生長來說，強風也是減分因素之一。在風力較強的地方，對迎風面以防風網及竹簾等資材設置防風牆吧。

在夏季過後，秋季來訪的颱風也是很令人困擾的自然現象。做為颱風對策，當得知颱風來襲後，於苗床上覆蓋防風網，並確實固定避免被風吹跑。颱風遠離後立即將防風網移除。

活用敷蓋、遮蓋資材

地膜

取一定間隔在地膜上以
鎌刀割出切口定植

已開洞的敷蓋用地膜

事先以一定間隔打好洞
的敷蓋用地膜

黑色地膜

有優秀的提升地溫和雜草
抑制效果。也能用來防蟲

連續隧道遮蓋

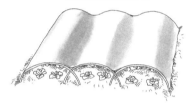

遮蓋

不織布等

隧道遮蓋

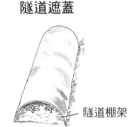

隧道棚架

遮光覆蓋

遮蓋平面播種

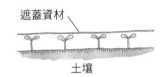

遮蓋資材

土壤

遮蓋溝底播種

遮蓋資材

土壤

　以塑膠布、稻草或乾燥雜草等資材敷蓋於土壤表面，被稱為「Mulchin 公克」，也就是所謂的敷蓋。

　在此使用的地膜，可以①提高土溫、②保持土壤水份、③防止肥份受雨水沖刷流失、④防止表土硬化、⑤防止雜草生長（黑色地膜）等，可說有一石五鳥的功效。

　最常使用的敷蓋資材是 PE 塑膠材質，厚度0.02公釐左右的超薄黑色地膜，它的價格不高，卻有充足的實用效果。寬度有 90、120、135 公分等，可配合蔬菜特性挑選使用。

　此外，白色及銀色地膜能夠反射熱輻射抑制土溫上升、並反射光線避免蚜蟲侵襲植株。

　長纖維不織布等質量輕厚度薄的遮蓋資材，不僅廉價且使用方式也很簡單，最為適合家庭菜園使用。除了不錯的保溫和遮光效果外，還能用來防止害蟲飛落，是非常重要的資材。

病蟲害防治要領

以網狀資材遮蓋
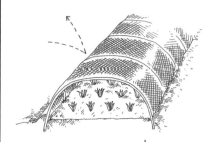

銀色地膜

銀黑色條紋地膜

反光條
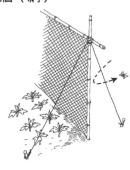

簡易帳篷

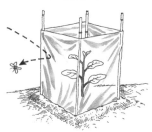

防蟲牆（網）

間作
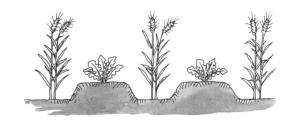

　　病蟲害防治對策大致上有：①減少病蟲害發生・感染源、②培育出不易沾染病蟲害的健康蔬菜、③以物理方式避免害蟲飛落・接觸、④導入病蟲害忌避作物及施行間作、⑤及早發現危害，並於適當時機有效地噴灑農藥等幾種。

　　①由於危害植株的害蟲於雜草上棲息，清除田園周圍雜草可使害蟲不易滋生。蔬菜採收過後的殘留物處理（堆肥化或燒燬）也很重要。在休耕期（特別是冬季）期間，需對田園施用石灰並深層翻土，保持土壤表面凹凸不平，使田土受寒氣吹拂自然崩解，對降低土壤病害的病原菌和雜草種子數量有所幫助。

　　②確實遵守播種及定植時間。以充足的株距，使植株接受充足的光照和良好通風。另外要避免肥份不足。

　　③如上圖所述，有各種方式可使用

　　④作寬畦種植麥子或旱稻，並於畦間栽培白蘿蔔或蕃茄等農作物，能防止有翅蚜蟲飛落並降低病毒病發生。

如何有效噴灑農藥

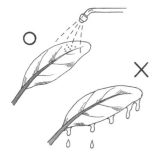

〈殺蟲劑〉

於害蟲出沒處集中噴灑。以霧狀使藥劑均勻附著在葉片上。避免藥劑呈液狀滴落

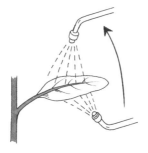

〈殺菌劑〉

先對葉底噴灑，之後再噴葉表

果菜類的噴藥方式

由下位葉依序往上噴

葉・根菜類的噴藥方式

由下位葉（外側葉）依序往上噴

■盡量不噴灑農藥的方式

保持適當株距，避免密植

大雨會使泥水噴濺到下位葉，使土壤裡的病原菌附著在植株上，需要多加留意。敷蓋稻草或地膜能夠有效避免此種情況發生

　病蟲害並不會同時發生，一開始只會在特定植株和葉片上出現，經過數天後才會擴散開來。因此在初期階段提早噴灑藥劑是最有效果的。如此一來，也能夠減少藥劑使用量。

　不同的藥劑，其適用病蟲害與農作物、濃度、可使用次數、最晚於採收幾日前仍可使用等條件都不一樣，需要仔細閱讀說明書，多加留意確定正確無誤。

　使用水合劑、乳劑時，需以噴灑作業需要的水量稀釋藥劑並充份混合後才能使用。需要量會隨蔬菜種類和生長階段而有很大差異，但一般來說旺盛生長中的蕃茄和黃瓜每株大約 100 ～ 200 毫升，甘藍菜和大白菜差不多需要 30 ～ 50 毫升左右。

　噴藥時以噴霧器充足施壓，對病原菌容易入侵的部位和開始出現病斑的位置進行重點噴灑以防治病害，主要從會因為大雨而沾染泥水的下位葉葉底等位置開始。將噴霧口朝上往下位葉葉底噴藥，慢慢往上位葉移動，最終完成全株葉片噴灑作業。

PROFILE

板木利隆（いたぎ・としたか）

1929年出生於島根縣。50年，自千葉農業專門學校（現今的千葉大學園藝系）畢業。經歷千葉大學研究助理、神奈川縣園藝試驗場場長、神奈川縣農業技術研究所所長、全農營農・技術中心技術主管等職，現任板木技術士事務所所長、（公財）園藝植物研究所理事、農林水產省高度環境制御技術研修檢討專門委員、茨城縣立農業大學兼任講師、NPO植物工場研究會咨詢委員、日本野菜育苗協會技術顧問等職務。著作有『家庭菜園大百科』、『こんなときどうする　野菜づくり百科（在這種時候要怎麼處理　蔬菜培育百科）』（上述書籍均由家之光協會出版）等多數書籍。

TITLE

12個月　新手種菜大圖解

STAFF		ORIGINAL JAPANESE EDITION STAFF	
出版	瑞昇文化事業股份有限公司	裝丁・デザイン	ohmae-d
作者	板木利隆	カバーイラスト	田渕正敏
譯者	王幼正	本文イラスト	落合恒夫（4～233ページ）
			角しんさく（236～255ページ）
總編輯	郭湘齡	写真	板木利隆、家の光写真部
文字編輯	徐承義　蕭妤秦		
美術編輯	許菩真		
排版	菩薩蠻數位文化有限公司		
製版	印研科技有限公司		
印刷	桂林彩色印刷股份有限公司		
法律顧問	立勤國際法律事務所　黃沛聲律師		

戶名	瑞昇文化事業股份有限公司
劃撥帳號	19598343
地址	新北市中和區景平路464巷2弄1-4號
電話	(02)2945-3191
傳真	(02)2945-3190
網址	www.rising-books.com.tw
Mail	deepblue@rising-books.com.tw

本版日期	2023年4月
定價	400元

國家圖書館出版品預行編目資料

12個月新手種菜大圖解 / 板木利隆作
; 王幼正譯. -- 初版. -- 新北市：瑞昇文化, 2020.02
256面；18.8 X 25.7公分
ISBN 978-986-401-398-2(平裝)

1.蔬菜 2.栽培

435.2　　　　　　　　109000268